计算机“十三五”规划教材

计算机网络基础

主　编　朱春燕　刘　群　黄　芳

副主编　杨燕艳　郭彦凯　姚　健　郭凤玲

北京希望电子出版社
Beijing Hope Electronic Press
www.bhp.com.cn

内 容 简 介

本书共分为 9 章，主要内容包括计算机网络概述、物理层、数据链路层、局域网技术、网络层、传输层、应用层、无线局域网和计算机网络安全。为了提高学生的动手能力，在讲解过程中结合了丰富的网络组建基础实验，如网线的制作，交换机、路由器的配置，家庭无线局域网的搭建，等等。本书在内容编排上充分考虑理论与实践相结合的原则，在注重培养学生的动手能力的同时，力求为后续课程打好基础。本书语言通俗，表达准确，图文并茂，具有较强的实用性。

本书既可作为应用型本科院校、职业院校计算机专业的“计算机网络基础”课程教材及非计算机专业的网络普及教材，也可作为计算机网络培训或技术人员自学参考用书。

图书在版编目（CIP）数据

计算机网络基础 / 朱春燕，刘群，黄芳主编. --
北京：北京希望电子出版社，2017.1（2023.8 重印）

ISBN 978-7-83002-419-2

Ⅰ. ①计… Ⅱ. ①朱… ②刘… ③黄… Ⅲ. ①计算机网络－高等职业教育－教材 Ⅳ. ①TP393

中国版本图书馆 CIP 数据核字（2017）第 011015 号

出版：北京希望电子出版社
地址：北京市海淀区中关村大街 22 号
中科大厦 A 座 10 层
邮编：100190
网址：www. bhp. com. cn
电话：010-82626270
传真：010-62543892
经销：各地新华书店

封面：赵俊红
编辑：李小楠
校对：毛德龙
开本：787mm×1092mm 1/16
印张：15
字数：387 千字
印刷：廊坊市广阳区九洲印刷厂
版次：2023 年 8 月 1 版 2 次印刷

定价：38.00 元

前　言

本书是为适应应用型本科院校、职业院校计算机专业“计算机网络基础”课程的教学要求，满足高校培养应用型人才的需求，实施“知识、能力、生产、服务”的教改思想和教学方法而编写的。

“计算机网络基础”是一门理论和实践高度结合的课程。本书在编写过程中力求系统性、先进性和实用性，遵循基本理论和原理知识适度够用、浅显易懂，注重网络的技术技能培训的原则；内容上除介绍计算机网络的基本知识、通信基础、网络技术应用外，还介绍了常用的高速局域网、虚拟局域网、因特网应用和计算机网络安全等内容。

本书根据“计算机网络基础与应用课程教学基础要求”，以 TCP/IP 体系结构为主线，严格按照计算机网络的 OSI 参考模型进行编写，共分 9 章，分别为：第 1 章　计算机网络概述，第 2 章　物理层，第 3 章　数据链路层，第 4 章　局域网技术，第 5 章　网络层，第 6 章　传输层，第 7 章　应用层，第 8 章　无线局域网，第 9 章　计算机网络安全。

本书在传统计算机网络教材的基础上，增加了网络组建的基础实验，采用软件模拟硬件，以实现交换机和路由器硬件设备的配置等。所有实验力求步骤完整，结果清晰，体现与理论知识点的同步和相互结合。各章后面都有“本章小结”和“思考与练习”，以便读者对本章所学内容进行概括和总结。

本书由苏州托普信息职业技术学院的朱春燕、南昌大学人民武装学院的刘群和衡水科技工程学校的黄芳担任主编，由苏州托普信息职业技术学院的杨燕艳、郑州市商业技师学院的郭彦凯、广西工业职业技术学院的姚健和广州市财经职业学校的郭凤玲担任副主编。其中，朱春燕编写了第 4 章和第 5 章，刘群编写了第 7 章和第 8 章，黄芳编写了第 2 章，杨燕艳编写了第 1 章，郭彦凯编写了第 3 章，姚健编写了第 6 章，郭凤玲编写了第 9 章。本书由朱春燕编写大纲并统稿，杨燕艳为本书的出版做了很多排版和文字编辑工作。本书的相关资料和售后服务可扫本书封底的微信二维码或登录 www.bjzzwh.com 下载获得。

本书在编写过程中难免有疏漏和不当之处，敬请各位专家及读者不吝赐教。

编　者

目　录

第 1 章　计算机网络概述

【本章导读】

所谓“计算机网络”，就是利用通信线路将具有独立功能的计算机连接起来而形成的计算机集合，计算机之间可以借助于通信线路传递信息，共享软件、硬件和数据等资源。

在当今的世界中，每天都有数千万人在使用互联网。网络无处不在。计算机网络通信是一个非常复杂的过程，要使计算机网络系统能协同工作以实现信息交换和资源共享，它们之间必须具有共同约定，并采用分层的方法来逐一实现。

本章在网络发展历史的基础上，对网络的定义、组成、分类和拓扑结构，以及网络标准化等问题进行了详细的介绍；同时还介绍了计算机网络体系结构与开放系统互连参考模型等。

【本章学习目标】

- 了解计算机网络的发展历史。
- 理解计算机网络的定义。
- 熟悉计算机网络的分类。
- 熟悉常见的网络拓扑结构。
- 了解网络界一些重要的标准化组织。
- 掌握 OSI/RM 开放系统互连基本参考模型。
- 掌握 TCP/IP 体系结构。

1.1　计算机网络的基本知识

计算机网络的发展是与计算机技术和通信技术的发展分不开的。早期的每台计算机都独立于其他计算机，它们自行工作，具有的资源也只能自己享用。例如，如果将打印机安装在一台计算机上，那么，只有该计算机上的用户才能使用它打印文档。随着计算机应用的广泛和深入，人们发现这种方式既不高效也不经济，资源浪费非常严重。那么，有什么办法能够让一台计算机上的用户使用另一台计算机上的资源呢？为了解决这个问题，计算机网络诞生了。

1.1.1　计算机网络的发展

从 20 世纪 70 年代开始发展至今，计算机网络已形成从办公室小型局域网到全球性大型广域网的网络系统，对现代人类的生产、经济、生活等各个方面都产生了巨大的影响。

追溯计算机网络的发展史，它的演变可以概括为面向终端的计算机网络、计算机—计算机网络、开放式标准化网络，以及因特网的广泛应用与高速网络技术的发展等四个阶段。

1．面向终端的计算机网络

以单个计算机为中心的远程联机系统，构成面向终端的计算机网络。

所谓“联机系统”，就是由一台中心计算机连接大量的地理上处于分散位置的终端。早在20世纪50年代初，美国建立的半自动地面防空系统（Semi-Automatic Ground Environment，SAGE）就将远距离的雷达和其他测量控制设备的信息通过通信线路汇集到一台中心计算机进行集中处理，从而开始了把计算机技术和通信技术相结合的尝试。

这类简单的“终端—通信线路—计算机”系统，成了计算机网络的雏形。严格地说，联机系统与以后发展成熟的计算机网络相比，存在着根本的区别。这样的系统除了一台中心计算机外，其余的终端设备都没有自主处理的功能，还不能看作是计算机网络。为了更明确地区别于后来发展的多个计算机互连的计算机网络，就专称这种系统为“面向终端的计算机网络”。

随着连接的终端数目的增多，为减轻承担数据处理的中心计算机的负载，在通信线路和中心计算机之间设置了一台前端处理机（Front End Processor，FEP）或通信控制器（Communication Control Unit，CCU），专门负责与终端之间的通信控制，从而出现了数据处理和通信控制的分工，更好地发挥了中心计算机的数据处理能力。另外，在终端较集中的地区设置集中器或多路复用器，首先通过低速线路将附近群集的终端连至集中器或多路复用器，然后通过高速通信线路，将实施数字信号和模拟信号之间转换的调制解调器（Modem）与远程中心计算机的前端处理机相连，构成如图1-1所示的远程联机系统，从而提高了通信线路的利用率，节约了远程通信线路的投资。

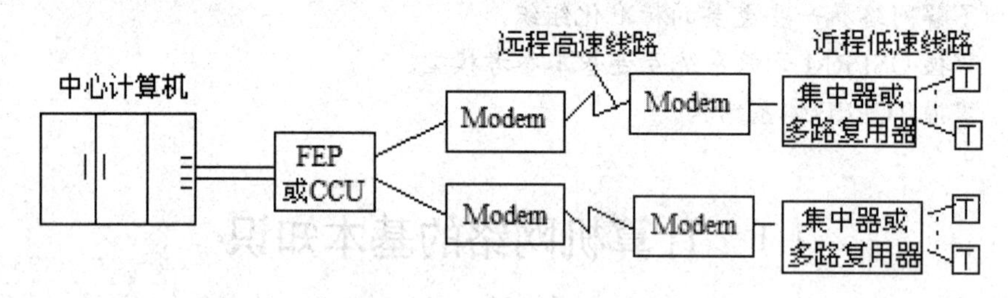

图1-1　以单个计算机为中心的远程联机系统

2．计算机—计算机网络

20世纪60年代中期，出现了由若干个计算机互连的系统，开创了“计算机—计算机”通信的时代，并呈现出多处理中心的特点。20世纪60年代后期，由美国国防部高级研究计划局（Defense Advanced Research Projects Agency，ARPA，现称DARPA）提供经费，联合计算机公司和大学共同研制而发展起来的ARPA网（ARPANET），标志着目前所称的计算机网络的兴起。ARPANET的主要目标是借助于通信系统，使网内各计算机系统间能够共享资源。ARPANET是一个成功的系统，它是计算机网络技术发展中的一个里程碑，它在概念、结构和网络设计方面都对后继的计算机网络技术的发展起到了重要的作用，并为

因特网的形成奠定了基础。

此后，计算机网络得到了迅猛的发展，各大计算机公司都相继推出了自己的网络体系结构和相应的软、硬件产品。用户只要购买计算机公司提供的网络产品，就可以通过专用或租用通信线路组建计算机网络。IBM 公司的 SNA（System Network Architecture）和 DEC 公司的 DNA（Digital Network Architecture）就是两个著名的例子。按 SNA 组建的网络都可被称为“SNA 网”，按 DNA 组建的网络都可被称为“DNA 网”或“DECNET”。

3．开放式标准化网络

虽然已有大量各自研制的计算机网络正在运行和提供服务，但仍存在不少弊病，主要原因是这些各自研制的网络没有统一的网络体系结构，难以实现互连。这种自成体系的系统被称为“封闭”系统。为此，人们迫切希望建立一系列的国际标准，渴望得到一个“开放”的系统，这也是推动计算机网络走向国际标准化的一个重要因素。

正是出于这种动机，开始了对“开放”系统互连的研究。国际标准化组织（International Organization for Standardization，ISO）于 1984 年正式颁布了一个被称为“开放系统互连基本参考模型”（Open System Interconnection Basic Reference Model）的国际标准 ISO 7498，简称“OSI 参考模型”或“OSI/RM”。OSI/RM 由七层组成，所以也被称为“OSI 七层模型”。OSI/RM 的提出，开创了一个具有统一的网络体系结构、遵循国际标准化协议的计算机网络新时代。

OSI 标准不仅确保了各厂商生产的计算机间的互连，同时也促进了企业的竞争。厂商只有执行这些标准才能有利于产品的销路，用户也可以从不同制造厂商处获得兼容的开放的产品，从而大大加速了计算机网络的发展。

4．因特网的广泛应用与高速网络技术的发展

20 世纪 90 年代，网络技术最富有挑战性的话题是因特网（Internet）与高速通信网络技术、接入网、网络与信息安全技术。作为世界性的信息网络，因特网正在对当今经济、文化、科学研究、教育与人类社会生活发挥着越来越重要的作用。宽带网络技术的发展为全球信息高速公路的建设提供了技术基础。

因特网是覆盖全球的信息基础设施之一。对于广大因特网用户来说，它好像是一个庞大的广域计算机网络。用户可以利用因特网实现全球范围的电子邮件、WWW 信息查询与浏览、电子新闻、文件传输、语音与图像通信等服务功能。它对推动世界科学、文化、经济和社会的发展有着不可估量的作用。

在因特网飞速发展与被广泛应用的同时，高速网络的发展也引起人们越来越多的注意。高速网络的技术发展表现在宽带综合业务数字网 B-ISDN、异步传输模式 ATM、高速局域网、交换局域网与虚拟网络等方面。

因特网技术在企业内部网中的应用也促进了内联网（Intranet）技术的发展，企业内联网之间电子商务活动的开展又进一步引发了外联网（Extranet）技术的发展。因特网、内联网、外联网和电子商务已成为当前企业网研究与应用的重点。更高性能的因特网也正在发展之中。

信息高速公路的服务对象是整个社会，因此，它要求网络无所不在，要覆盖政府、企业、学校、科研部门及家庭。为了支持各种信息的传输，网络系统必须具有足够的带宽、

很好的服务质量与完善的安全机制，支持多媒体通信，以满足不同的应用需求。为了有效地保护金融、贸易等商业秘密，保护政府机要信息与个人隐私，网络系统必须具有足够的安全机制，以防止信息被非法窃取、破坏与损失；网络系统必须具备高度的可靠性与完善的管理功能，以保证信息传输的安全与畅通。毋庸置疑，计算机网络技术的发展与应用必将对21世纪世界经济、军事、科技、教育与文化的发展产生重要的影响。

1.1.2　计算机网络的分类

计算机网络的分类方法有多种，按照其网络拓扑结构进行分类、按照其覆盖的地理范围进行分类是最常用的。

1．按网络的拓扑结构分类

“拓扑”这个名词是从几何学中借用来的。“网络拓扑”是指网络形状，或者是网络在物理上的连通性。网络的拓扑结构主要有星形拓扑、总线拓扑、环形拓扑、树形拓扑、混合形拓扑及网形拓扑，如图1-2所示。

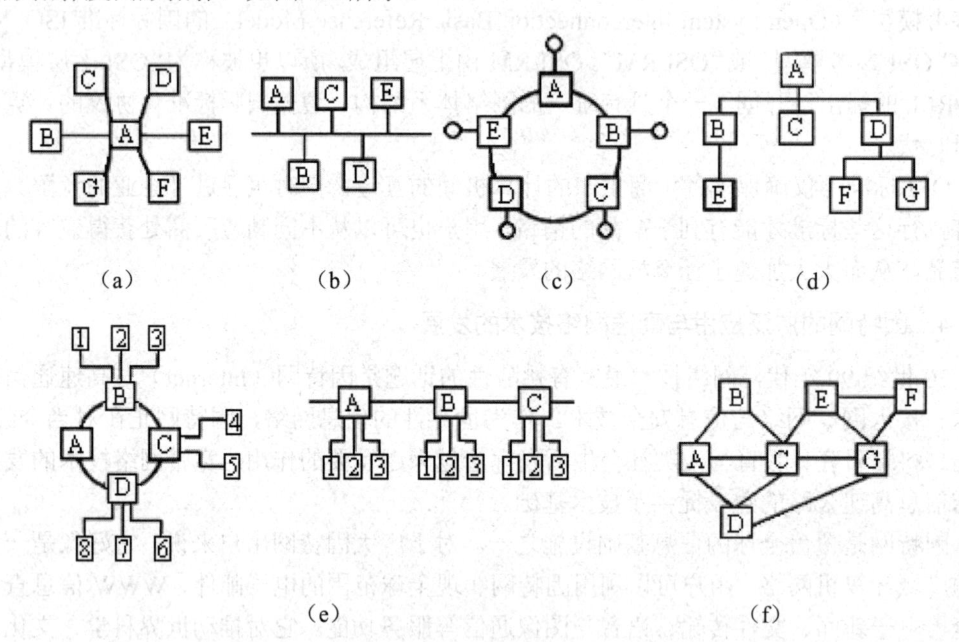

图1-2　各种网络拓扑

（a）星形拓扑；（b）总线拓扑；（c）环形拓扑；（d）树形拓扑；（e）混合形拓扑；（f）网形拓扑

拓扑结构的选择往往与传输介质的选择及介质访问控制方法的确定紧密相关。在选择网络拓扑结构时，应该考虑的主要因素有以下几点。

（1）可靠性和可维护性。尽可能提高可靠性，以保证所有数据流能准确接收；还要考虑系统的可维护性，使故障检测和故障隔离较为方便。

（2）费用。建网时需考虑适合特定应用的信道费用和安装费用。

（3）灵活性。需要考虑在今后扩展或改动系统时，能容易地重新配置网络拓扑结构，能方便地处理原有站点的删除和新站点的加入。

（4）响应时间和吞吐量。要为用户提供尽可能短的响应时间和尽可能大的吞吐量。

网络拓扑可以根据通信子网中通信信道的类型分为以下两类。

（1）点对点线路通信子网的拓扑。

（2）广播信道通信子网的拓扑。

在采用点对点线路的通信子网中，每条物理线路连接一对节点。采用点对点线路的通信子网的基本拓扑结构型有四种：星形、环形、树形、网形。以下是几种典型网络拓扑的特点。

（1）星形拓扑。星形拓扑是由中央节点和通过点到点通信链路连接到中央节点的各个站点组成，中央节点往往是一个集线器，如图 1-2（a）所示。中央节点执行集中式通信控制策略，因此，中央节点相当复杂，而各个站点的通信处理负担都很小。

星形拓扑结构具有以下优点。

➢ 控制简单。在星形网络中，任何一个站点只和中央节点相连接，因而介质访问控制方法很简单，访问协议也十分简单，易于网络的监控和管理。
➢ 故障诊断和隔离容易。在星形网络中，中央节点对连接线路可以逐一地隔离开来进行故障检测和定位，单个连接点的故障只影响一个设备，不会影响全网。
➢ 方便服务。中央节点可方便地对各个站点提供服务和网络重新配置。

星形拓扑结构具有以下缺点。

➢ 电缆长度和安装工作量可观。因为每个站点都要和中央节点直接连接，需要耗费大量的电缆，安装、维护的工作量也骤增。
➢ 中央节点的负担较重，易形成“瓶颈”。一旦发生故障，则全网受影响，因而对中央节点的可靠性和冗余度方面的要求很高。
➢ 各站点的分布处理能力较低。

星形拓扑结构被广泛应用于网络的智能集中于中央节点的场合。

（2）总线拓扑。总线拓扑结构采用一个广播信道作为传输介质，所有站点都通过相应的硬件接口直接连接到这一公共传输介质上，该公共传输介质即被称为“总线”。任何一个站发送的信号都沿着传输介质传播，而且能被所有其他站所接收。总线拓扑结构如图 1-2（b）所示。

因为所有站点共享一条公用的传输信道，所以一次只能由一个设备传输信号，通常采用分布式控制策略来确定哪个站点可以发送。

总线拓扑结构具有以下优点。

➢ 总线结构所需要的电缆数量少。
➢ 总线结构简单，又是无源工作，有较高的可靠性。
➢ 易于扩充，增加或减少用户比较方便。

总线拓扑结构具有以下缺点。

➢ 总线的传输距离有限，通信范围受到限制。
➢ 故障诊断和隔离较困难。
➢ 分布式协议不具备实时功能，大业务量降低了网络速度。
➢ 站点必须是智能的，要有介质访问控制功能，从而增加了站点的硬件和软件开销。

（3）环形拓扑。环形拓扑网络由站点和连接站点的链路组成一个闭合环，如图 1-2（c）

所示。每个站点能够接收从一条链路传来的数据，并以同样的速率串行地把该数据沿环送到另一条链路上。这种链路可以是使单向的，也可以是双向的。数据以分组形式发送，例如，A 站希望发送一个报文到 C 站，先要把报文分成若干个分组，每个分组除了数据还要加上某些控制信息，其中包括 C 站的地址；A 站依次把每个分组送到环上，开始沿环传输，C 站识别到带有它自己地址的分组时，便将其中的数据复制下来。由于多个设备连接在一个环上，因此，需要用分布式控制策略来进行控制。

环形拓扑具有以下优点。

- 电缆长度短。环形拓扑网络所需的电缆长度和总线拓扑网络相似，但比星形拓扑网络要短得多。
- 可使用光纤。光纤的传输速率很高，十分适合环形拓扑的单方向传输。
- 所有计算机都能公平地访问网络的其他部分，网络性能稳定。

环形拓扑具有以下缺点。

- 节点的故障会引起全网故障。这是因为环上的数据传输要通过接在环上的每一个节点，一旦环中某一节点发生故障，就会引起全网故障，故障检测困难。
- 环节点的加入和撤出过程较复杂。
- 环形拓扑结构的介质访问控制协议都采用令牌传递的方式，在负载很轻时，信道利用率相对来说比较低。

（4）树形拓扑。树形拓扑可以看成是总线和星形拓扑的扩展，形状像一棵倒置的树，顶端是树根，树根以下带分支，每个分支还可再带子分支，如图 1-2（d）所示。树根接收各站点发送的数据，然后再用广播发送到全网。

树形拓扑具有以下优点。

- 易于扩展，这种结构可以延伸出很多分支和子分支，这些新节点和新分支都能被十分容易地加入网内。
- 故障隔离较容易。如果某一分支的节点或线路发生故障，很容易将故障分支与整个系统隔离开来。

树形拓扑的缺点是：各个节点对根的依赖性太大，如果根发生故障，则全网不能正常工作。从这一点来看，树形拓扑结构的可靠性有点类似于星形拓扑结构。

（5）混合形拓扑。将以上某两种单一拓扑结构混合起来，取两者的优点构成的拓扑被称为“混合形拓扑结构”。如图 1-2（e）所示，一种是星形拓扑和环形拓扑混合成的“星—环”拓扑；另一种是将星形拓扑和总线拓扑的两个端点连接在一起形成的环形结构。这种拓扑的配置由一批接入环或总线中的集中器组成，由集中器再按星形结构连至每个用户站。

混合形拓扑具有以下优点。

- 故障诊断和隔离较为方便。一旦网络发生故障，只要诊断出哪个集中器有故障，然后将该集中器和全网隔离即可。
- 易于扩展。要扩展用户时，可以加入新的集中器，也可在设计时在每个集中器处留出一些备用的可插入新的站点的连接口。
- 安装方便。网络的主电缆只要连通那些集中器，这种安装和传统的电话系统电缆的安装很相似。

混合形拓扑具有以下缺点。

- 需要选用带智能的集中器，这是为了实现网络故障自动诊断和故障节点的隔离所必需的。
- 像星形拓扑结构一样，集中器到各个站点的电缆的安装长度会增加。

（6）网形拓扑。网形拓扑如图 1-2（f）所示，这种结构在广域网中得到了广泛应用。它的优点是不受瓶颈问题和失效问题的影响。由于节点之间有许多条路径相连，可以为数据流的传输选择适当的路由，从而绕过失效的部件或过忙的节点。这种结构虽然比较复杂，成本比较高，提供上述功能的网络协议也比较复杂，但由于它的可靠性高，仍然受到用户的欢迎。

2．按覆盖的地理范围分类

（1）广域网（WAN）。广域网也被称为“远程网”，它所覆盖的地理范围从几十公里到几千公里。广域网可以覆盖一个国家、一个地区或横跨几个洲，形成国际性的计算机网络。广域网通常可以利用公用网络（如公用数据网、公用电话网、卫星通信网等）进行组建，将分布在不同国家和地区的计算机系统连接起来，以达到资源共享的目的。

（2）城域网（MAN）。城域网的设计目标是满足几十公里范围内的大量企业、机关、公司共享资源的需要，从而可以使用户之间进行高效的数据、语音、图形、图像及视频等多种信息的传输。

（3）局域网（LAN）。局域网用于将有限范围（如一个实验室，一幢大楼，一座校园）内的各种计算机、终端与外部设备互联成网，具有传输效率高（一般在 10～1 000Mbit/s）、误码率低（一般低于 10^{-8}）的特点。局域网通常由一个单位或组织建设和拥有，易于维护和管理。根据采用的技术和协议标准的不同，可将局域网分为共享式局域网与交换式局域网。局域网技术的应用十分广泛，是计算机网络中最活跃的领域之一。

1.1.3　网络的标准化组织

1．国际标准化组织 ISO

国际标准化组织 ISO 由美国国家标准组织 ANSI（American National Standards Institute）及其他各国的国家标准组织的代表组成。

2．电气电子工程师协会 IEEE

（1）IEEE（Institute of Electrical and Electronics Engineers）是一个国际性的电子技术与信息科学工程师的协会，是目前全球最大的非营利性专业技术学会，其会员人数超过 40 万人，遍布 160 多个国家。

（2）对于网络而言，IEEE 一项最了不起的贡献是对 IEEE 802 协议进行了定义。IEEE 802 协议主要被用于局域网。

3．美国国防部高级研究计划局 ARPA

（1）ARPA（Advanced Research Projects Agency，美国国防部高级研究计划局）又被称为“DARPA”，其中，“D（Defense）”表示国防部。

（2）ARPA 最主要的贡献是提供了连接不同厂家计算机主机的 TCP/IP 通信标准。

1.2 协议与分层

在计算机网络中，分层次的体系结构是最基本的概念。讲到体系结构，不可避免要涉及“协议”这一重要概念。“协议”是外交用语，是为了顺利地进行国家与国家之间的交流而规定的章程（约定）。把这种章程移用到通信上，就是“通信协议”，它能够顺利地进行某系统与其他系统的通信。因此，把为进行网络中的数据交换而建立的规则、标准、约定称为“网络协议”。

1.2.1 网络协议的组成

一个网络协议由语法、语义和同步（定时）组成。

（1）语法：规定了数据与控制信息格式。

（2）语义：规定了发送者及接收者所要完成的操作。

（3）同步：包括速度匹配和排序等。

即，语法管的是“讲的方式”，语义管的是“讲的内容”，同步管的是“演讲者与受众的互动关系”。受众认为讲得快了，演讲者就说慢一些；受众认为讲慢了，演讲者就说快一些。

1.2.2 分层

把要处理的问题划分成较小的易于处理的片段，这就是“分层”的概念。ARPA 的研究经验表明，对于异常复杂的计算机网络协议，为了减少协议设计和调试过程的复杂性，其结构最好采用层次式的。具体地说，层次结构应包括以下几个含义。

（1）第 N 层的实体在实现自身定义的功能时，只使用第（N－1）层提供的服务。

（2）第 N 层向第（N＋1）层提供服务，此服务不仅包括第 N 层本身所具有的功能，还包括所有下层服务提供的功能的总和。

（3）最底层只提供服务，是服务的基础；最高层只是用户，是使用服务的最高层；中间各层既是下层的用户，也是上层服务的提供者。

（4）仅在相邻层间有接口，下层所提供服务的具体实现细节对上层完全屏蔽。

实体：是为了进行通信而把那一层所提供的功能模块模型化后的概念，更确切地说，是指能发送和接收信息的任何东西，包括终端、应用软件、通信进程等。

服务：第 N 层要实现本层的功能，前提是使用第（N－1）层的功能，也就是第（N－1）层为第 N 层提供服务。

1.2.3 计算机网络采用层次化结构的优越性

计算机网络采用层次化结构的优越性包括以下几点。

（1）各层之间相互独立。高层并不需要知道低层是如何实现的，而仅需要知道该层

通过层间的接口所提供的服务。

（2）灵活性好。当任何一层发生变化时，只要接口保持不变，则在这层以上或以下的各层均不受影响。另外，当某层提供的服务不再被需要时，甚至可将这层取消。

（3）各层都可以采用最合适的技术来实现，各层实现技术的改变不影响其他层。

（4）易于实现和维护。整个系统已被分解为若干个易于处理的部分，这种结构使得一个庞大而又复杂的系统的实现和维护变得容易控制。

（5）有利于网络标准化。因为每一层的功能和所提供的服务都已有了精确的说明，所以标准化变得较为容易。

1.3 ISO/OSI 参考模型

OSI 参考模型（OSI/RM）的全称是“开放系统互连基本参考模型”。虽然 OSI 参考模型的实际应用意义不是很大，但其对于理解网络协议内部的运作很有帮助，也为学习网络协议提供了一个很好的参考。

1.3.1 ISO/OSI 参考模型的结构

为了实现不同厂家生产的计算机系统之间及不同网络之间的数据通信，必须遵循相同的网络体系结构模型，否则异种计算机就无法连接成网络，这种共同遵循的网络体系结构模型就是国际标准——开放系统互连基本参考模型，即 OSI/RM（以下称为“OSI 参考模型”)。OSI 参考模型中的“Open”（开放）是指只要遵循 OSI 标准，一个系统就可以和世界上其他任何也遵循这一标准的系统进行通信。

OSI 参考模型定义了开发系统的层次结构、层次之间的相互关系及各层所包括的可能服务。它作为一个框架来协调和组织各层协议的制定，同时它也是对网络内部结构最精炼的概括与描述。根据以上原则，ISO 制定的 OSI 参考模型的结构如图 1-3 所示。

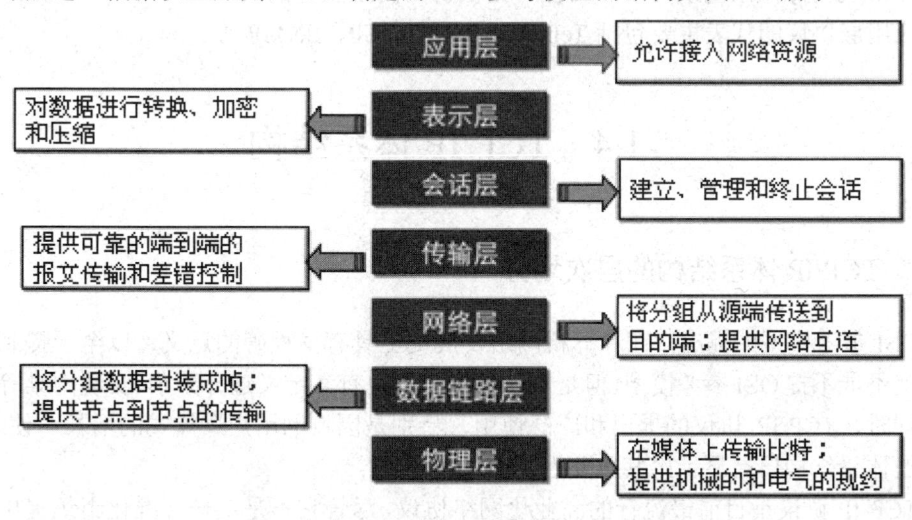

图 1-3 OSI 参考模型的结构

1.3.2 OSI 参考模型中各层的主要功能

（1）物理层。物理层规定了激活、维持、关闭通信端点之间的机械特性、电气特性、功能特性及过程特性。该层为上层协议提供了一个传输数据的物理媒体，其作用是传输二进制信号，典型设备代表如集线器（Hub）。在这一层，数据的单位为比特（bit）。

物理层定义的典型规范代表主要包括 EIA/TIA RS-232、EIA/TIA RS-449、V.35、RJ-45 等。

（2）数据链路层。数据链路层在不可靠的物理介质上提供可靠的传输。该层的作用包括物理地址寻址、数据的成帧、流量控制、数据的检错与重发等。数据链路层包括 LLC 和 MAC 子层，LLC 负责与网络层通信，协商网络层的协议；MAC 负责对物理层的控制。本层的典型设备是交换机（Switch）。在这一层，数据的单位为帧（frame）。

数据链路层协议的代表主要包括 SDLC、HDLC、PPP、STP、帧中继等。

（3）网络层。网络层负责对子网间的数据包进行路由选择。网络层还可以实现拥塞控制、网际互连等功能，并负责路由表的建立和维护，以及数据包的转发。本层的典型设备是路由器（Router）。在这一层，数据的单位为数据包（Packet）。

网络层协议的代表主要包括 IP、IPX、RIP、OSPF 等。

（4）传输层。传输层是第一个端到端，即主机到主机的层次。传输层负责将上层数据分段并提供端到端的、可靠的或不可靠的传输。此外，传输层还要处理端到端的差错控制和流量控制问题。本层将应用数据分段，建立端到端的虚连接，提供可靠或者不可靠传输。在这一层，数据的单位为数据段（Segment）。

传输层协议的代表主要包括 TCP、UDP、SPX 等。

（5）会话层、表示层、应用层。会话层管理主机之间的会话进程，即负责建立、管理、终止进程之间的会话。会话层还利用在数据中插入校验点来实现数据的同步。

表示层对上层数据或信息进行变换，以保证一台主机的应用层信息可以被另一台主机的应用程序理解。表示层的数据转换包括数据的加密、压缩、格式转换等。

应用层为操作系统或网络应用程序提供访问网络服务的接口。

应用层协议的代表主要包括 Telnet、FTP、HTTP、SNMP 等。

1.4 TCP/IP 体系结构

1.4.1 TCP/IP 体系结构的层次划分

OSI 参考模型的提出，在计算机网络发展史上具有里程碑的意义，以至于提到计算机网络就不能不提OSI参考模型，但是OSI参考模型也有其定义过分繁杂、实现困难等缺点。与此同时，TCP/IP 协议的提出和广泛使用，特别是因特网用户爆炸式的增长，使 TCP/IP 网络的体系结构日益显示出其重要性。

TCP/IP 协议是目前最流行的商业化网络协议，尽管它不是某一标准化组织提出的正式标准，但它已经被公认为目前的工业标准或“事实标准”。因特网之所以能迅速发展，就

是因为TCP/IP协议能够适应和满足世界范围内数据通信的需要。

与OSI参考模型不同，TCP/IP体系结构将网络划分为应用层、传输层、互联层和网络接口层四层。TCP/IP各层次与OSI参考模型各层次的对应关系如图1-4所示。

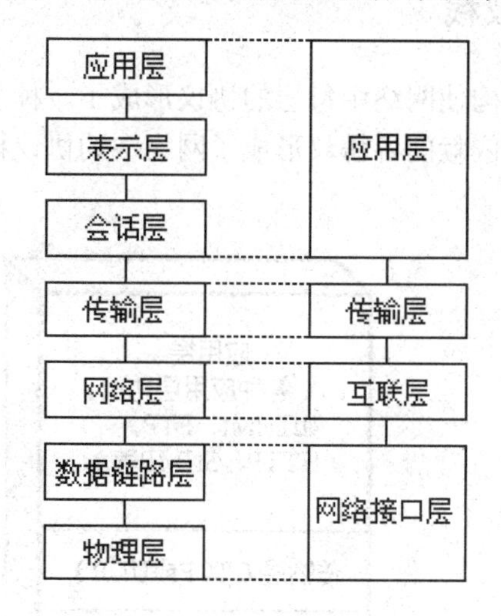

图1-4 TCP/IP各层次与OSI参考模型各层次的对应关系

1.4.2 TCP/IP体系结构中各层的功能

（1）应用层。TCP/IP协议中的应用层对应OSI参考模型中的会话层、表示层和应用层。应用层由使用TCP/IP进行通信的程序所提供。一个应用就是一个用户进程，它通常与其他主机上的另一个进程合作。在这一层中定义了很多协议，如FTP（文件传输协议）、TFTP（普通文件传输协议）、HTTP（超文本传输协议）、SMTP（简单邮件传输协议）等。所有的应用软件通过该层利用网络。

（2）传输层。TCP/IP协议中的传输层对应OSI参考模型中的传输层。传输层提供了端到端的数据传输，把数据从一个应用传输到它的远程对等实体。传输层可以同时支持多个应用。这一层包括两个协议，即TCP（传输控制协议）和UDP（用户数据报文协议），负责数据报文传输过程中端到端的连接，并负责提供流控制、错误检测和排序服务。

TCP提供了面向连接的可靠的数据传送、重复数据抑制、拥塞控制及流量控制。UDP提供了一种无连接的、不可靠的、尽力传送的服务。因此，如果用户需要使用UDP作为传输协议的应用，则必须提供各自端到端的完整性控制、流量控制和拥塞控制。通常，对于那些需要快速传输的机制并能容忍某些数据丢失的应用，可以使用UDP。

（3）互联层。TCP/IP协议中的互联层对应OSI参考模型中的网络层。互联层也被称为“互联网络层”和“网际层”。这一层包括IP（网际协议）、ICMP（网际控制报文协议）、IGMP（网际组报文协议）及ARP（地址解析协议）。IP是这一层最核心的协议。它是一种无连接协议，不负责下面的传输可靠性。IP提供了路由功能，该功能试图把发送的消息传输到它们的目的地。IP网络中的消息单位为IP数据报（IP Datagram）。这是TCP/IP网络上传输的基本信息单位。

（4）网络接口层。在TCP/IP分层体系结构中，网络接口层是其最底层，负责通过网络发送和接收IP数据报。TCP/IP体系结构并未对网络接口层使用的协议作出强制的规定，它允许主机连入网络时使用多种现成的和流行的协议，如局域网协议或其他一些协议。

1.4.3 TCP/IP中的协议栈

计算机网络的层次结构使网络中每层的协议形成了一种从上至下的依赖关系。在计算机网络中，从上至下相互依赖的各协议形成了网络中的协议栈。TCP/IP体系结构如图1-5所示。

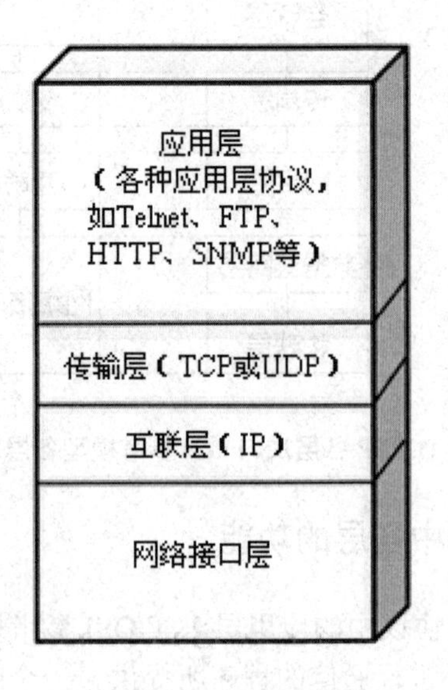

图1-5 TCP/IP体系结构

本章小结

本章涉及的内容是网络知识的基础和纲领。开始学习的时候可以把这一章作为网络知识的摘要；当学完本书后再读这一章，可以把它作为网络知识的总结。

本章介绍了网络通信中的一些理论知识：网络体系结构、网络协议及其分层的原则、方法，以及对等层逻辑连接和数据物理传递的概念等；介绍了两种主要的网络体系结构的模型，即OSI参考模型和TCP/IP体系结构模型。

思考与练习

一、选择题

1．接入因特网的计算机必须共同遵守_______。

A．CPI/IP协议　　B．PCT/IP协议　　C．PTC/IP协议　D．TCP/IP协议

2．完成路径选择功能是在 OSI 参考模型中的_______。

A．物理层　　B．数据链路层　　C．网络层　　D．传输层

3．计算机网络建立的主要目的是实现计算机资源的共享。计算机资源主要指计算机的_______。

A．软件与数据库　　B．服务器、工作站与软件

C．硬件、软件与数据　　D．通信子网与资源子网

4．在下面给出的协议中，_______是 TCP/IP 的应用层协议。

A．TCP　　B．RARP　　C．DNS　　D．IP

5．OSI 参考模型中描述_______层协议网络体系结构。

A．四　　B．五　　C．六　　D．七

二、填空题

1．计算机网络按覆盖的地理范围可分为________、________和________。

2．从计算机网络组成的角度看，计算机网络从逻辑功能上可分为________和子网。

3．计算机网络的拓扑结构有________、________、________、总线拓扑、________和网形拓扑。

4．TCP/IP 协议从下向上分为________、________、________和________四层。

5．IEEE 的含义是________________________。

三、简答题

1．计算机网络的发展可划分为哪几个阶段？

2．计算机网络的拓扑结构有哪些？它们各有什么优、缺点？

3．什么是网络体系结构？

4．网络协议的三要素是什么？

5．与计算机网络相关的标准化组织有哪些？

第 2 章　物理层

【本章导读】

物理层位于 OSI 参考模型的最底层，它的主要功能是实现比特流的透明传输，为数据链路层提供数据传输服务。它直接面向实际承担数据传输的物理介质（即通信信道）。物理层的传输单位为比特，即一个二进制位（“0”或“1”）。

本章将主要介绍物理层的接口与协议、传输介质、数据通信技术、数据编码及常用的网络设备等方面的知识。

【本章学习目标】

- 理解并掌握物理层的基本概念、主要功能和基本特性。
- 了解各类传输介质的基本特性，掌握双绞线的制作。
- 理解比特率、波特率和信道容量的定义。
- 了解物理层协议，熟练应用计算机信道容量的两个公式。
- 掌握数字数据的数字信号编码。
- 熟悉各种网络互连设备的功能和使用场合。

2.1　物理层的接口与协议

物理层主要负责在物理链路上传输非结构的比特流，提供为建立、维护和拆除物理链路所需要的机械的、电气的、功能的和规程的特性。物理层为计算机通信网络进行信息传输提供实际的传输通道，物理层协议是本章的知识要点。

物理层是 OSI 参考模型中的最底层，但它既不是指连接计算机的具体物理设备，也不是指负责信号传输的具体物理介质，而是指在连接开放系统的物理介质上为上一层（指数据链路层）提供传送比特流的一个物理连接。用 OSI 的术语来说，物理层的主要功能就是为它的服务用户（数据链路层的实体）在具体的物理介质上提供发送或接收比特流的能力。这种能力具体表现为：首先要在物理层建立一个连接，然后在整个通信过程中保持这一连接，当通信结束时释放这一连接。实际上，这是一个资源管理问题。

目前，可供计算机网络使用的物理设备和传输介质的种类很多，特性各异，物理层的作用就在于要屏蔽这些差异，使得数据链路层不必去考虑物理设备和传输介质的具体特性，而只要考虑完成本层的协议和服务。

物理层的协议是面向通信的协议，通常也被称为“通信规程”，它与具体的物理设备、传输介质及通信手段有关。物理层的许多协议是在 OSI 参考模型公布之前制定的，并为众

多的厂商接受和采纳。当然，这些物理层协议与 OSI 参考模型的严格要求相比有一定的差距，因为它们既不像 OSI 参考模型那样严格按照分层来制定，也没有像 OSI 参考模型那样将服务定义和协议规范区分开来。因此，对物理层协议就不便利用 OSI 参考模型的术语加以阐述，而只能将物理层实现的主要功能描述为与传输介质接口有关的一些特性，即机械特性、电气特性、功能特性和规程特性。物理层就是通过这四个特性的作用，在数据终端设备（DTE）和数据通信设备（DCE）之间实现物理链路的连接。

2.1.1　物理层接口

物理层位于 OSI 参考模型的最底层，它直接面向实际承担数据传输的物理介质（即信道）。物理层是指在物理介质之上为数据链路层提供一个原始比特流的物理连接，其传输单位为比特。

物理层协议规定了建立、维持及断开物理信道所需的机械特性、电气特性、功能特性和规程特性，其作用是确保比特流能在物理信道上传输。

ISO 对 OSI 参考模型的物理层所作的定义为：在物理信道实体之间合理地通过中间系统，为比特传输所需的物理连接的激活、保持和去除提供机械的、电气的、功能的和规程的手段。比特流传输可以采用异步传输，也可以采用同步传输完成。

另外，CCITT（Consultative Committee for International Telegraph and Telephone，国际电报电话咨询委员会）在 X.25 建议书第一级（物理级）中也作了类似的定义：利用物理的、电气的、功能的和规程的特性，在 DTE 和 DCE 之间实现对物理信道的建立、保持和去除功能。这里的“DTE”指的是数据终端设备（Date Terminal Equipment），是对属于用户所有的联网设备或工作站的统称，它们是通信的信源或信宿，如计算机、终端等；这里的“DCE”指的是数据通信设备（Date Communications Equipment）是对为用户提供接入点的网络设备的统称，如自动呼叫应答设备、调制解调器等。

DTE-DCE 的接口框图如图 2-1 所示，物理层接口协议实际上是 DTE 和 DCE 或其他通信设备之间的一组约定，主要解决网络节点与物理信道如何连接的问题。物理层协议规定了标准接口的机械连接特性、电气信号特性、信号功能特性及交换电路的规程特性，这样做的主要目的是为了便于不同的制造厂家能够根据公认的标准各自独立地制造设备，使各个厂家的产品都能够相互兼容。

图 2-1　DTE-DCE 的接口框图

1．机械特性

机械特性规定了物理连接时插头和插座的几何尺寸、插针或插孔的芯数及排列方式、锁定装置形式等。

图 2-2 列出的是一类已被 ISO 标准化了的 DCE 连接器的几何尺寸、插孔芯数和排列方式。一般来说，DTE 的连接器常用插针形式，其几何尺寸与 DCE 连接器相配合，插针芯数和排列方式与 DCE 连接器呈镜像对称。

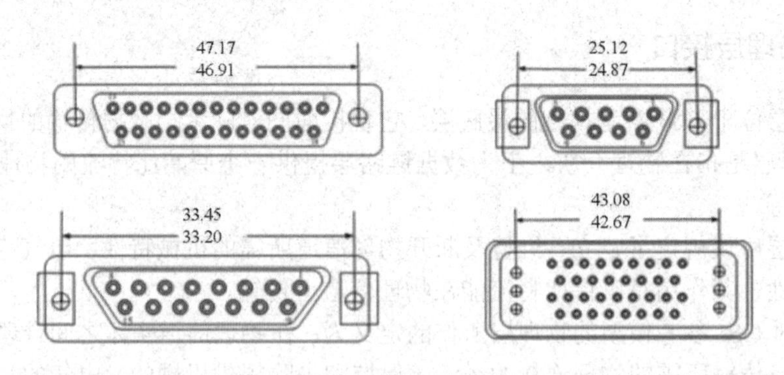

图 2-2　常见连接器的机械特性

2．电气特性

电气特性规定了在物理连接上导线的电气连接及有关的电回路的特性，一般包括接收器和发送器电路特性的说明、表示信号状态的电压/电流电平的识别、最大传输速率的说明，以及与互连电缆相关的规则等。

物理层的电气特性还规定了 DTE/DCE 接口线的信号电平、发送器的输出阻抗、接收器的输入阻抗等电气参数。

DTE/DCE 接口的各根导线（也被称为“电路”）的电气连接方式有非平衡方式、采用差动接收器的非平衡方式和平衡方式三种。图 2-3 给出了这三种电气连接方式的结构。

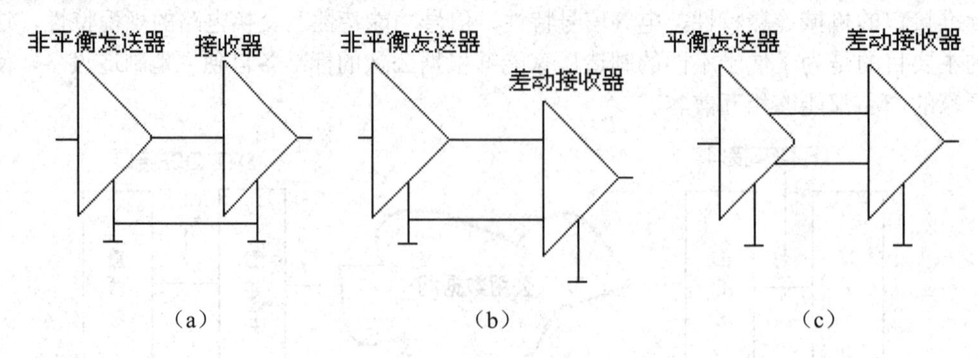

图 2-3　电气连接方式

（a）非平衡方式；（b）采用差动接收器的非平衡方式；（c）平衡方式

非平衡方式采用分立元件技术设计非平衡接口，每个电路使用一根导线，收发两个方向共用一根信号地线，信号速率≤20Kbit/s，传输距离≤15m。由于使用共用信号地线，所以会产生比较大的串扰。CCITT V.28 建议采用这种电气连接方式，EIA RS-232C 标准基本与之兼容。

采用差动接收器的非平衡方式使用的是应用了集成电路技术的非平衡接口。与前一种方式相比，发送器仍使用非平衡式，但接收器采用差动接收器。每个电路使用一根导线，但每个方向都使用独立的信号地线，使串扰信号较小。这种方式的信号速率可达 300Kbit/s，传输距离为 10（300 Kbit/s 时）～1 000m（≤3Kbit/s 时）。CCITT V.10/X.26 建议采用这种电气连接方式，EIA RS-423 标准与之兼容。

平衡方式使用的是应用了集成电路技术的平衡接口，使用平衡发送器和差动接收器，每个电路采用两根导线，构成各自完全独立的信号回路，使得串扰信号减至最小。这种方式的信号速率≤10Mbit/s，传输距离为 10（10Mbit/s 时）～1 000m（≤100Kbit/s 时）。CCITT V.11/X.27 建议采用这种电气连接方式，EIA RS-423 标准与之兼容。

3．功能特性

功能特性规定了接口信号的来源、作用，以及与其他信号之间的关系。接口信号线按其功能一般可分为接地线、数据线、控制线、定时线等类型。对各信号线的命名通常采用数字、字母组合或英文缩写三种方式来命名。

ITT V.24 建议采用数字命名法。在 ITT V.24 建议中，对 DTE/DCE 接口信号线的命名以“1”开头，所以通常将其称为“100 系列接口线”；而对 DTE/ACE（自动呼叫设备）接口信号线的命名以“2”开头，所有通常将其称为“200 系列接口信号线”。EIA RS-232C 采用字母组合命名法，EIA RS-449 采用英文缩写命名法。

4．规程特性

规程特性规定了使用交换电路进行数据交换的控制步骤，这些控制步骤的应用使得比特流的传输得以完成。

DTE/DCE 标准接口的规程特性规定了 DTE/DCE 接口各信号线之间的相互关系、动作顺序及维护测试操作等内容。规程特性反映了在数据通信过程中通信双方可能发生的各种可能事件。由于这些可能事件出现的先后次序不尽相同，又有多种组合，因而规程特性往往比较复杂。描述规程特性比较好的一种方法是利用状态变迁图。因为状态变迁图反映了系统状态的变迁过程，而系统状态的变迁正是由当前状态和所发生的事件（指当时所发生的控制信号）所决定的。

目前由 ITU 建议在物理层使用的规程有 V.24、V.25、V.54 等 V 系列标准，以及 X.20、X.21 等 X 系列标准，它们分别适用于不同的交换电路。物理层中较重要的新规程是 EIA RS-449 及 X.21，然而经典的 EIA RS-232C 仍是目前最常用的计算机异步通信接口。

2.1.2　物理层协议举例

1．EIA RS-232C 接口标准

EIA RS-232C 是由美国电子工业协会 EIA（Electronic Industries Association）在 1969 年颁布的一种目前使用最广泛的串行物理接口标准。“RS（Recommended Standard）”的意思是“推荐标准”，“232”是标识号码，后缀“C”则表示该推荐标准已被修改过的次数。

RS-232C 标准提供了一个利用公用电话网络作为传输介质，并通过调制解调器远程设

备连接起来的技术规定。RS-232C 标准接口只控制 DTE 与 DCE 之间的通信，与连接在两个 DCE 之间的电话网没有直接的关系。

2. 100 系列和 200 系列接口标准

CCITT 是“国际电报电话咨询委员会”的英文简称，后来更名为“国际电信联盟电信标准化局”，该组织从事有关通信标准的研究和制定，其标准一般被称作“建议”。ITU V.24 建议中有关 DTE-DCE 之间的接口标准有 100 系列、200 系列两种。在设置自动呼叫设备的 DCE 中，按照 200 系列接口标准完成 DTE 与自动呼叫设备的接口。若系统采用人工呼叫，则不需要设置 200 系列接口。

100 系列接口标准的机械特性采用两种规定：当传输速率为 200～9 600bit/s 时，采用 25 芯标准连接器；当传输速率达到 48Kbit/s 时，采用 34 芯标准连接器。200 系列接口标准则采用 25 芯标准连接器。

100 系列接口标准的电气特性采用 V.28 和 V.35 两种建议：当传输速率为 200～9 600bit/s 时，采用 V.28 建议；当传输速率为 48Kbit/s 时，100 系列中除控制信号仍使用 V.28 建议外，数据线与定时线均采用 V.35 建议。200 系列接口标准的电气特性则采用 V.28 建议。

3. X.21 和 X.21 bis 建议

ITU 对 DTE-DCE 的接口标准有 V 系列和 X 系列两大类建议。V 系列接口标准（如前述的 V.24 建议）一般指数据终端设备与调制解调器或网络控制器之间的接口，这类系列接口除了用于传输数据的信号线外，还定义了一系列的控制线，是一种比较复杂的接口。X 系列接口标准是较晚制定的，这类接口适用于包括公共数据网在内的电路终接设备和数据终端设备之间的接口，定义的信号线很少，因此是一种比较简单的接口。

X.21 建议是 ITU 于 1976 年制定的一个用于定义用户计算机的 DTE 如何与数字化的 DCE 交换信号的数字接口标准。X.21 建议的接口以相对来说比较简单的形式提供了点对点的信息传输，通过它能实现完全自动的过程操作，并有助于消除传输差错。在数据传输过程中，任何比特流（包括数据与控制信号）均可通过该接口进行传输。ISO 的 OSI 参考模型建议采用 X.21 作为物理层规约的标准。

X.21 的设计目标之一是要减少信号线的数目，其机械特性采用 15 芯标准连接器代替熟悉的 25 芯标准连接器，而且其中仅定义了 8 条接口线。

X.21 的另外一个设计目标是允许接口在比 EIA RS-232C 更长的距离上进行更高速率的数据传输，其电气特性类似于 EIA RS-422 的平衡接口，支持的 DTE-DCE 电缆距离最长是 300m。X.21 可以按同步传输的半双工或全双工方式运行，传输速率最大可达 10Mbit/s。X.21 接口适用于由数字线路（而不是模拟线路）访问公共数据网 PDN 的地区。欧洲网络大多使用 X.21 接口。

若数字信道一直延伸到用户端，用户的 DTE 就可以通过 X.21 建议的接口进行远程通信。但目前实际连接用户端的大多数仍为模拟信道（如电话线），且大多数计算机和终端设备上也只具备 RS-232C 接口或以 V.24 为基础的设备，而不是 X.21 接口。为了使从旧的网络技术转到新的 X.21 接口更容易些，ITU 提出了用于公共数据网与 V 系列调制解调器接口的 X.21 bis 建议。这里“bis”是法语“替换物”的意思。

X.21 bis 标准规定使用 V.24/V.28 接口，它们与 EIA RS-232D 非常类似。美国的大多数公共数据网应用实际上都使用 EIA RS-232D（或更早的 RS-232C）作为物理层接口。可以认为，X.21 bis 是 X.21 的一个暂时过渡版本，它是对 X.21 的补充并保持了 V.24 的物理层接口。X.25 建议允许采用 X.21 bis 作为其物理层的规程。

X.21 和 X.21 bis 为三种类型的服务定义了物理电路，这三种服务是租用电路(专用线)服务、直接呼叫服务和设备地址呼叫服务。租用电路服务设计成在两个终端之间的连续连接；直接呼叫服务像“热线”电话，可使用户在任何时间直接连接指定的目标；设备地址呼叫服务则如“拨号”电话，每次连接需由用户呼叫指定目标。

2.2 有线传输介质

在计算机网络中，用于连接网络设备的传输介质有很多，一般可将其分为有线传输介质和无线传输介质两大类。常用的有线传输介质有双绞线、同轴电缆和光纤。常用的无线传输介质有微波和红外，无线传输介质后面章节将介绍。传输介质的选择和连接是物理层的重要工作之一。

2.2.1 双绞线

双绞线是局域网布线中最常用到的一种传输介质，尤其在星形网络拓扑中，双绞线是必不可少的布线材料。如图 2-4 所示为带水晶头的双绞线。

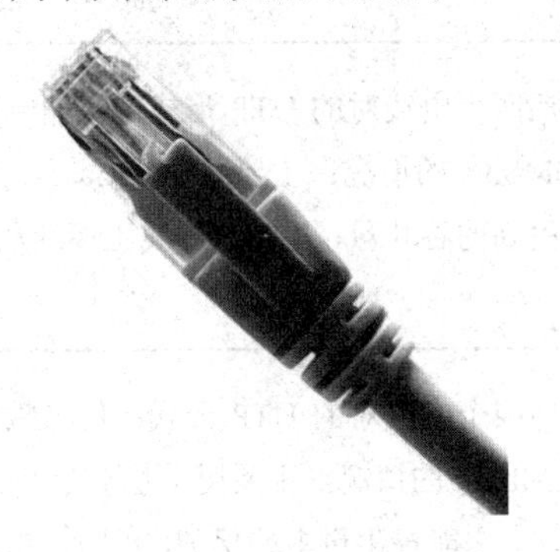

图 2-4 带水晶头的双绞线

双绞线电缆（简称“双绞线”）一般由两根绝缘铜导线相互缠绕而成，每根铜导线的绝缘层上分别涂有不同的颜色，以示区别。把两根具有绝缘保护层的铜导线按一定密度互相绞在一起，可降低信号干扰的程度，每一根导线在传输中辐射的电波会被另一根线上发出的电波抵消。

双绞线可分为屏蔽双绞线（Shielded Twisted Pair，STP）和非屏蔽双绞线（Unshielded Twisted Pair，UTP）两大类。如图 2-5 所示。

屏蔽双绞线电缆的外面由一层金属材料包裹，以减小幅射，防止信息被窃听。同时，屏蔽双绞线具有较高的数据传输速率，但屏蔽双绞线电缆的价格相对较高，安装时要比非屏蔽双绞线困难。

非屏蔽双绞线电缆外面只需一层绝缘胶皮，因而重量轻、易弯曲、易安装，组网灵活，非常适用于结构化布线，在无特殊要求的计算机网络布线中常使用非屏蔽双绞线电缆。

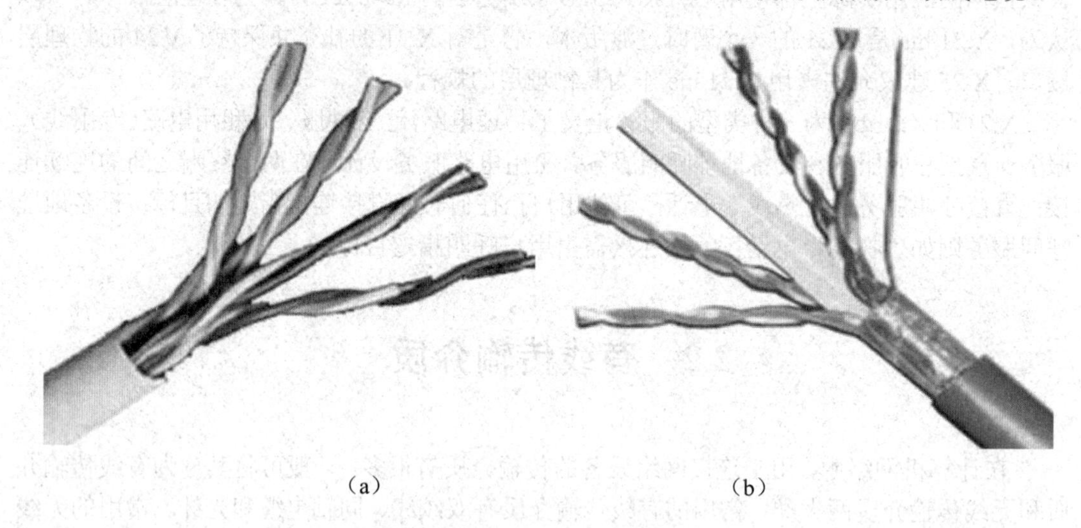

（a）　　　　　　（b）

图 2-5　屏蔽双绞线和非屏蔽双绞线

（a）非屏蔽双绞线；（b）屏蔽双绞线

UTP 双绞线的分类如表 2-1 所示。

表 2-1　UTP 双绞线的分类

双绞线类型	描　述
3 类（cat 3）	一种包括四个电线对的 UTP 形式；传输频率为 16MHz，用于语音传输及最高传输速率为 10Mbit/s 的情况；主要用于 10Base-T；虽然 3 类双绞线比 5 类双绞线便宜，但为了获得更高的吞吐量，3 类双绞线正逐渐从市场上消失，取而代之的是 5 类和超 5 类双绞线
4 类（cat 4）	一种包括四个电线对的 UTP 形式；传输频率为 20MHz，用于语音传输及最高传输速率为 16Mbit/s 的情况；主要用于基于令牌的局域网和 10Base-T/100Base-T；与 3 类双绞线相比，它能提供更多的保护，以防止串扰和衰减；在以太网布线中应用很少，以往多用于令牌网的布线，目前市面上基本看不到
5 类（cat 5）	包括四个电线对，增加了绕线密度，外套一种高质量的绝缘材料，传输频率为 100MHz；用于语音传输和最高传输速率为 100Mbit/s 的情况；主要用于 100Base-T 和 10Base-T 网络。这是最常用的以太网电缆，5 类双绞线是目前网络布线的主流
超 5 类	满足大多数应用的需求（尤其支持千兆位以太网 1 000Base-T 的布线）；主要用于千兆位以太网环境

2.2.2　同轴电缆

同轴电缆分为基带同轴电缆（阻抗为 50Ω）和宽带同轴电缆（阻抗为 75Ω）。基带同轴电缆又可分为粗缆和细缆两种，都用于直接传输数字信号；宽带同轴电缆可用于频分多路复用的模拟信号传输，也可用于不使用频分多路复用的高数字信号和模拟信号传输，闭路电视所使用的 CATV 电缆就是宽带同轴电缆。同轴电缆如图 2-6 所示。

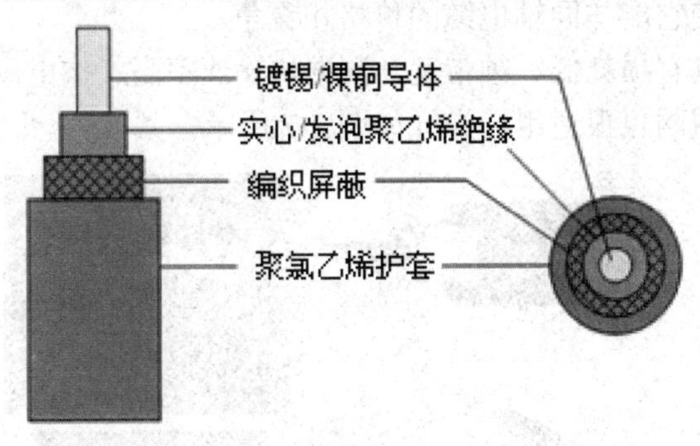

图 2-6　同轴电缆

同轴电缆适用于点到点和多点连接。基带同轴电缆每段可支持几百台设备，在大系统中还可以用转接器将各段连接起来；宽带同轴电缆可以支持数千台设备。

传输距离取决于传输的信号形式和传输的速率，典型基带同轴电缆的最大距离限制在几公里，在同样数据速率条件下，粗缆的传输距离较细缆长；宽带同轴电缆的传输距离可达几十公里。同轴电缆的抗干扰性能比双绞线强。安装同轴电缆的费用比双绞线贵，但是比光纤便宜。

2.2.3　光纤

"光纤"是"光导纤维"的简称，它由能传导光波的超细石英玻璃纤维外加保护层构成。多条光纤组成一束，就构成一条光缆。相对于金属导线来说，光纤具有重量轻、线径细的特点。

光源可以采用发光二极管（Light Emitting Diode，LED）和注入型激光二极管（Injection Laser Diode，ILD）。发光二极管是一种价格较便宜的固态器件，电流通过时产生可见光，但定向性较差，是通过在光纤石英玻璃介质内不断发射而向前传播的，这种光纤被称为"多模光纤"（Multimode Fiber）。注入型激光二极管也是一种固态器件，它根据激光器原理进行工作。由于激光的定向性好，它可沿着光纤直接传播，减少了折射和损耗，效率更高，也能传播更远的距离，并且可以保持很高的数据传输率，这种光纤被称为"单模光纤"（Single mode Fiber）。

在计算机网络中均采用两根光纤（一来一去）组成传输系统，按波长范围可将其分为三种：0.85μm（0.8～0.9μm）波长区、1.3μm（1.25～1.35μm）波长区和 1.55μm（1.53～1.58μm）波长区。不同波长范围的光纤其损耗特性也不同，其中，0.85μm 波长区为多模光纤通信方式，1.55μm 波长区为单模光纤通信方式，1.3μm 波长区有多模和单模两种通信方式。

光纤普遍用于点到点的链路。总线拓扑结构的实验性多点系统已经建成，但是价格太贵。原则上讲，由于光纤具有功率损失小、衰减少的特性及有较大的带宽潜力，因此，一段光纤能够支持的分接头数比双绞线或同轴电缆多得多。光纤适合于在几个建筑物之间通过点到点的链路连接局域网网络。光纤具有不受电磁干扰或噪声影响的特征，适宜在长距离内保持高数据传输率，而且能够提供很好的安全性。

就每米的价格和所需部件（发送器、接收器、连接器）来说，光纤比双绞线和同轴电缆都要贵，但是双绞线和同轴电缆的价格不大可能再下降，而光纤的价格将随着工程技术的进步大大下降，使它能与同轴电缆的价格相竞争。

由于光纤通信具有损耗低、频带宽、数据传输速率高、抗电磁干扰强等特点，对高速率、距离较远的局域网也很适用。光纤如图 2-7 所示。

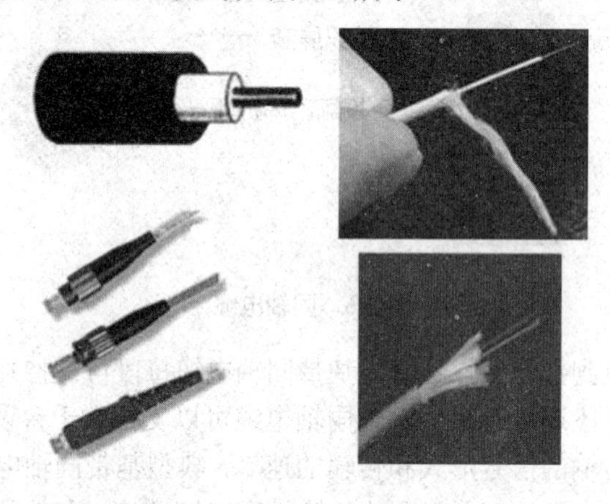

图 2-7　光纤

2.2.4　实验：双绞线的制作

双绞线的制作非常简单，就是把双绞线的 4 对 8 芯网线按一定规则插入到水晶头中。因此，制作这类网线所需的材料是双绞线和水晶头，所需的工具是一把专用压线钳，双绞线的制作就是网线水晶头的制作。水晶头如图 2-8 所示。

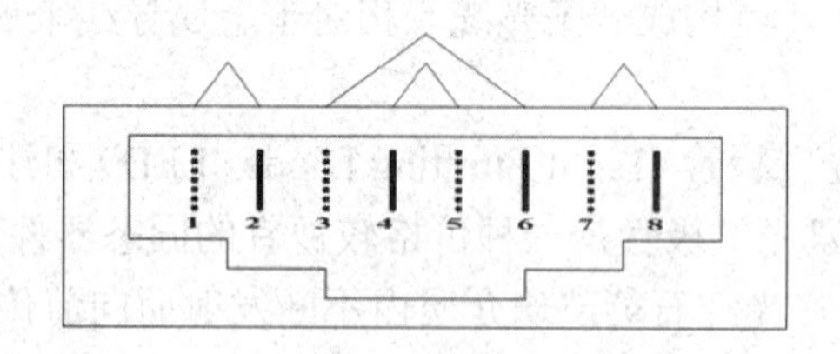

图 2-8　水晶头

双绞线连接线序的标准有 EIA/TIA-568A 和 EIA/TIA-568B ，如表 2-2 所示。

表 2-2　双绞线的连接线序

EIA/TIA-568A 线序	白绿	绿	白橙	蓝	白蓝	橙	白棕	棕
EIA/TIA-568B 线序	白橙	橙	白绿	蓝	白蓝	绿	白棕	棕

按照双绞线两端的线序的不同，通常将其划分为以下两类双绞线。

➢ **直连线/直通线**：两端线序排列一致，一一对应，即不改变线的排列顺序（两端都使用 EIA/TIA-568A 或 EIA/TIA-568B 线序）。直连线线序如图 2-9 所示。

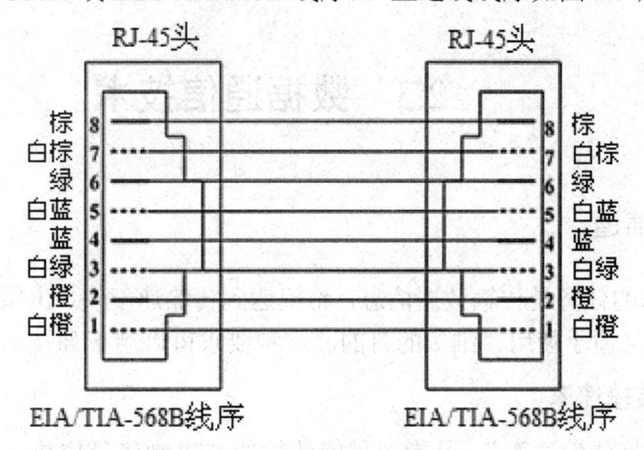

图 2-9　直连线线序

➢ **交叉线**：改变线的排列顺序，采用“1-3，2-6”的交叉原则，即电缆一端用 EIA/TIA-568A 线序，另一端用 EIA/TIA-568B 线序。交叉线线序如图 2-10 所示。

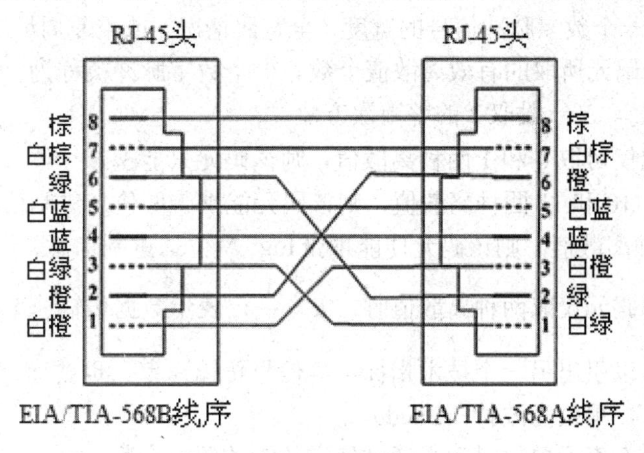

图 2-10　交叉线线序

双绞线的制作过程可分为以下步骤。

步骤 1：剥线。用双绞线剥线钳把 5 类双绞线的一端剪齐，然后把剪齐的一段插入到剥线钳的剥线缺口中，稍微握紧剥线钳慢慢旋转一圈，让刀口划开双绞线的保护胶皮，剥去胶皮。

步骤 2：理线。剥除外护套后即可见到双绞线网线的 4 对 8 芯线，然后按照图 2-9 和图 2-10 所示的直连线和交叉线的线序进行排序，并把线剪齐。

步骤 3：插线。左手水平握住水晶头，把理好的线插入到水晶头中，水晶头金属片朝上，从左到右看线序是否有错。

步骤 4：压线。在确认所有芯线都插到水晶头底部且线序正确的情况下，将水晶头放置到压线钳的缺口位置，使劲压下，使金属片插入到网线芯线之中，并与之接触良好。

步骤 5：用同样的方式制作另一端的水晶头。

步骤 6：线缆导通性测试。两端都做好水晶头后，即可用网线测试仪进行测试。如果测试仪上 8 个指示灯依次为绿灯闪过，说明网线制作成功；如果有灯不亮，或者没有按次序亮，则剪掉一端重新制作，直到测试正确。

2.3 数据通信技术

2.3.1 通信信道

数据通信的任务是传输数据信息，希望达到传输速度快、出错率低、信息量大、可靠性高，既经济又便于使用、维护的目的。这种要求可以用下列技术指标加以描述。

1．数据传输速率

所谓“数据传输速率”，是指每秒能传输的二进制信息位数，单位为位/秒（Bits Per Second），记作 bit/s，它可由下式确定。

$$R=\frac{1}{T}\cdot\log_2 N\ \text{（bit/s）}$$

其中，T 为一个数字脉冲信号的宽度（全宽码情况）或重复周期（归零码情况），单位为秒。N 为一个码元所取的有效离散值个数。一个数字脉冲被称为“一个码元”，也被称为“调制电平数”。N 一般取 2 的整数次方值。

若一个码元仅可取 0 和 1 两种离散值，则该码元只能携带一位二进制信息；若一个码元可取 00、01、10 和 11 四种离散值，则该码元能携带两位二进制信息。以此类推，若一个码元可取 N 种离散值，则该码元便能携带 $\log_2 N$ 位二进制信息。

注：当一个码元仅取两种离散值时，$R=\frac{1}{T}$，表示数据传输速率等于码元脉冲的重复频率。由此，可以引出另一个技术指标——信号传输速率，也被称为“码元速率”“调制速率”“波特率”，单位为波特（Baud）。

信号传输速率表示单位时间内通过信道传输的码元个数，也就是信号经调制后的传输速率。若信号码元的宽度为 T 秒，则码元速率定义如下。

$$B=\frac{1}{T}\ \text{（Baud）}$$

在有些调幅和调频方式的调制解调器中，一个码元对应于一位二进制信息，即一个码元有两种有效离散值，此时信号传输速率和数据传输速率相等。但在调相的四相信号方式中，一个码元对应于两位二进制信息，即一个码元有四种有效离散值，此时信号传输速率只是数据传输速率的一半。由以上两式合并，可得到信号传输速率和数据传输速率的如下对应关系。

$$R=B\cdot\log_2 N\ \text{（bit/s）}$$

一般在二元调制方式中，R 和 B 都取同一值，习惯上二者是通用的。但在多元调制的情况下，必须将它们区别开来。

【例 1】采用四相调制方式，即 $N=4$，且 $T=833\times10^{-6}$ 秒，求数据传输速率和信号传输速率。

数据传输速率为 $$R=\frac{1}{T}\cdot\log_2 N=\frac{1}{833\times10^{-6}}\cdot\log_2 4=2\,400\text{（bit/s）}$$

信号传输速率为 $$B=\frac{1}{T}=\frac{1}{833\times10^{-6}}=1\,200\text{（Baud）}$$

通过上例可见，虽然数据传输速率和信号传输速率都是描述通信速度的指标，但它们是完全不同的两个概念。打个比方来说，假如信号传输速率是公路上单位时间里经过的卡车数，那么数据传输速率便是单位时间里经过的卡车所装运的货物箱数。

如果一车装一箱货物，则单位时间里经过的卡车数与单位时间里卡车所装运的货物箱数相等；如果一车装两箱货物，则单位时间里经过的货物箱数就是单位时间里经过的卡车数的两倍。

2．信道容量

信道容量表示一个信道传输数据的能力，单位也用 bit/s，是信道传输数据能力的极限。信道分为有噪声干扰和无噪声干扰两种情况。

（1）无噪声干扰情况。奈奎斯特（Nyquist）首先给出了无噪声干扰情况下信号传输速率的极限值 B 与信道带宽 H 的关系。

$$B=2\cdot H\text{（Baud）}$$

其中，H 是信道带宽，也被称为“频率范围”，即信道能传输的上、下限频率的差值，单位为 Hz。由此可推出，无噪声干扰情况下，信道数据传输能力的奈奎斯特公式。

$$C=B\cdot\log_2 N=2\cdot H\cdot\log_2 N\text{（bit/s）}$$

其中，N 仍然表示携带数据的码元可能取的离散值的个数，C 是该信道最大的数据传输速率。

由以上两式可见，对于特定的信道，其信号传输速率不可能超过信道带宽的两倍，但若能提高每个码元可能取的离散值的个数，则数据传输速率便可成倍提高。例如，普通电话线路的带宽约为 3kHz，则其信号传输速率的极限值为 6kBaud；若每个码元可能取的离散值的个数为 16（$N=16$），则最大数据传输速率可达 $C=2\cdot3k\cdot\log_2 16=24$ Kbit/s。

（2）有噪声干扰情况。实际的信道总要受到各种噪声的干扰，香农（Shannon）研究了受随机噪声干扰的信道的情况，给出了计算信道容量的香农公式。

$$C=H\cdot\log_2(1+S/N)\text{（bit/s）}$$

其中，S 为信号功率，N 为噪声功率，S/N 则为信噪比。由于实际使用的信道的信噪比都要足够大，故 SNR（信噪比）常以分贝（dB）为单位来计算。

$$SNR=10\log_{10}(S/N)$$

由此可推出，在有噪声干扰情况下，信道数据传输能力的香农公式如下。

$$C = H \cdot \log_2(1+10^{\frac{SNR}{10}})\text{（bit/s）}$$

【例 2 】信噪比为 30dB，带宽为 3kHz 的信道的最大数据传输速率是多少？

$$C = 3K \cdot \log_2(1+10^{\frac{30}{10}}) = 3K \cdot \log_2 1\,001 \approx 30\text{ Kbit/s}$$

由此可见，只要提高信道的信噪比，便可提高信道的最大传输速率。

需要强调的是，上述两个公式计算得到的只是信道数据传输速率的极限值，实际使用时必须留有充足的余地。

3．误码率

误码率是衡量数据通信系统在正常工作情况下的传输可靠性的指标，它被定义为二进制数据位传输时出错的概率。设传输的二进制数据总数为 N 位，其中出错的位数为 N_e，则误码率表示如下。

$$P_e = N_e / N$$

计算机网络中，一般要求误码率低于 10^{-9}，即平均每传输 10^9 位数据仅允许错 1 位。若误码率达不到这个指标，可以通过差错控制方法进行检错和纠错。

4.通信方式

在计算机内部各部件之间、计算机与各种外部设备之间，以及计算机与计算机之间，都是以通信的方式传递、交换数据信息的。通信有两种基本方式，即串行方式和并行方式。通常情况下，并行方式用于近距离通信，串行方式用于较远距离的通信。在计算机网络中，串行通信方式更具有普遍意义。

（1）并行通信方式。在并行数据传输中有多个数据位，如 8 个数据位（如图 2-11 所示），同时在两个设备之间传输。

发送设备将 8 个数据位通过 8 条数据线传送给接收设备，还可附加 1 位数据校验位。接收设备可同时接收到这些数据，不需作任何变换就可直接使用。在计算机内部的数据通信通常以并行方式进行。并行的数据传输线也被称为“总线”，如并行传送 8 位数据被称为“8 位总线”，并行传送 16 位数据被称为“16 位总线”。

并行数据总线的物理形式有好几种，但功能都是一样的。例如，计算机内部直接用印刷电路板实现的数据总线、连接软/硬盘驱动器的扁平带状带电缆、连接计算机外部设备的圆形多芯屏蔽电缆等。

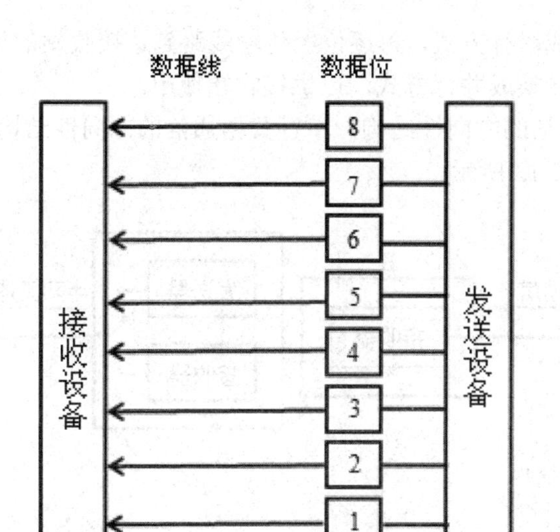

图 2-11　并行数据传输

（2）串行通信方式。并行传输时，需要一个至少有 8 条数据线（1 个字节是 8 位）的电缆将两个通信设备连接起来。当进行近距离数据传输时，这种方法的优点是传输速度快，处理简单；但当进行远距离数据传输时，这种方法的线路费用就难以容忍了。这种情况下，使用现成的电话线来进行数据传输要经济得多。串行数据传输如图 2-12 所示。

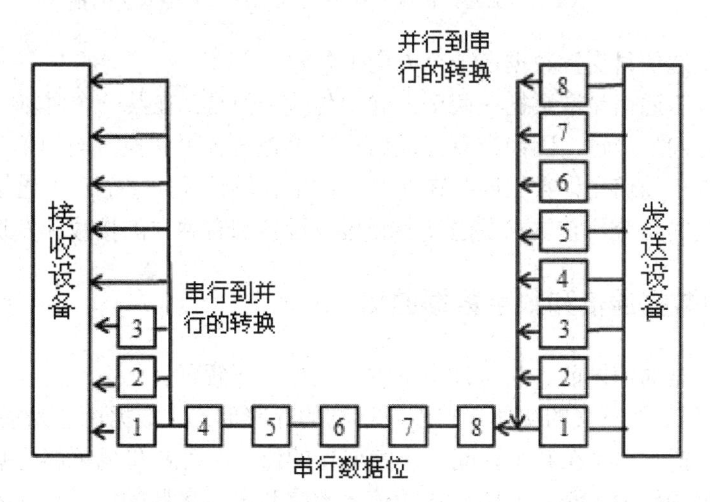

图 2-12　串行数据传输

要用电话线进行通信，就必须使用串行数据传输技术。在进行串行数据传输时，数据是 1 位 1 位地在通信线路上传输的，与同时可传输好几位数据的并行数据传输相比，串行数据传输的速度要比并行数据传输慢得多。但由于公用电话系统已形成一个覆盖面极其广阔的网络，因此，使用现成的电话网以串行传输方式通信，对于计算机网络来说具有更大的现实意义。

在进行串行数据传输时，先由具有 8 位总线的计算机内的发送设备将 8 位并行数据经并—串转换硬件转换成串行方式，再逐位经传输线路到达接收站的设备中，并在接收端将数据从串行方式重新转换成并行方式，以供接收端使用。

（3）串行数据通信的方向性结构。串行数据通信的方向性结构有三种，即单工、半双工和全双工，如图 2-13 所示。

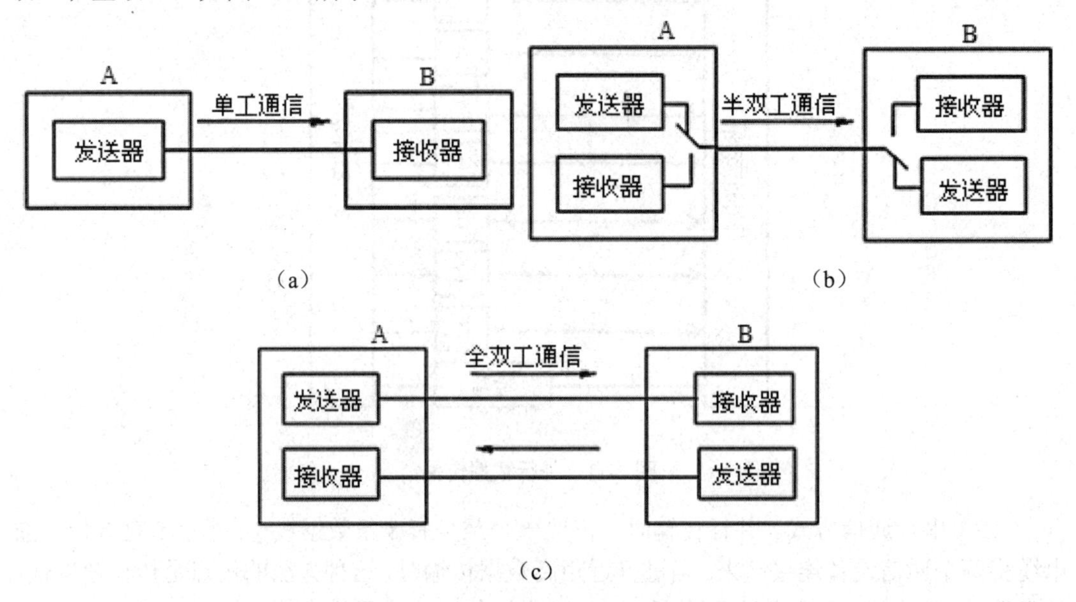

图 2-13　串行数据通信的方向性结构

（a）单工通信；（b）半双工通信；（c）全双工通信

- 单工通信只支持数据在一个方向上传输。
- 半双工通信允许数据在两个方向上传输；但是，在某一个时刻，只允许数据在一个方向上传输，因而半双工通信实际上是一种可切换方向的单工通信。
- 全双工通信允许数据同时在两个方向上传输，因此，全双工通信是两个单工通信方式的结合，它要求发送设备和接收设备都有独立的接收和发送能力。

2.3.2　模拟数据通信和数字数据通信

在介绍数据通信之前，先对几个基本术语作一下解释。

（1）数据。有意义的实体，它涉及事物的存在形式。数据可分为模拟数据和数字数据两大类。模拟数据是在某个区间内连续变化的值，如声音和视频都是幅度连续变化的波形，又如温度和压力也都是连续变化的值；数字数据是离散的值，如文本信息和整数。

（2）信号。信号是数据的电子或电磁编码。对应于模拟数据和数字数据，信号也可分为模拟信号和数字信号。模拟信号是随时间连续变化的电流、电压或电磁波，可以利用其某个参量（如幅度、频率或相位等）来表示要传输的数据；数字信号则是一系列离散的电脉冲，可以利用其某一瞬间的状态来表示要传输的数据。

（3）信息。信息是数据的内容和解释。

（4）信源。信源即通信过程中产生和发送信息的设备或计算机。

（5）信宿。信宿即通信过程中接收和处理信息的设备或计算机。

（6）信道。信道是信源和信宿之间的通信线路。

无论信源产生的是模拟数据还是数字数据，在传输过程中都要被转换成适合于信道传输的某种信号形式。模拟数据和数字数据都可以用模拟信号或数字信号来表示，因而也可以用这些信号形式来传输。图 2-14 给出了模拟信号、数字信号的表示形式。

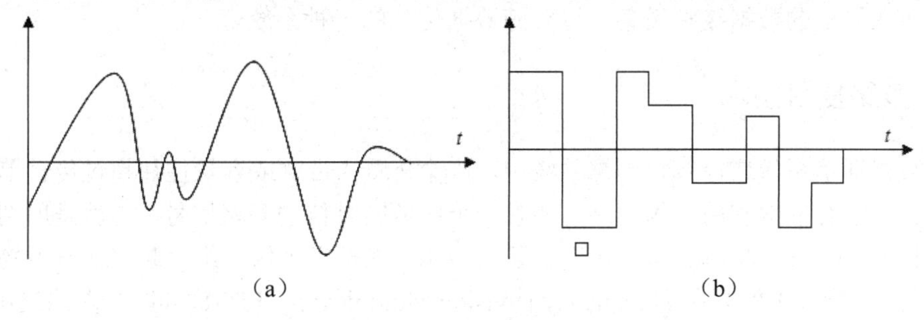

图 2-14　模拟信号和数字信号的表示形式

（a）模拟信号；（b）数字信号

数字数据也可以用模拟信号来表示，此时要利用调制解调器（Modulator Demodulator，MODEM）将数字数据调制转换为模拟信号，使之能在适合于此种模拟信号的介质上传输。大多数通用的 MODEM 都用语音频带来表示数字数据，因此，能使数字数据在普通的音频电话线上传输；在线路的另一端，MODEM 再把模拟信号解调还原成原来的数字数据。

模拟数据也可以用数字信号来表示。对于声音数据来说，完成模拟数据和数字信号转换功能的设施是编码解码器（Coder Decoder，CODEC）CODEC 将直接表示声音数据的模拟信号编码转换成用二进制位流近似表示的数字信号；而线路另一端的 CODEC 则将二进制位流解码恢复成原来的模拟数据。

模拟信号和数字信号都可以在合适的传输介质上进行传输，即模拟传输和数字传输。模拟数据、数字数据的模拟信号、数字信号传输的描述如图 2-15 所示。

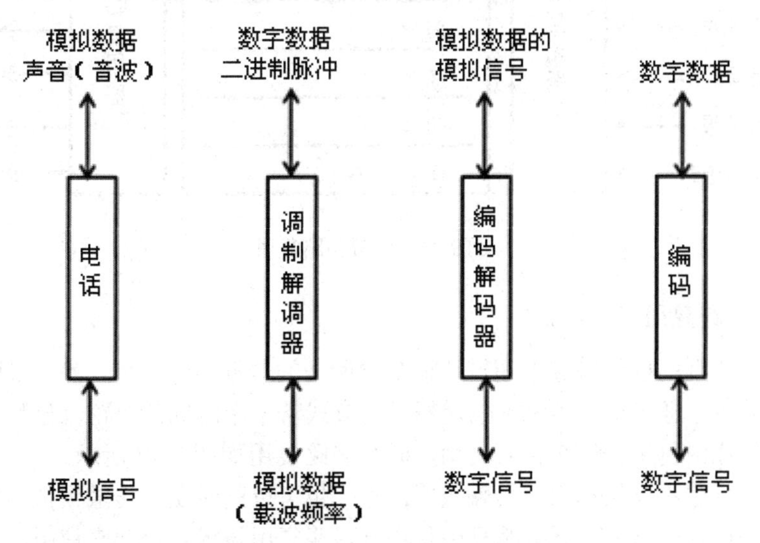

图 2-15　模拟数据、数字数据的模拟信号、数字信号传输的描述

无论是在价格方面还是在质量方面，数字传输都比模拟传输优越。因此，数字传输是今后数据通信的发展方向。

数据通信是一种通过计算机或其他数据装置与通信线路，完成数据编码信号的传输、转接、存储和处理的通信技术。因此，数据通信系统也就是以计算机为中心，用通信线路连接分布在异地的数据终端设备，以实施数据传输的一种系统。

2.3.3 多路复用技术

在数据通信系统或计算机网络系统中，传输介质的带宽或容量往往超过传输单一信号的需求。为了有效地利用通信线路，要求一个信道同时传输多路信号，这就是所谓的“多路复用技术”（Multiplexing）。采用多路复用技术，能把多个信号组合起来在一条物理信道上进行传输。频分多路复用（Frequency Division Multiplexing，FDM）和时分多路复用（Time Division Multiplexing，TDM）是两种最常用的多路复用技术。对于光纤信道，还会使用频分多路复用的一个变种，即波分多路复用（Wavelength Division Multiplexing，WDM）。

1．频分多路复用（FDM）

在物理信道的可用带宽超过单个原始信号所需带宽的情况下，可将该物理信道的总带宽分割成若干个与传输单个信号带宽相同（或略宽）的子信道，每个子信道传输一路信号，这就是频分多路复用。为了防止相互干扰，使用保护带来隔离每一个通道，保护带是一些不使用的频谱区。频分多路复用如图 2-16 所示。

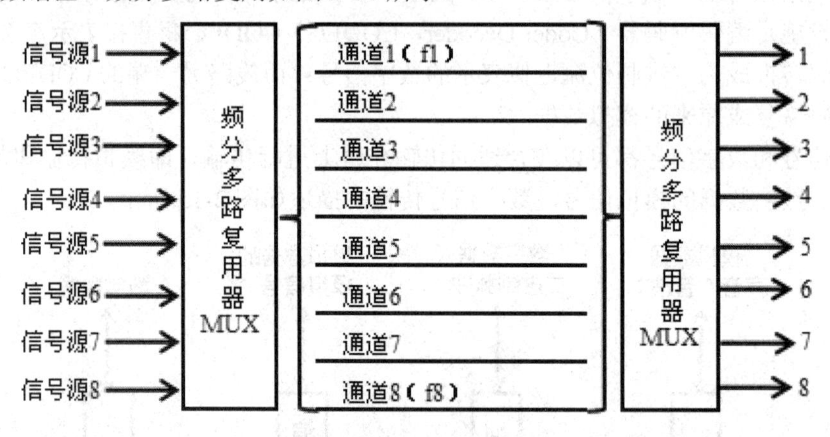

图 2-16 频分多路复用

2．时分多路复用（TDM）

若介质能达到的位传输速率超过传输数据所需的数据传输速率，就可采用时分多路复用（TDM）技术，即，将一条物理信道按时间分成若干个时间片，轮流分配给多个信号使用。每一时间片由复用的一个信号占用。时分多路复用如图 2-17 所示。

时分多路复用不仅仅局限于传输数字信号，也可以同时交叉传输模拟信号。另外，对于模拟信号，有时可以把时分多路复用和频分多路复用技术结合起来使用，一个传输系统可以频分成许多条子通道，每条子通道再利用时分多路复用技术来细分。在宽带局域网络中可以使用这种混合技术。

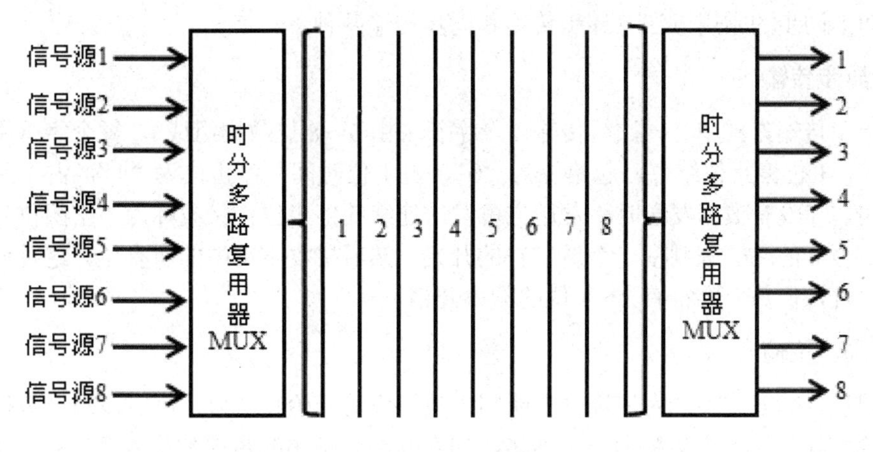

图 2-17　时分多路复用

3．波分多路复用（WDM）

光纤信道上波分多路复用（WDM）的基本原理如图 2-18 所示。发送端假定有三条光纤汇合到一个组合器（Combiner）中，每条光纤的能量位于不同的波长处；四束光波组合到一条共享的光纤上并被传输到远端，在远端又被分离器分离到与发送端一样多的三条光纤上；每条光纤上的过滤器能够过滤出某一波长的光，而其他波长的光被过滤掉，这一结果信号可以再被路由到它们各自的目的地。

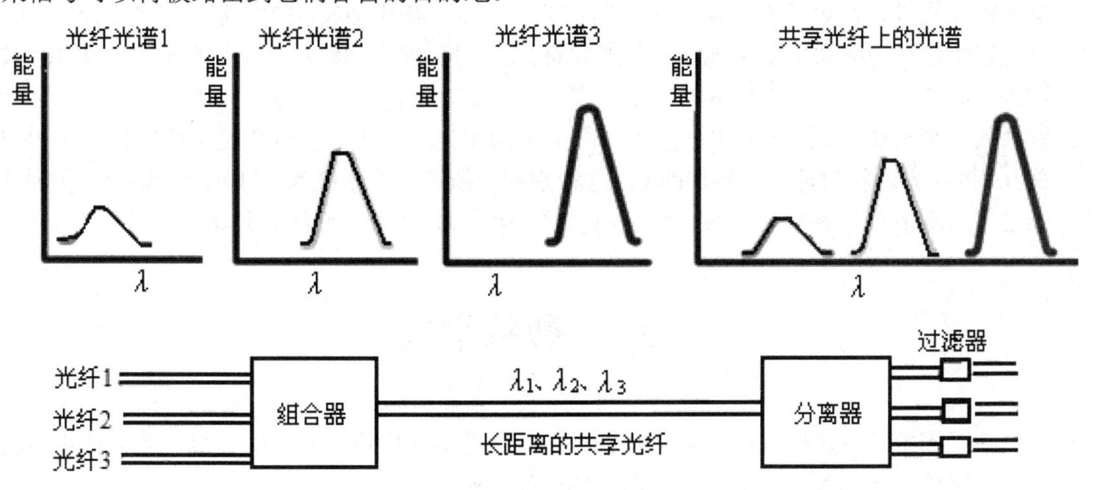

图 2-18　波分多路复用

上述复用技术只不过是频分多路复用在极高频率上的应用而已。只要每条信道有它自己的频率（也就是波长）范围，并且所有的频率范围都是分开的，信道就都可以被复用到长距离光纤上。

2.3.4　异步传输和同步传输

通信过程中收、发双方必须在时间上保持同步，一方面码元之间要保持同步，另一方面由码元组成的字符或数据块之间在起止时间上也要保持同步。实现字符或数据块之间在起止时间上同步的常用方法有异步传输和同步传输两种。

1．异步传输

在异步传输方式中，一次只传输一个字符（由5～8位数据组成）。每个字符用1位起始位引导，1位停止位结束。起始位为“0”，占1位时间；停止位为“1”，占1到2位的持续时间。在没有数据发送时，发送方可发送连续的停止位（又被称为“空闲位”）。接收方根据1至0的跳变来判别一个新字符的开始，然后接收字符中的所有位。这种通信方式简单、便宜，但每个字符有2～3位的额外开销。

2．同步传输

在同步传输方式中，为使接收方能判定数据块的开始和结束，还需在每个数据块的开始处和结束处各加一个帧头和一个帧尾，加有帧头、帧尾的数据被称为“1帧”(Frame)。帧头和帧尾的特性取决于数据块是面向字符的还是面向位的。

如果采用面向字符的方案，那么每个数据块以一个或多个同步字符作为开始。同步字符通常被称为“SYN”，这一控制字符的位模式与传输的任何数据字符都有明显的差别。帧尾是另一个唯一的控制字符。接收方判别到 SYN 字符后，就可接收数据块，直到发现帧尾字符为止；然后，接收方再判别下一个 SYN 字符。例如，IBM 公司的二进制同步规程 BSC 就是这样一种面向字符的同步传输方案。

面向位的方案是把数据块作为位流而不是作为字符流来处理。除了帧头和帧尾的原理有一点差别外，其余基本相同。在面向位的方案中，由于数据块中可以有任意的位模式，不能够保证在数据块中不出现帧头和帧尾标志，因此，帧头和帧尾都采用模式01111110(被称为“标志”)。为了避免在数据块中出现这种模式，发送方在发送中每当出现五个1之后就插入一个附加的0；当接收方检测到五个1的序列时，就检查后续的1位数据，若该位是0，接收方就删除掉这个附加的0：这种规程即所谓的“位插入”(Bit Stuffing)。在国际标准化组织 ISO 所规定的高级数据链路控制规程 HDLC 中采用的就是这种技术。

2.4　数据编码

除了模拟数据的模拟信号直接传输外，数字数据的模拟信号传输、数字数据和模拟数据的数字信号传输都需要进行某种形式的数据编码。

2.4.1　数字数据的数字信号编码

数字信号可以直接采用基带传输。所谓“基带”，是指二进制比特序列的矩形脉冲信号所占的固有频带，即基本频带。基带传输就是在线路中直接传送数字信号的电脉冲。

基带传输时，需要解决数字数据的数字信号表示及收发两端之间的信号同步问题。对于数字信号传输来说，最简单、最常用的方法是用不同的电压电平来表示两个二进制数字，也即数字信号由矩形脉冲组成。下面介绍几种基本的数字信号脉冲编码方案。

（1）单极性不归零码。无电压（也就是无电流）用来表示“0”，而恒定的正电压用来表示“1”。每一个码元时间的中间点是采样时间，判决门限为半幅度电平（即 0.5）。也就是说，接收信号的值在 0.5 与 1.0 之间，就判为“1”码；在 0 与 0.5 之间，就判为“0”码。每秒钟发送的二进制码数被称为“码速”。单极性脉冲如图 2-19 所示。

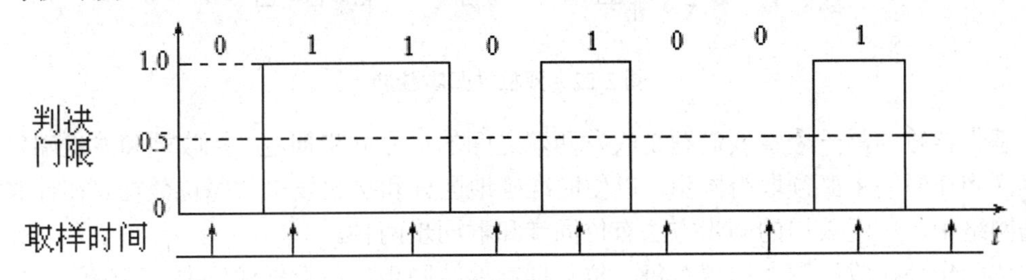

图 2-19　单极性脉冲

（2）双极性不归零码。“1”码和“0”码都有电流，但是“1”码是正电流，“0”码是负电流，正和负的幅度相等，故被称为“双极性不归零码”。此时的判决门限为零电平，接收端使用零判决器或正负判决器。接收信号的值若在零电平以上为正，判为“1”码；若在零电平以下为负，判为“0”码。双极性脉冲如图 2-20 所示。

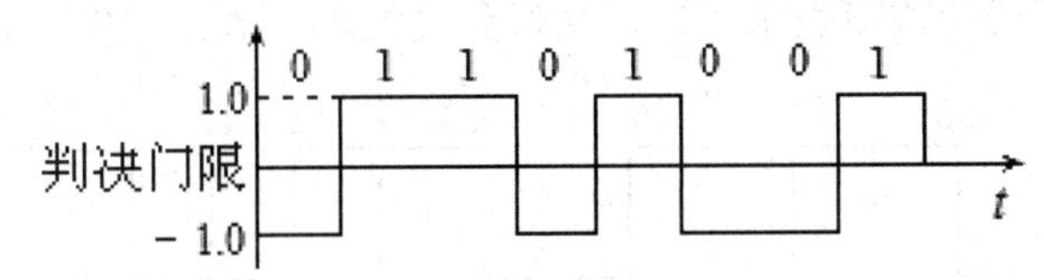

图 2-20　双极性脉冲

以上两种编码都是在一个码元的全部时间内发出或不发出电流（单极性），和发出正电流或负电流（双极性）。每一位编码占用全部码元的宽度，故这两种编码都属于全宽码，也被称为“不归零码”（Non Return to Zero，NRZ）。

如果重复发送“1”码，连续发送电流会使某一码元与其下一位码元之间没有间隙，不易区分识别，而归零码可以改善这种状况。

（3）单极性归零码。当发送“1”码时，发出正电流，但持续时间短于一个码元的时间宽度，即发出一个窄脉冲；当发送“0”码时，仍然完全不发送电流，所以称这种码为“单极性归零码”。单极性归零脉冲如图 2-21 所示。

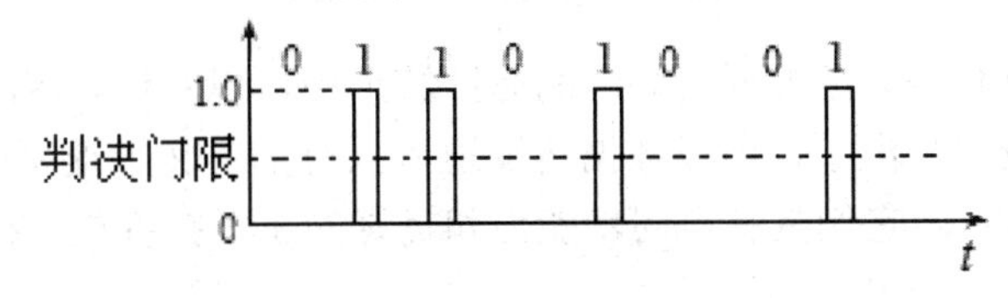

图 2-21　单极性归零脉冲

（4）双极性归零码。其中，“1”码发送正的窄脉冲，“0”码发送负的窄脉冲，两个码元的间隔时间大于每一个窄脉冲的宽度，取样时间是对准脉冲的中心。双极性归零脉冲如图 2-22 所示。

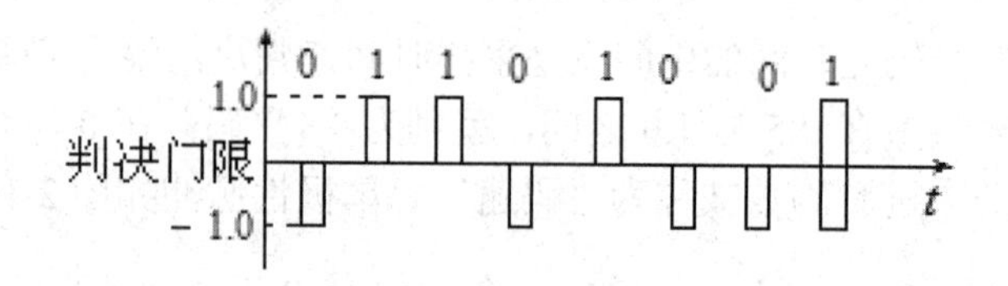

图 2-22　双极性归零脉冲

基带传输的另一个重要问题是收发两端之间的信号同步问题。接收端和发送端发来的数据序列在时间上必须取得同步，以便能准确地区分和接收发来的每位数据。在计算机通信与网络中，广泛采用的同步方法有位同步和群同步两种。

位同步使接收端和发送端对每一位数据都保持同步。在数据通信中，习惯于把位同步称为“同步传输”。实现位同步的方法可分为外同步法和自同步法两种。

“自同步法”是指能从数字信号波形中提取同步信号的方法。典型例子就是著名的曼彻斯特编码和差分曼彻斯特编码。两种曼彻斯特编码方法都是将时钟和数据包含在信号流中，在传输代码信息的同时也将时钟同步信号一起传输到对方。

（1）曼彻斯特编码。每一位的中间有一跳变，位中间的跳变既作为时钟信号，又作为数据信号；从高到低的跳变表示“1”，从低到高的跳变表示“0”　，如图 2-23 所示。

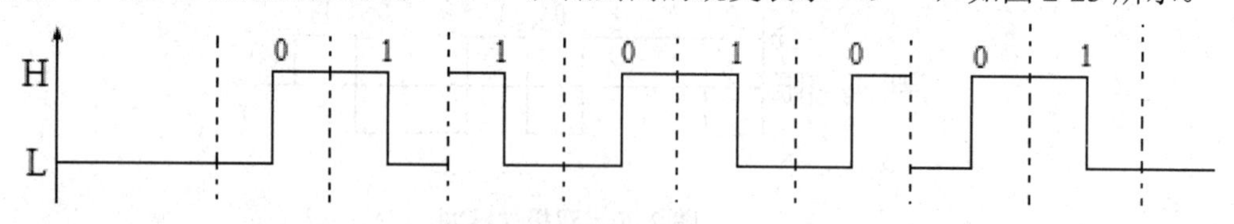

图 2-23　曼彻斯特编码

（2）差分曼彻斯特编码。每一位中间的跳变仅提供时钟定时；而用每位开始时有无跳变表示“0”或“1”，有跳变表示“0”，无跳变表示“1”，如图 2-24 所示。

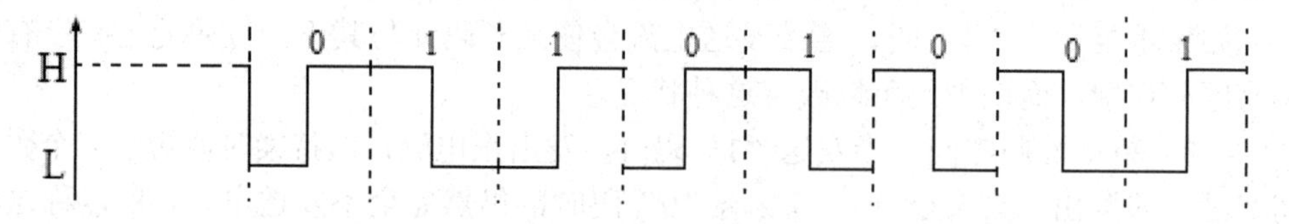

图 2-24　差分曼彻斯特编码

从曼彻斯特编码和差分曼彻斯特编码的脉冲波形中可以看出，这两种双极性编码的每一个码元都被调制成两个电平，所以数据传输速率只有信号传输速率的 1/2，也即对信道的带宽有更高的要求；但它们具有自同步能力和良好的抗干扰性能，在局域网中仍被广泛使用。

2.4.2　模拟数据的数字信号编码

对模拟数据进行数字信号编码的最常用方法是脉码调制（Pulse Code Modulation，PCM），它常被用于对声音信号进行编码。脉码调制以采样定理为基础，该定理从数学上证明：若对连续变化的模拟信号进行周期性采样，只要采样频率大于等于有效信号最高频率或其带宽的两倍，则采样值便可包含原始信号的全部信息，利用低通滤波器可以从这些

采样中重新构造出原始信号。设原始信号的最高频率为 F_{max}，采样频率为 F_s，则采样定理可以用下式表示。

$$F_s(=1/T_s) \geqslant 2F_{max} \text{ 或 } F_s \geqslant 2B_s$$

其中，T_s 为采样周期，$B_s(=F_{max}-F_{min})$ 为原始信号的带宽。

信号数字化的转换过程可包括采样、量化和编码三个步骤。图 2-25 说明了脉码调制的原理，图中的波形按幅度被划分成 8 个量化级，如要提高精度，则可以分成更多的量化级。

脉码调制的原理如图 2-25 所示。

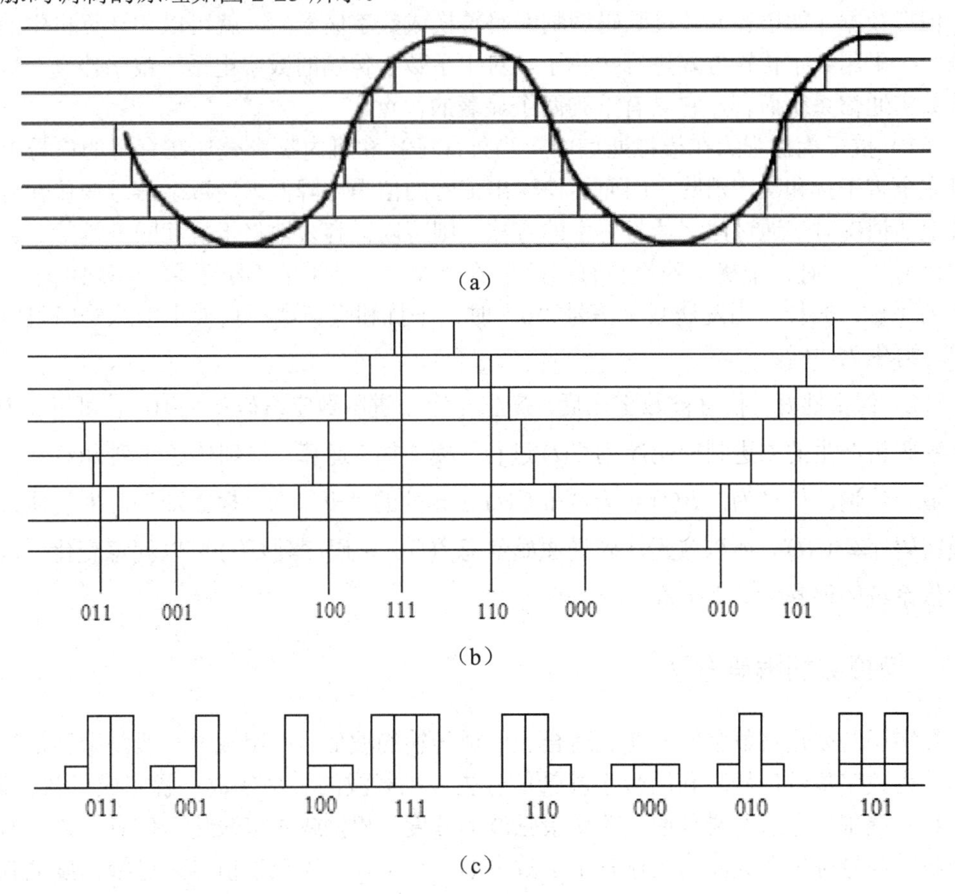

图 2-25　脉码调制的原理

(a) 信号的量化级；(b) 采样后脉冲幅度的量化；(c) 基于二进制格式的编码脉冲

步骤 1：采样。以采样频率 F_s 把模拟信号的值采出。

步骤 2：量化。使连续模拟信号变为时间轴上的离散值，这个过程也就是分级过程，把采样的值按量级“取整”得到一个不连续的值。

步骤 3：编码。将离散值编成一定位数的二进制数码。图 2-25 中是 8 个量化级，故取 3 位二进制编码就可以了。如果有 N 个量化级，那么每次采样将需要 $\log_2 N$ 位二进制数码。目前在语音数字化脉码调制系统中，通常将编码分为 128 或 256 个量级，即用 7 位或 8 位二进制数码来表示，这样的二进制码组被称为“一个码字”，其位数被称为“字长”。

在发送端经过这样的变化过程，就可把模拟信号转换成二进制数码脉冲序列，然后经过信道进行传输；在接收端先进行译码，将二进制数码转换成代表原来模拟信号的幅度不等的量化脉冲，然后再经过滤波（如低通滤波器），就可使幅度不等的量化脉冲还原成原来的模拟信号。

根据原始信号的频宽，可以估算出脉码调制的数码脉冲速度。如果语音数据限于 4 000Hz 以下的频率，那么每秒钟 8 000 次的采样可以完整地表示语音信号的特征。当使用 7 位二进制表示每次采样时，允许有 128 个量化级，这意味着，仅仅是语音信号就需要有每秒钟 8 000 次采样×每次采样 7 位＝56 000bit/s（即 56Kbit/s）的数据传输速率。

模拟数据（如语音）经过脉码调制编码转换成数字信号后，就可以和计算机中的数字数据统一采用数字传输方式进行传输了。对用于数字传输的数字电话、数字传真、数字电视等数字通信系统而言，它具有下列两个显著的优点。

（1）抗干扰性强。在模拟通信中，当外部干扰和机内噪声叠加在有用的信号上时，很难完全将干扰和噪声消除，因而会使输出信号的信噪比降低。当数字信号在传输过程中出现上述情况时，通过数字信号再生的方法，则可以很容易地将干扰和噪声消除。当发送数字信号“1”时，干扰、噪声与有用的信号叠加，若结果值不小于某一门限电平，仍可再生为“1”；同样，当发送数字信号“0”时，干扰和噪声电平只要小于这一门限电平，就仍能再生为“0”。

（2）保密性好。信息被数字化后，产生一个二进制数字编码序列 $I(t)$，可以将 $I(t)$ 与数字密码机产生的二进制密码序列 $C(t)$ 进行“模 2 加”运算，得到传送序列 $B(t)$。这样送到信道上传输的信号为：$B(t)=I(t)+C(t)$（此处的“＋”为“模 2 加”）。由于他人无法知道密码序列 $C(t)$，所以就无法破译原始信息 $I(t)$。密码序列 $C(t)$ 可以任意变化，这样就使通信系统的保密性大大提高。

2.4.3 模拟数据编码方法

数字调制就是将数字信号变成适合于信道传输的波形。所用载波一般是余弦信号，调制信号为数字基带信号。利用数字基带信号去控制载波的某个参数，就完成了数字调制。

数字调制的方法主要是通过改变余弦波的幅度、相位或频率来传送信息，其基本原理是把数字信号寄生在载波的上述三个参数中的一个上，即用数字信号来进行幅度调制、频率调制或相位调制，分别对应幅移键控（ASK）、相移键控（PSK）和频移键控（FSK）三种数字调制方式。模拟数据编码方法的三种调制方式如图 2-26 所示。

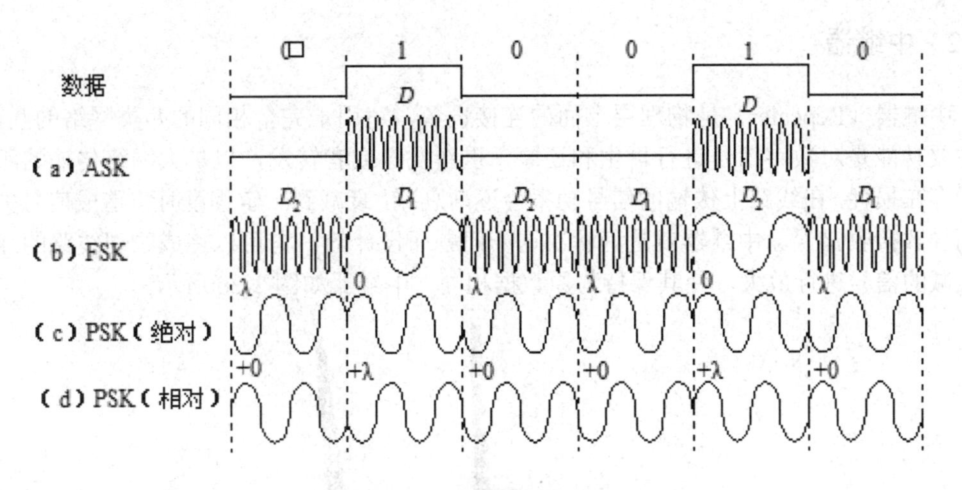

图 2-26　模拟数据编码方法

2.5　常见的网络设备

常见的网络设备主要有网卡、中继器、网桥、集线器、交换机、路由器、网关、防火墙。

2.5.1　网卡

网卡即网络接口卡（Network Interface Card，NIC），又被称为“网络适配器”，是工作在数据链路层的网络组件，也是主机和网络的接口，用于协调主机与网络间数据、指令或信息的发送与接收。网卡如图 2-27 所示。

图 2-27　网卡

在发送方，网卡把主机产生的串行数字信号转换成能通过传输媒介传输的比特流；在接收方，网卡把通过传输媒介接收的比特流重组成为本地设备可以处理的数据。网卡的主要作用如下。

（1）读入由其他网络设备传输过来的数据包，经过拆包，将其变成客户机或服务器可以识别的数据，通过主板上的总线将数据传输到所需设备中。

（2）将计算机发送的数据打包后输送至其他网络设备中。

2.5.2 中继器

中继器（Repeater）是物理层上面的连接设备，适用于完全相同的两类网络的互连，其主要功能是对数字信号进行再生和还原，重新发送或者转发，以扩大网络传输的距离。由于存在损耗，在线路上传输的信号功率会逐渐衰减，衰减到一定程度时将造成信号失真，从而导致接收错误。中继器就是为解决这一问题而设计的，它可以完成物理线路的连接，对衰减的信号进行放大，使其保持与原数据相同。中继器如图 2-28 所示。

图 2-28 中继器

2.5.3 网桥

网桥（Bridge）像一个聪明的中继器。相比较而言，中继器从一个网络电缆里接收信号，放大信号，并将其送入下一个网络电缆；而网桥将两个相似的网络连接起来，并对网络数据的流通进行管理。网桥工作于数据链路层，不但能扩展网络的距离或范围，而且能提高网络的性能、可靠性和安全性。网桥可以是专门的硬件设备，也可以由计算机加装的网桥软件来实现，这时计算机上会安装多个网卡。

2.5.4 集线器

集线器（Hub）是属于物理层的硬件设备，可以将其理解为“具有多端口的中继器”。同样对接收到的信号进行再生、整形、放大，以扩大网络的传输距离，它采用的是以广播方式转发数据，不具有针对性。这种转发方式有以下三方面不足。

（1）用户数据包向所有节点发送，很可能带来数据通信的不安全因素，数据包容易被他人非法截获。

（2）由于所有数据包都是向所有节点同时发送的，容易造成网络塞车现象，从而降低网络执行效率。

（3）非双向传输，网络通信效率低。在同一时刻，集线器的每一个端口只能进行一个方向的数据通信，网络执行效率低，不能满足较大型网络通信的需求。

集线器如图 2-29 所示。

图 2-29　集线器

2.5.5　交换机

交换机（Switch）是一种用于信号转发的网络设备。与集线器的广播方式不同，它维持一张 MAC 地址表，可以为接入交换机的任意两个网络节点提供独享的电信号通路。交换机主要有二层交换机和三层交换机，二层交换机属于数据链路层设备，可以识别数据包中的 MAC 地址信息，根据 MAC 地址进行转发；三层交换机带路由功能，工作于网络层。网络中的交换机一般默认是二层交换机。

交换机和网桥一样，都有一张 MAC-PORT 对应表。不一样的是，网桥的表是一对多的（一个端口号对多个 MAC 地址），而交换机的表却是一对一的，并根据对应关系进行数据转发。交换机如图 2-30 所示。

图 2-30　交换机

2.5.6　路由器

路由器工作在 OSI 参考模型的网络层，能够根据一定的路由选择算法，结合数据包中的目的 IP 地址，确定传输数据的最佳路径。同样是维持一张 MAC-PORT 对应表，但与网桥、交换机的不同之处在于，网桥和交换机利用 MAC 地址来确定数据的转发端口，而路由器利用网络层中的 IP 地址来作出相应的决定。由于路由选择算法比较复杂，路由器的数据转发速度比网桥和交换机慢，因此，路由器主要被用于广域网之间或广域网与局域网之间的互连。路由器如图 2-31 所示。

2.5.7 网关

网关（Gateway）又被称为“网间连接器”“协议转换器”。网关是在传输层上实现网络互连的最复杂的网络互连设备，仅用于两个高层协议不同的网络互连。网关是一种充当转换重任的计算机系统或设备。在使用不同的通信协议、数据格式或语言，甚至完全不同的体系结构的两种系统之间，网关是一个翻译器。与网桥只是简单地传达信息不同，网关对收到的信息要重新打包，以适应目的系统的需求。

网关用于类型不同且差别较大的网络系统间的互连，或用于不同体系结构的网络或者局域网与主机系统的连接，一般只能进行一对一的转换或是少数几种特定应用协议的转换。网关如图 2-32 所示。

图 2-31　路由器

图 2-32　网关

2.5.8 防火墙

防火墙（Firewall）是位于计算机和它所连接的网络之间的软件或硬件（硬件防火墙将隔离程序直接固化到芯片上，因为价格昂贵，用得较少，一般被用于国防部及大型机房等），实际上是一种隔离技术。防火墙是在两个网络通信时执行的一种访问权限控制，它能将非法用户或数据拒之门外，最大限度地阻止网络上黑客的攻击，从而保护内部网免受入侵。防火墙主要由服务访问规则、验证工具、包过滤和应用网关四个部分组成。

本章小结

物理层所涉及的数据通信技术是建立计算机网络的重要基础。物理层利用物理传输介质为数据链路层提供物理连接，负责处理数据传输率，以便透明地传送比特流。

本章主要介绍了物理层的接口与协议、传输介质、数据通信技术、数据编码及常用的网络设备。

思考与练习

一、选择题

1．在同一时刻，通信双方可以同时发送数据的信道通信方式为_______。

A．半双工通信　B．单工通信　C．数据报　D．全双工通信

2．在常用的传输介质中，_____的带宽最宽，信号传输衰减最小，抗干扰能力最强。

A．光纤　B．同轴电缆　C．双绞线　D．微波

3．设数据传输速率为 4 800bit/s，采用十六相调制，则信号传输速率为_______。

A．4 800 Baud　B．3 600 Baud　C．2 400 Baud　D．1 200 Baud

4．在光纤中采用的多路复用技术是_______。

A．时分多路复用（TDM）　B．频分多路复用（FDM）

C．波分多路复用（WDM）　D．码分多路复用（CDMA）

5．下列关于曼彻斯特编码的叙述中，_______是正确的。

A．为确保收发同步，将每个信号的起始边界作为时钟信号

B．将时钟与数据取值都包含在信号中

C．这种模拟信号的编码机制特别适合传输语音

D．每位的中间不跳变时表示信号的取值为 1

二、填空题

1．可以将脉码调制分为三个过程，即________、________和________。

2．信号的电平是________连续变化的。

3．FDM 是指________________________。

4．在同一个信道上的同一时刻，能够进行双向数据传送的通信方式是________。

5．利用________，数字数据可以用模拟信号来表示。

三、简答题

1．常用传输介质有哪些？其特点是什么？

2．控制字符 SYN 的 ASCII 编码为 0010110，请画出 SYN 的不归零码、曼彻斯特编码与差分曼彻斯特编码。

3．已知数字数据编码为 01100010，请分别画出其不归零码、曼彻斯特编码和差分曼彻斯特编码。

4．对于带宽为 6MHz 的信道，若用四种不同的状态来表示数据，在不考虑噪声的情况下，该信道的最大传输速率是多少？

5．信道带宽为 3kHz，信噪比为 30dB，则每秒能发送的比特数不会超过多少？

第3章　数据链路层

【本章导读】

数据链路层是OSI参考模型中的第二层，介于物理层和网络层之间，它在物理层提供服务的基础上向网络层提供服务。

数据链路层最基本的服务是将从源机网络层来的数据可靠地传输到相邻节点的目标机网络层。为达到这一目的，数据链路层必须具备一系列相应的功能，主要有：如何将数据组合成数据块，在数据链路层中将这种块称为“帧”（Frame），帧是数据链路层的传输单位；如何控制帧在物理信道上的传输，包括如何处理传输差错，如何调节发送速率以使之与接收方相匹配；在两个网络实体之间提供数据链路通路的建立、维持和释放管理。

本章将主要介绍数据链路层的差错控制、基本数据链路协议、链路控制规程及因特网的数据链路层协议等方面的知识。

【本章学习目标】

- 掌握差错控制的原理及方式。
- 了解几种常用的检、纠错码。
- 掌握基本数据链路协议和滑动窗口尺寸的计算。
- 理解BSC协议报文格式和HDLC协议帧格式。

3.1　差错控制

差错控制是在数字通信过程中利用编码方法对产生的传输差错进行控制，以提高传输正确性和有效性的技术。差错控制包括差错检测、前向纠错和自动请求重发。

3.1.1　差错检测

“差错控制”是指在数字通信过程中能发现或纠正差错，把差错限制在尽可能小的允许范围内的技术和方法。

信号在物理信道中传输时，由线路本身的电气特性造成的随机噪声、信号幅度的衰减、频率和相位的畸变、电气信号在线路上产生反射造成的回音效应、相邻线路间的串扰及各种外界因素（如闪电、开关的跳火、电源的波动等）都会造成信号的失真，从而在数据通信过程中使接收端接收到的二进制数位和发送端实际发送的二进制数位不一致，造成由“0”变成“1”或由“1”变成“0”的差错。

一般来说，传输中的差错都是由噪声引起的。噪声有两大类：一类是信道固有的、持续存在的随机热噪声；另一类是由外界特定的短暂原因所造成的冲击噪声。

热噪声引起的差错被称为“随机错”，所引起的某位码元的差错是孤立的，与前后码元没有关系。由于物理信道在设计时总要保证达到相当大的信噪比，以尽可能减少热噪声的影响，因而由它导致的随机错通常较少。冲击噪声呈突发状，由其引起的差错被称为“突发错”。冲击噪声的幅度可能相当大，无法靠提高信号幅度来避免冲击噪声所造成的差错，它是传输中产生差错的主要原因。冲击噪声虽然持续时间很短，但在一定的数据速率条件下，仍然会影响到一串码元。从突发错发生的第一个码元到有错的最后一个码元间所有码元的个数，被称为该突发错的“突发长度”。

数据通信过程中不加任何差错控制措施，直接用信道来传输数据是不可靠的；而且，无线通信正在普及，它的错误率比光纤高出几个数量级，因而必须要知道如何来处理传输错误。差错控制的首要任务是如何进行差错检测。差错检测应包含两个任务，即差错控制编码和差错校验。在向信道发送数据信息位之前，先按照某种关系附加一定的冗余位，构成一个码字后再发送，这个过程被称为“差错控制编码过程”。接收端收到该码字后，检查信息位和附加的冗余位之间的关系，以检查传输过程中是否有差错发生，这个过程被称为“差错校验过程”。

3.1.2　差错控制方法

利用差错控制编码来进行差错控制的方法基本上有两类：一类是自动请求重发（Automatic Repeat Request，ARQ），另一类是前向纠错（Forward Error Correction，FEC）。在 ARQ 方式中，当接收端检测出有差错时，就设法通知发送端重发，直到收到正确的码字为止。在 FEC 方式中，接收端不但能发现差错，而且能确定二进制码元发生错误的位置，从而加以纠正。因此，差错控制编码又可分为检错码和纠错码。“检错码”是指能自动发现差错的编码；“纠错码”是指不仅能发现差错而且能自动纠正差错的编码。

ARQ 方式只使用检错码，但必须有双向信道才可能将差错信息反馈至发送端。同时，发送端要设置数据缓冲区，用以存放已发出去的数据，以便出差错后可以调出数据缓冲区的内容重新发送。FEC 方式必须使用纠错码，但它可以不需要反向信道来传递请求重发的信息，发送端也不需要设置以备重发的数据缓冲区。虽然 FEC 有上述优点，但由于纠错码一般说来要比检错码使用更多的冗余位（也就是编码效率低），而且纠错设备也比检错设备复杂得多，因而除非在单向传输或实时要求特别高（FEC 由于不需要重发，实时性较好）等场合，数据通信中使用更多的还是 ARQ 差错控制方式。有些场合也可以将上述两者混合使用，即：当码字中的差错个数在纠正能力以内时，直接进行纠正；当码字中的差错个数超出纠正能力时，则检出差错，使用重发方式来纠正差错。

衡量编码性能好坏的一个重要参数是编码效率 R，它是码字中信息位所占的比例。若码字中信息位为 k 位，编码时外加冗余位为 r 位，则编码后得到的码字长度为 $n=k+r$ 位，由此，编码效率 R 可表示为

$$R=k/n(k+r)$$

显然，编码效率越高，即 R 越大，信道中用来传送信息码元的有效利用率就越高。奇偶校验码、循环冗余码和海明码是几种最常用的差错控制编码方法。

3.1.3 奇偶校验

奇偶校验码是一种通过增加冗余位而使得码字中“1”的个数为奇数或偶数的编码方法，它是一种检错码。

1．垂直奇偶校验

垂直奇偶校验又被称为“纵向奇偶校验”，它能检测出每列中所有奇数个的错，但检测不出偶数个的错，对差错的漏检率接近1/2。垂直奇偶校验的编码效率为 $R=p/(p+1)$，p 为码字的定长位数。垂直奇偶校验如表3-1所示。

表3-1 垂直奇偶校验

位/数字		0	1	2	3	4	5	6	7	8	9
C_1		0	1	0	1	0	1	0	1	0	1
C_2		0	0	1	1	0	0	1	1	0	0
C_3		0	0	0	0	1	1	1	1	0	0
C_4		0	0	0	0	0	0	0	0	1	1
C_5		1	1	1	1	1	1	1	1	1	1
C_6		1	1	1	1	1	1	1	1	1	
C_7		0	0	0	0	0	0	0	0	0	0
偶	C_8	0	1	1	0	1	0	0	1	1	0
奇		1	0	0	1	0	1	1	0	0	1

2．水平奇偶校验

水平奇偶校验又被称为“横向奇偶校验”，它不但能检测出各段同一位上的奇数个错，而且还能检测出突发长度≤p 的所有突发错。水平奇偶校验的漏检率要比垂直奇偶校验低，但实现水平奇偶校验时一定要使用数据缓冲器。水平奇偶校验的编码效率为 $R=q/(q+1)$，q 为码字的个数。水平偶校验如表3-2所示。

表3-2 水平偶校验

位/数字	0	1	2	3	4	5	6	7	8	9	偶校验
C_1	0	1	0	1	0	1	0	1	0	1	1
C_2	0	0	1	1	0	0	1	1	0	0	0
C_3	0	0	0	0	1	1	1	1	0	0	0
C_4	0	0	0	0	0	0	0	0	1	1	0
C_5	1	1	1	1	1	1	1	1	1	1	0
C_6	1	1	1	1	1	1	1	1	1		0
C_7	0	0	0	0	0	0	0	0	0	0	0

3．水平垂直奇偶校验

水平垂直奇偶校验又被称为“纵横奇偶校验”。它能检测出所有 3 位或 3 位以下的错误、奇数个错、大部分偶数个错及突发长度≤$p+1$ 的突发错，可使误码率降至原误码率的百分之一到万分之一，还可以用来纠正部分差错，有部分偶数个错不能测出，适用于中、低速传输系统和反馈重传系统。

水平垂直奇偶校验的编码效率为

$$R=pq/[(p+1)(q+1)]$$

水平垂直奇偶校验如表 3-3 所示。

表 3-3　水平垂直奇偶校验

位/数字	0	1	2	3	4	5	6	7	8	9	校验码字
C_1	0	1	0	1	0	1	0	1	0	1	1
C_2	0	0	1	1	0	0	1	1	0	0	0
C_3	0	0	0	0	1	1	1	1	0	0	0
C_4	0	0	0	0	0	0	0	0	1	1	0
C_5	1	1	1	1	1	1	1	1	1	1	0
C_6	1	1	1	1	1	1	1	1	1		0
C_7	0	0	0	0	0	0	0	0	0	0	0
C_8	0	1	1	0	1	0	0	1	1	0	1

3.1.4　循环冗余校验

作为一种检错码，奇偶校验码虽然简单，但是漏检率太高。在计算机网络和数据通信中使用最广泛的检错码是一种漏检率低得多也便于实现的循环冗余码（Cyclic Redundancy Code，CRC），又被称为“多项式码”。

循环冗余校验是将所传输的数据除以事先约定的多项式，所得的余数作为循环冗余码，附加在要发送数据的末尾，所以被称为“循环冗余校验码”。

任何一个由二进制数位串组成的代码，都可以唯一地与一个只含有 0 和 1 两个系数的多项式建立一一对应的关系。

【例】代码 1010111 对应的多项式为 $X^6+X^4+X^2+X+1$，同样，多项式 $X^5+X^3+X^2+X+1$ 对应的代码为 101111。

采用循环冗余码进行的二进制序列的加法、减法、除法运算都是异或运算，是一种不考虑加法进位和减法借位的运算。规则如下。

$0+0=0$　$0+1=1$　$1+0=1$　$1+1=0$

$0-0=0$　$0-1=1$　$1-0=1$　$1-1=0$

在进行除法运算时，只要部分余数首位为 1 便可上商 1，否则上商 0，然后按减法运算规则求得余数。

循环冗余校验码的运算规则如下。

➢ 先约定好用来生成余数的 r 次多项式 G(X)。

➢ 把要发送的信息位 K(X)向左移动 r 位，$X^r \cdot K(X)$。

➢ 求得余数 $R(X) = X^r \cdot K(X) / G(X)$。

➢ 添加了循环冗余码后实际在信道上发送的数据 $T(X)=X^r \cdot K(X) + R(X)$。

【例】假设需要传送的信息码元为 1101011011，$K(X)=X^9+X^8+X^6+X^4+X^3+X+1$，K＝10，并用 CRC 多项式 $G(X)=X^4+X+1$ 防止它出错，求发送的信息是？

【解】

（1）K(X) ＝1101011011。

生成多项式 G(X)的系数形成的位串为 10011，R(X)的最高幂次为 R＝4，余数取 4 位。

（2）$X^4 \cdot K(X)$ ＝1101011011.0000

（3）计算余数 R(X)。

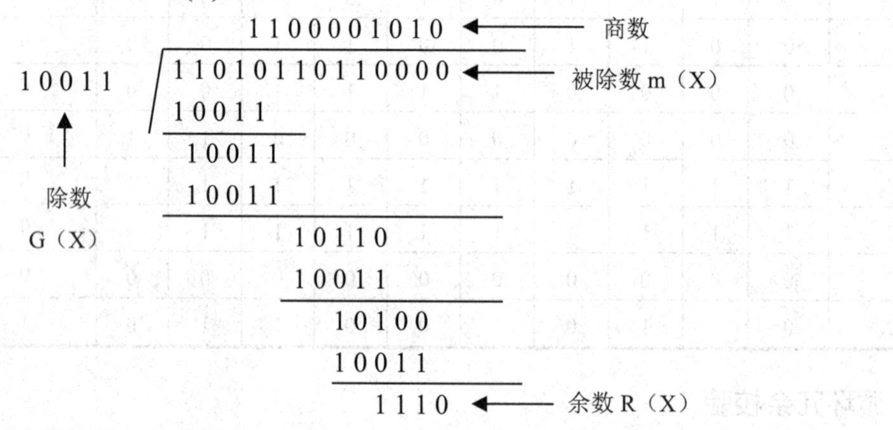

所以，信道上发送的信息为：

$T(X)=X^r \cdot K(X)+R(X)$＝1101011011.1110

目前广泛使用的生成多项式主要有以下四种。

$CRC-ITU-T=X^{16}+X^{12}+X^5+1$

$CRC-16=X^{16}+X^{15}+X^2+1$

$CRC-12=X^{12}+X^{11}+X^3+X^2+X+1$

$CRC-32=X^{32}+X^{26}+X^{23}+X^{22}+X^{16}+X^{12}+X^{11}+X^{10}+X^8+X^7+X^5+X^4+X^3+X+1$

由此可见，信道上发送的信息，若传输过程无错，则接收方收到的码字也对应于此多项式，即接收到的码字多项式能被 G(X)整除，因而接收方的校验过程就是将接收到的码字多项式除以 G(X)的过程。若余式为零则认为传输无差错；若余式不为零则认为传输有差错。

【例】前述例子中若码字 11010110111110 经传输后由于受噪声的干扰，在接收方变成 11010110110110，则求余式的除法如下。

信道上发送的信息为

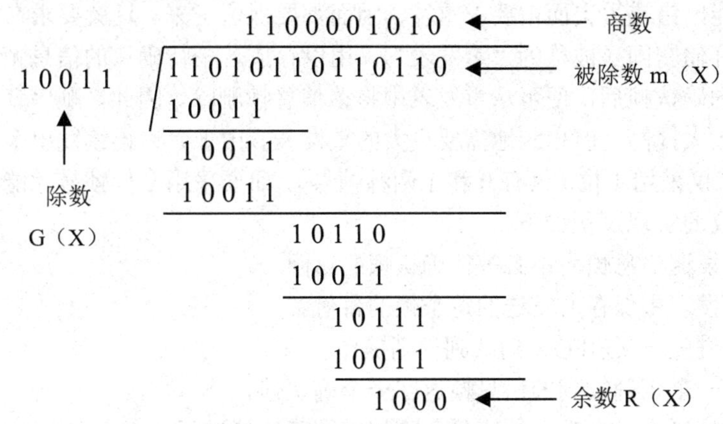

结果余数不为零，则传输过程有信息出错。

理论上可以证明循环冗余校验码的检错能力有以下特点。

（1）可检测出所有奇数位错。

（2）可检测出所有双比特的错。

（3）可检测出所有小于、等于校验位长度的突发错。

3.2　基本数据链路协议

差错控制方法中的自动重发请求（ARQ）法有几种实现方案，停—等协议和顺序管道接收协议是其中最基本的两种方案。

3.2.1　停—等协议

停—等协议也被称为“空闲重发请求方案”，该方案规定发送方每发送 1 帧后就要停下来等待接收方的确认返回，仅当接收方确认正确接收后再继续发送下一帧。停—等协议的实现过程如下。

（1）发送方每次仅将当前信息帧作为待确认帧保留在缓存中。

（2）当发送方开始发送信息帧时，随即启动计时器。

（3）当接收方收到无差错信息帧后，即返回一个确认帧。

（4）当接收方检测到一个含有差错的信息帧时，便舍弃该帧。

（5）若发送方在规定时间内收到确认帧，即将计时器清零，继而开始下一帧的发送。

（6）若发送方在规定时间内未收到确认帧（即计时器超时），则应重发存于缓存中的待确认帧。

3.2.2　顺序管道接收协议

顺序管道接收协议也被称为“连续重发请求方案”。为了提高信道的有效利用率，就要允许发送方可以连续发送一系列信息帧，即不用等前一帧被确认便可发送下一帧。发送过程就像一条连续的流水线，故将其称为“管道（Pipelining）技术”。凡是被发送出去尚未被确认的帧，都可能出错或丢失而被要求重发，因而都要保留下来。这就要求在发送方设置一个较大的缓冲存储空间（被称为“重发表”），用以存放若干待确认的信息帧。当发送方收到对某信息帧的确认帧后，便可从重发表中将该信息帧删除。因此，顺序管道接收协议的链路传输效率大大提高，但相应地需要更大的重发表。由于允许连续发出多个未被确认的帧，帧号就不能仅采用 1 位（只有 0 和 1 两种帧号），而要采用多位帧号才能区分。

顺序管道接收协议的实现过程如下。

（1）发送方连续发送信息帧而不必等待确认帧的返回。

（2）发送方在重发表中保存所发送的每个帧的备份。

（3）重发表按先进先出（FIFO）的队列规则操作。

（4）接收方对每一个正确收到的信息帧返回一个确认帧。

（5）每一个确认帧包含一个唯一的序号，随相应的确认帧返回。

（6）接收方保存一个接收次序表，它包含最后正确收到的信息帧的序号。

（7）当发送方收到相应信息帧的确认后，从重发表中删除该信息帧的备份。

（8）当发送方检测出失序的确认帧（即第 N 号信息帧和第 N＋2 号信息帧的确认帧已返回，而第 N＋1 号的确认帧未返回）后，便重发未被确认的信息帧。换句话说，接收方只允许顺序接收，而发送方发现前面帧未收到确认信息，计时器已超时，不得不退回重发最后确认序号以后的帧。这种方法又被称为“回退 N”（Go-back-N）策略的重发请求法。

Go-back-N 策略的基本原理：当接收方检测出时序的信息后，要求发送方重发最后一个正确接受的信息帧之后的所有未被确认的帧；或者当发送方发送了 n 个帧后，若发现该 n 帧的前一帧在计时器超时区间内仍未返回其确认信息，则该帧被判定为出错或丢失，此时发送方不得不重新发送该出错帧及其后的 n 帧。Go-back-N 策略的操作过程如图 3-1 所示。图中假定发送完 8 号帧后，发现 2 号帧的确认返回在计时器超时后还未收到，则发送方只能退回从 2 号帧开始重发。

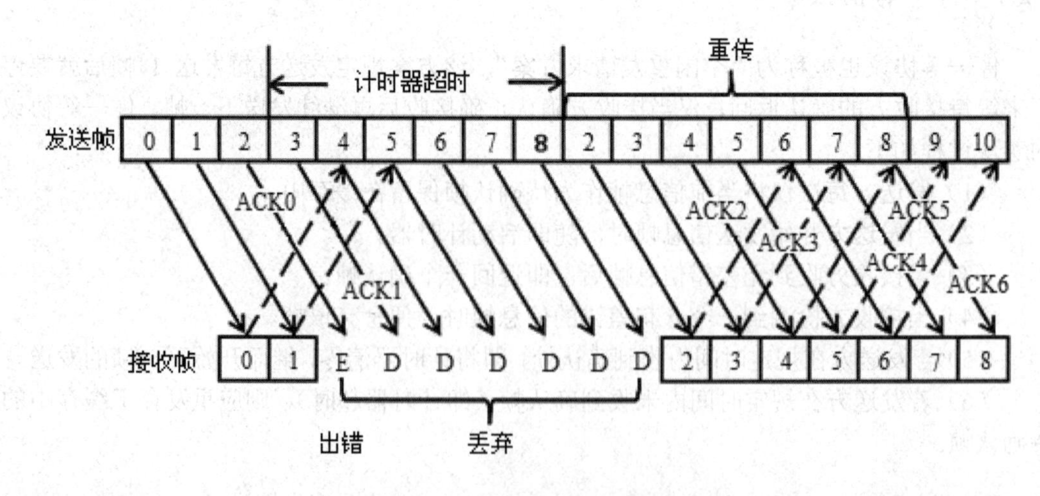

图 3-1 Go-back-N 策略举例

为了提高信道的有效利用率，如前所述采用了发送方不等待确认帧返回就连续发送若干帧的方案。显然，允许已发送有待于确认的帧越多，可能要退回来重发的帧也就越多。

另外，为了控制发送方的发送速度，并考虑到受发送缓冲区大小制约的因素，要求对发送方已发出但尚未确认的帧的数目加以限制，此时可以采用基于窗口机制的流量控制方法来限制发送方已发出而未被确认的帧数目。发送方的发送窗口指示已发送但尚未确认的帧序号；接收方也有类似的接收窗口，它指示允许接收的帧的序号。

一般帧序号只取有限位二进制数，到一定时间后就反复循环。若帧号配 3 位二进制数，则帧号在 0～7 间循环。如果发送窗口的尺寸取值为 2，则发送过程如图 3-2 所示。图中发送方的阴影部分表示打开的发送窗口，接收方的阴影部分则表示打开的接收窗口。当传送过程正在进行时，打开的窗口位置一直在滑动，所以也将其称为“滑动窗口”（Slidding Window），或简称为“滑窗”。图中滑动窗口状态的变化过程可叙述如下（假设发送窗口的尺寸为 2，接收窗口的尺寸为 1）。

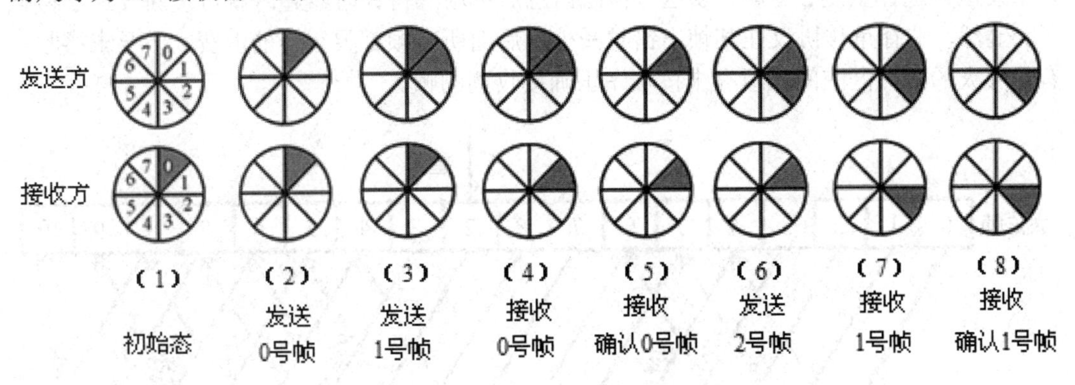

图 3-2　滑动窗口状态的变化过程

- 初始态。发送方没有帧发出，发送窗口前后沿相重合。接收方 0 号窗口打开，表示等待接收 0 号帧。
- 发送方已发送 0 号帧。发送方打开 0 号窗口，表示已发出 0 号帧但尚未收到确认返回信息，此时接收窗口状态同前，仍等待接收 0 号帧。
- 发送方在未收到 0 号帧的确认返回信息前，继续发送 1 号帧。此时 1 号窗口打开，表示 1 号帧也属等待确认之列。至此，发送方打开的窗口数已达规定限度，在未收到新的确认返回帧之前，发送方将暂停发送新的数据帧，接收窗口状态仍不变。
- 接收方已收到 0 号帧，0 号窗口关闭，1 号窗口打开，表示准备接收 1 号帧，此时发送窗口状态不变。
- 发送方收到接收方发来的 0 号帧确认返回信息，关闭 0 号窗口，表示从重发表中删除 0 号帧，此时接收窗口状态仍不变。
- 发送方继续发送 2 号帧，2 号窗口打开，表示 2 号帧也被纳入待确认之列。至此，发送方打开的窗口数已达规定限度，在未收到新的确认返回帧之前，发送方将暂停发送新的数据帧，此时接收窗口状态仍不变。
- 接收方已收到 1 号帧，1 号窗口关闭，2 号窗口打开，表示准备接收 2 号帧，此时发送窗口状态不变。
- 发送方收到接收方发来的 1 号帧收毕的确认信息，关闭 1 号窗口，表示从重发表中删除 1 号帧，此时接收窗口状态仍不变。

停一等协议可以被看成是发送窗口、接收窗口等于 1；Go-back-N 策略是发送窗口大于 1、接收窗口等于 1 的一个特例。

3.2.3 选择重传协议

除顺序管道接收协议外，另一种效率更高的策略是，当接收方发现某帧出错后，其后继续送来的正确的帧虽然不能立即递交给接收方的高层，但接收方仍可接收下来，并将其存放在一个缓冲区中，同时要求发送方重新传送出错的那一帧。一旦收到重新传来的帧后，就可以与原已存于缓冲区中的其余帧一并按正确的顺序递交给高层。这种方法被称为“选择重传”(Selective Repeat)，其工作过程如图 3-3 所示。图中 2 号帧的否认返回信息 NAK2 要求发送方选择重发 2 号帧，发送方得此信息后不用等待计时器超时就可重新发送 2 号帧了。显然，选择重传协议在某帧出错时减少了后面所有帧都要重传的浪费，但要求接收方有足够大的缓冲区空间来暂存未按顺序正确接收到的帧。

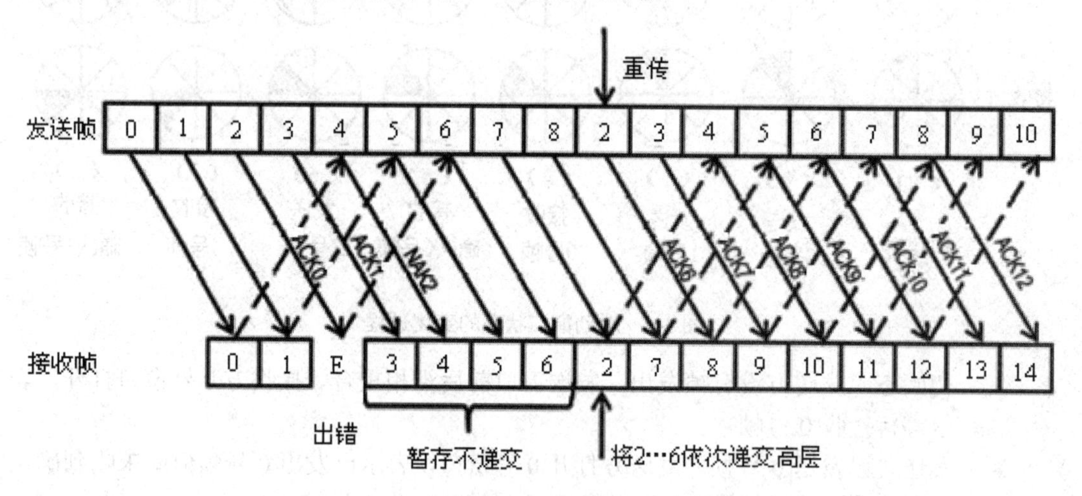

图 3-3 选择重传协议举例

一般来说，凡是在一定范围内到达的帧，即使它们不按顺序，接收方也要接收下来。若把这个范围看成是接收窗口，则接收窗口的大小也应该是大于 1 的。若帧序号采用 3 位二进制编码，则最大需要为 $S_{max}=2^3-1=7$。对于有序接收方式，发送窗口的最大尺寸选为 S_{max}；对于无序接收方式，发送窗口的最大尺寸至多是序号范围的一半。发送方管理超时控制的计时器数应等于缓冲器数，而不是序号空间的大小。

选择重传协议也可以被看成是一种滑动窗口协议，只不过其发送窗口和接收窗口都大于 1。若从滑动窗口的观点来统一看待停一等协议、顺序管道接收协议及选择重传协议三种协议，它们的差别仅在于窗口尺寸的大小不同。

停一等协议：发送窗口=1，接收窗口=1。

顺序管道接收协议：发送窗口>1，接收窗口=1。

选择重传协议：发送窗口>1，接收窗口>1。

3.3　数据链路控制协议

数据链路控制协议也被称为“链路通信规程”，是 OSI 参考模型中的数据链路层协议。可将数据链路控制协议分为异步协议和同步协议两大类。

异步协议以字符为独立的信息传输单位，在每个字符的起始处开始对字符内的比特实现同步，但字符与字符之间的间隔时间是不固定的（即字符之间是异步的）。由于发送器和接收器中近似于同一频率的两个约定时钟能够在一段较短的时间内保持同步，所以可以用字符起始处同步的时钟来采样该字符中的各比特，而不需要每个比特再用其他方法同步。异步协议中由于每个传输字符都要添加诸如起始位、校验位、停止位等冗余位，故信道利用率很低，一般用于数据速率较低的场合。

同步协议是以许多字符或许多比特组织成的数据块——帧为传输单位，在帧的起始处同步，使帧内维持固定的时钟。由于采用帧为传输单位，所以同步协议能更有效地利用信道，也便于实现差错控制、流量控制等功能。

同步协议又可被分为面向字符的同步协议、面向比特的同步协议及面向字节计数的同步协议三种类型。本节只介绍前两种同步协议。

3.3.1　面向字符的同步协议——二进制同步通信协议

面向字符的同步协议是最早提出的同步协议，其典型代表是 IBM 公司的二进制同步通信（Binary Synchronous Communication，BSC）协议。随后，ANSI 和 ISO 都提出了类似的相应标准。

任何数据链路层协议均可由链路建立、数据传输和链路拆除三部分组成。为实现建链、拆链等链路管理及同步等各种功能，面向字符的同步协议除了正常传输的数据块和报文外，还需要一些控制字符。BSC 协议用 ASCII 和 EBCDIC 字符集定义的传输控制字符来实现相应的功能。这些传输控制字符的标记、名称、ASCII 码值及传输控制字符的功能见表 3-4 所示。

表 3-4　传输控制字符

标记	名称	ASCII 码值	传输控制字符的功能
SOH（Start of Head）	序始	01H	用于表示报文的标题信息或报头的开始
STX（Start of Text）	文始	02H	标识标题信息的结束和报文文本的开始
ETX（End of Text）	文终	03H	标识报文文本的结束
EOT（End of Transmission）	送毕	04H	用以表示一个或多个文本块的结束，并拆除链路
ENQ（Enquire）	询问	05H	用以请求远程站给出响应，响应可能包括站的身份或状态
ACK（Acknowledge）	确认	06H	由接收方发出的作为对正确接收的报文的响应

（续表）

标记	名称	ASCII 码值	传输控制字符的功能
DLE（Data Link Escape）	转义	10H	用以修改紧跟其后的有限个字符的意义。在 BSC 中实现透明方式的数据传输，或者当 10 个传输控制字符不够用时提供新的转义传输控制字符
NAK（Negative Acknowledge）	否认	15H	由接收方发出的作为对未正确接收的报文的响应
SYN（Synchronous）	同步	16H	在同步协议中，用以实现节点之间的字符同步，或用于在数据传输时保持该同步
ETB（End of Transmission Block）	块终	17H	用以表示当报文分成多个数据块时，一个数据块的结束

BSC 协议将在链路上传输的信息分为数据报文和监控报文两类。监控报文又可被分为正向监控和反向监控两种。每一种报文中至少包含一个传输控制字符，用以确定报文中信息的性质或实现某种控制作用。

数据报文一般由报头和文本组成。文本是要传送的有效数据信息，而报头是与文本传送及处理有关的辅助信息，报头有时也可不用。对于不超过长度限制的报文可只用一个数据块发送，对较长的报文则分作多块发送，每一个数据块作为一个传输单位。接收方对于每一个收到的数据块都要给予确认，发送方收到返回的确认后，才能发送下一个数据块。

BSC 协议的数据块有如下四种格式。

（1）不带报头的单块报文或分块传输中的最后一块报文。

SYN	SYN	STX	报文	ETX	BCC

（2）带报头的单块报文。

SYN	SYN	SOH	报头	STX	报文	ETX	BCC

（3）分块传输中的第一块报文。

SYN	SYN	SOH	报头	STX	报文	ETB	BCC

（4）分块传输中的中间报文。

SYN	SYN	STX	报文	ETB	BCC

BSC 协议中所有发送的数据均跟在至少两个 SYN 字符之后，以使接收方能实现字符同步。报头字段用以说明数据报文字段的包识别符（序号）及地址。所有数据块在块终限定符（ETX 和 ETB）之后还有块校验符（Block Check Character，BCC）。BCC 可以是垂直奇偶校验或 16 位 CRC，校验范围从 STX 开始到 ETX 或 ETB 为止。

当发送的报文是二进制数据而不是字符串时，二进制数据中形同传输控制字符的比特串会引起传输混乱。为使二进制数据中允许出现与传输控制字符相同的数据（即数据的透明性），可在各帧中真正的传输控制字符（SYN 除外）前加上 DLE 转义字符，在发送时若文本中也出现与 DLE 字符相同的二进制比特串，则可插入一个外加的 DLE 字符用以标记。在接收方进行同样的检测，若发现单个的 DLE 字符，则可知其后为传输控制字符；若发现连续两个 DLE 字符，则可知其后的 DLE 字符为数据，在进一步处理前将其中一个删去。

正、反向监控报文有如下四种格式。

（1）肯定确认和选择响应。

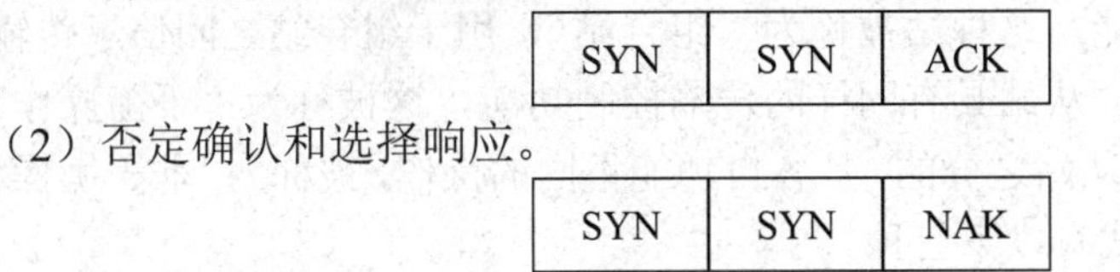

SYN	SYN	ACK

（2）否定确认和选择响应。

SYN	SYN	NAK

（3）轮询/选择请求。

SYN	SYN	P/S 前缀	站地址	ENQ

（4）拆链。

SYN	SYN	EOT

监控报文一般由单个传输控制字符或由若干个其他字符引导的单个传输控制字符组成。引导字符被统称为“前缀”，它包含识别符（序号）、地址信息、状态信息及其他所需的信息。ACK 和 NAK 监控报文的作用是：首先，作为对先前所发数据块是否正确接收的响应，因而包含识别符（序号）；其次，用作对选择监控信息的响应，以 ACK 表示所选站能接收数据块，以 NAK 表示所选站不能接收数据块。ENQ 用作轮询和选择监控报文，在多站结构中，轮询或选择的站的地址在 ENQ 字符前。EOT 监控报文用以标识报文交换的结束，并在两站点间拆除逻辑链路。

由于 BSC 协议与特定的字符编码集的关系过于密切，故兼容性较差。为满足数据透明性而采用的字符填充法，实现起来也比较麻烦，且依赖于所采用的字符编码集。另外，由于 BSC 是一个半双工协议，它的链路传输效率很低。不过，由于 BSC 协议需要的缓冲存储空间较小，因而在面向终端的网络系统中仍然被广泛使用。

3.3.2　面向比特的同步协议——高级数据链路控制规程协议

这里以 ISO 的高级数据链路控制（High-level Data Link Control，HDLC）规程协议为例，来讨论面向比特的同步协议的一般原理与操作过程。作为面向比特的数据链路控制规程协议的典型，HDLC 具有如下特点：协议不依赖于任何一种字符编码集；数据报文可透明传输，用于实现透明传输的“0 比特插入法”易于硬件实现；全双工通信，不必等待确认便可连续发送数据，有较高的数据链路传输效率；所有帧均采用 CRC 校验，对信息帧进行顺序编号，可防止漏收或重份，传输可靠性高；传输控制功能与处理功能分离，具有较大的灵活性。由于以上特点，目前网络设计普遍使用 HDLC 作为数据链路控制规程协议。

1．HDLC 的操作方式

HDLC 是通用的数据链路控制规程协议，在开始建立数据链路时，允许选用特定的操作方式。所谓“操作方式”，通俗地讲，就是某站点是以主站方式操作还是以从站方式操作，或者是二者兼备。

链路上用于控制目的的站被称为“主站”，其他的受主站控制的站被称为“从站”。主站负责对数据流进行组织，并且对链路上的差错实施恢复。由主站发往从站的帧被称为“命令帧”，而由从站返回主站的帧被称为“响应帧”。连接多个站点的链路通常使用轮询技术，轮询其他站的站被称为“主站”，而在点—点链路中每个站均可为主站。主站需要比从站有更多的逻辑功能，所以当终端与主机相连时，主机一般总是主站。在一个站连接多条链路的情况下，该站对于一些链路而言可能是主站，而对另外一些链路而言可能是从站。有些站可兼备主站和从站的功能，这种站被称为“组合站”，用于组合站之间信息传输的协议是对称的，即在链路上主、从站具有同样的传输控制功能，这被称为“平衡操作”。相对而言，那种操作时有主站、从站之分的，且各自功能不同的操作，被称为“非平衡操作”。

HDLC 中常用的操作方式有以下三种。

（1）正常响应方式（Normal Responses Mode，NRM）。这是一种非平衡数据链路操作方式，有时也被称为“非平衡正常响应方式”。该操作方式适用于面向终端的点—点或一点与多点的链路。在这种操作方式中，传输过程由主站启动，从站只有收到主站某个命令帧后，才能作为响应向主站传输信息。响应信息可以由一个或多个帧组成，若信息由多个帧组成，则应指出哪一帧是最后一帧。主站负责管理整个链路，且具有轮询、选择从站及向从站发送命令的权利，同时也负责对超时、重发及各类恢复操作的控制。

（2）异步响应方式（Asynchronous Responses Mode, ARM）。这也是一种非平衡数据链路操作方式，与 NRM 不同的是，ARM 下的传输过程由从站启动。从站主动发送给主站的一个或一组帧中可以包含信息，也可以是仅以控制为目的而发送的帧。在这种操作方式下，由从站来控制超时和重发。该方式对采用轮询方式的多站链路来说是必不可少的。

（3）异步平衡方式（Asynchronous Balanced Mode，ABM）。这是一种允许任何节点来启动传输的操作方式。为了提高链路传输效率，节点之间在两个方向上都需要较高的信息传输量。在这种操作方式下，任何时候任何站点都能启动传输操作，每个站点既可作为主站又可作为从站，即每个站都是组合站；各站都有相同的一组协议，任何站点都可以发送或接收命令，也可以给出应答，并且各站对差错恢复过程都负有相同的责任。

2．HDLC 的帧的格式

在 HDLC 中，数据和控制报文均以帧的标准格式传送。HDLC 中的帧类似于 BSC 的字符块，但 BSC 中的数据报文和控制报文是独立传输的，而 HDLC 中的命令和响应则是以统一的格式按帧传输。完整的 HDLC 帧的格式包括标志字段（F）、地址字段（A）、控制字段（C）、信息字段（I）、帧校验序列字段（FCS）等，其格式如图 3-4 所示。

标志	地址	控制	信息	帧校验序列	标志
F 01111110	A 8 位	C 8 位	I N 位	FCS 16 位	F 01111110

图 3-4　HDLC 的帧的格式

（1）标志字段（F）：标志字段为“01111110”的比特模式，用以标识帧的起始和前一帧的终止。通常在不进行帧传输的时刻，信道仍处于激活状态，标志字段也可以作为帧与帧之间的填充字段，一旦发现某个标志字段后面不再是一个标志字段，便可认为一个新的帧的传输已经开始。采用“0 比特插入法”可以实现数据的透明传输，该法在发送方检测除标志字段以外的所有字段，若发现连续 5 个“1”出现，便在其后添插 1 个“0”，然后继续发送后面的比特流；在接收方同样检测除标志字段以外的所有字段，若发现连续 5 个“1”后是“0”，则将其删除以恢复比特流的原貌。

（2）地址字段（A）：地址字段的内容取决于所采用的操作方式。在操作方式中，有

主站、从站、组合站之分，每一个从站和组合站都被分配一个唯一的地址。命令帧中的地址字段所携带的地址是对方站的地址，而响应帧中的地址字段所携带的地址是本站的地址。某一地址也可被分配给不止一个站，这种地址被称为“组地址”。利用一个组地址传输的帧能被组内所有拥有该组地址的站接收，但当一个从站或组合站发送响应时，它仍应当用它唯一的地址。另外，还可用全“1”地址表示包含所有站的地址，这种地址被称为“广播地址”，含有广播地址的帧被传输给链路上所有的站；规定全“0”地址为无站地址，这种地址不被分配给任何站，仅用作测试。

（3）控制字段（C）：控制字段用于构成各种命令和响应，以便对链路进行监视和控制。发送方主站或组合站利用控制字段来通知被寻址的从站或组合站执行约定的操作；相反，从站用该字段作为对命令的响应，报告已完成的操作或状态的变化。

（4）信息字段（I）：信息字段可以是任意的二进制比特串。对比特串的长度未作严格限定，其上限由 FCS 字段或站点的缓冲区容量来确定，目前用得较多的是 1 000～2 000 比特；而其下限可以为 0，即无信息字段。例如，监控帧（S 帧）中规定不可有信息字段。

（5）帧校验序列字段（FCS）：帧校验序列字段可以使用 16 位 CRC，对两个标志字段之间的整个帧的内容进行校验。FCS 的生成多项式由 ITU V.41 建议规定为 $X^{16}+X^{12}+X^5+1$。

3．HDLC 的帧的类型

HDLC 有信息帧（I 帧）、监控帧（S 帧）和无编号帧（U 帧）三种不同类型的帧，各类帧中控制字段的格式如表 3-5 所示。

表 3-5　HDLC 的帧的类型

控制字段位	1	2	3	4	5	6	7	8
信息帧（I 帧）	0	N（S）			P	N（R）		
监控帧（S 帧）	1	0	S_1	S_2	P/F	N（R）		
无编号帧（U 帧）	1	1	M_1	M_2	P/F	M_3	M_4	M_5

控制字段中的第 1 位或第 1、2 位表示传输帧的类型。第 5 位是 P/F 位，即轮询/终止（Poll/Final）位。当 P/F 位用于命令帧（由主站发出）时起轮询的作用，即当该位为“1”时要求被轮询的从站给出响应，此时 P/F 位可被称为“轮询位”（或“P 位”）；当 P/F 位用于响应帧（由从站发出）时，被称为“终止位”（或“F 位”），当其为“1”时，表示接收方确认的结束。为了进行连续传输，需要对帧进行编号，所以控制字段中还包括帧的编号。

（1）信息帧（I 帧）：信息帧用于传输有效信息或数据，通常被简称为“I 帧”。I 帧以控制字段第 1 位为“0”来标识。信息帧控制字段中的 N（S）用于存放发送帧的序号，以使发送方不必等待确认而连续发送多帧；N（R）是一个捎带的确认，用于存放接收方下一个预期要接收的帧的序号，如 N（R）＝5，即表示接收方下一帧要接收 5 号帧，换言之，接收方已正确接收到 5 号帧前的各帧。N（S）和 N（R）均为 3 位二进制编码，取值范围为 0～7。

（2）监控帧（S 帧）：监控帧用于差错控制和流量控制，通常被简称为“S 帧”。S 帧以控制字段第1、2位为“10”来标识。S帧不带信息字段，帧长只有6个字节，即48个比特。S帧控制字段的第3、4位为S帧的类型编码，共有四种不同组合，分别表示如下。

“00”：接收就绪（RR），由主站或从站发送。主站可以使用RR型S帧来轮询从站，即希望从站传输编号为N（R）的I帧，若存在这样的帧便进行传输；从站也可用RR型S帧来作响应，表示从站期望接收的下一帧的编号是N（R）。

“01”：拒绝（REJ），由主站或从站发送，用以要求发送方对从编号为N（R）开始的帧及其以后所有的帧进行重发，这也暗示N（R）以前的I帧已被正确接收。

“10”：接收未就绪（RNR），表示编号小于N（R）的I帧已被收到，但目前正处于“忙”状态，尚未准备好接收编号为N（R）的I帧，这可被用来对链路流量进行控制。

“11”：选择拒绝（SREJ），它要求发送方发送编号为N（R）的单个I帧，并暗示其他编号的I帧已全部确认。

可以看出，“接收就绪（RR）”S帧和“接收未就绪（RNR）”S帧有两个主要功能：首先，这两种类型的S帧被用来表示从站已准备好或未准备好接收信息；其次，确认编号小于N（R）的所有接收到的I帧。“拒绝（REJ）”S帧和“选择拒绝（SREJ）”S帧用于向对方站指出发生了差错。REJ帧对应Go-back-N策略，用以请求重发N（R）起始的所有帧，而N（R）以前的帧已被确认，当收到一个N（S）等于REJ型S帧的N（R）的I帧后，REJ状态即可清除。SREJ帧对应选择重传协议，当收到一个N（S）等于SREJ型S帧的N（R）的I帧时，SREJ状态即应消除。

（3）无编号帧（U帧）：无编号帧因其控制字段中不包含编号N（S）和N（R）而得名，简称为“U帧”。U帧用于提供对链路的建立、拆除及多种控制功能，这些控制功能用5个M位（M1～M5，也被称为“修正位”）来定义，还可以定义32种附加的命令或应答功能。但并不是所有32种命令或功能都会被用到，用到的命令如DISC（DISConnect）表示要拆除连接，如FRMR（Frame Reject）表示帧拒绝。

3.4　因特网的数据链路层协议

PPP（点到点协议）是为在同等单元之间传输数据包这样的简单链路设计的链路层协议。这种链路提供全双工操作并按照顺序传输数据包，设计目的主要是通过拨号或专线方式建立点对点的连接以发送数据，是各种主机、网桥和路由器之间简单连接的一种共通的解决方案。PPP提供了以下三类功能。

（1）成帧：它可以毫无歧义地分割出一帧的起始和结束，其帧格式支持错误检测。

（2）链路控制：有一个链路控制协议（Link Control Protocol，LCP）支持同步和异步线路，也支持面向字节的和面向位的编码方法，可被用于启动线路、测试线路、协商参数及关闭线路。

（3）网络控制：具有协商网络层选项的方法，并且协商方法与使用的网络层协议彼此独立；所选择的方法对于每一个支持的网络层都有一个不同的网络控制协议（Network Control Protocol，NCP）。

一个家庭用户呼叫一个因特网服务供应商，首先是个人计算机通过调制解调器呼叫供

应商的路由器，当路由器的调制解调器回答了用户的呼叫并建立起一个物理连接之后，个人计算机给路由器发送一系列 LCP 分组，它们被包含在一个或多个 PPP 帧的净荷中。这些分组及它们的应答信息将选定所使用的 PPP 参数。

一旦双方对 PPP 参数达成一致之后，又会发送一系列 NCP 分组，用于配置网络层。通常情况下，个人计算机希望运行一个 TCP/IP 协议栈，所以需要一个 IP 地址。针对 IP 协议的 NCP 负责动态分配 IP 地址。

此时，个人计算机已经成为一台因特网的主机，它可以发送和接收 IP 分组，当用户完成工作后，NCP 断掉网络层连接并释放 IP 地址，然后 NCP 停掉数据链路层连接；最后，个人计算机通知调制解调器挂断电话，释放物理层连接。

PPP 选择的帧格式与 HDLC 的帧格式非常相似。PPP 与 HDLC 之间最主要的区别是：PPP 是面向字符的，HDLC 是面向位的。特别是，PPP 在拨号调制解调器线路上使用了字节填充技术，因此，所有的帧都是整数个字节，PPP 的帧格式如图 3-5 所示。

标志	地址	控制	协议	净荷	校验和	标志
01111110	11111111	00000011	1 或 2	可变长度	2 或 4	01111110

图 3-5　PPP 的帧格式

PPP 帧都以一个标准的 HDLC 标志字节（01111110）作为开始，如果它正好出现在净荷域中，就需要进行字节填充。地址域总是被设置成二进制“11111111”，以表示所有的站都可以接受该帧。使用这样的值，可以避免“必须分配数据链路层地址”的问题。

控制域的默认值是 00000011，表示这是一个无序号帧。换而言之，在默认方式下，PPP 并没有采用序列号和确认来实现可靠传输。

在默认配置下地址域和控制域总是常量，所以 LCP 提供了必要的机制，允许双方协商一个选项，该选项的目的仅仅是省略这两个域，使每一帧可以节约 2Bytes。

协议域的任务是指明净荷域中是哪一种分组。已定义了代码的协议为 LCP、NCP、IP、IPX、AppleTalk 和其他协议。以 0 位作为开始的协议是网络层协议，如 IP、IPX、OSI、CLNP、XNS。以 1 位作为开始的协议被用于协商其他的协议，这包括 LCP 及每一个支持的网络层协议都有的一个不同的 NCP。协议域的默认大小为 2Bytes，但通过 LCP 可以将它协商为 1Byte。

净荷域是可变的，最多可达到某一个商定的最大值。如果在线路建立过程中没有通过 LCP 协商该长度，则使用默认长度 1 500Bytes。如果有需要，在净荷域之后可以添加一些填充字节。

校验和域通常为 2Bytes，但通过协商也可以是 4Bytes，因此，PPP 在数据链路层上具有差错检测的功能。

总之，PPP 是一种多协议成帧机制，它适合在调制解调器、HDLC 位序列线路、SONET 等上使用。它支持错误检测、选项协商、头部压缩及使用 HDLC 类型帧格式（可选）的可靠传输。

本章小结

在物理层提供比特流传输服务的基础上，数据链路层通过在通信的实体之间建立数据链路连接，传输以“帧”为单位的数据，使有差错的物理线路变成无差错的数据链路，以保证数据可靠的传输。

本章主要介绍了数据链路层的差错控制、基本数据链路协议、链路控制规程及因特网的数据链路层协议。

思考与练习

一、选择题

1．数据链路层的数据单位被称为_______。

A．比特　　B．字节　　C．帧　　D．分组

2．当采用偶校验编码时，每个符号（包括校验位）中含有“1”的个数是_______。

A．奇数　　B．偶数　　C．未知数　　D．以上都不是

3．在 HDLC 中，监控帧（S 帧）用于_______。

A．校验　　B．差错控制　　C．流量控制　　D．差错控制和流量控制

4．在滑动窗口流量控制（窗口大小为 8）中，ACK3 意味着接收方期待的下一帧是_______号帧。

A．2　　B．3　　C．4　　D．8

5．CRC-16 标准规定的生成多项式为 $G(X)=X^{16}+X^{15}+X^{2}+1$，它产生的校验码是_______位。

A．2　　B．4　　C．16　　D．32

二、填空题

1．PPP 是使用面向________的填充方式。

2．HDLC 有________、________和________三种不同类型的帧。

3．噪声有两大类：一类是________，另一类是________。

4．差错控制包括________、________和________。

5．自动请求重发（ARQ）法最基本的两种方案是________和________。

三、简答题

1．设要发送的二进制数据为 101100111101，CRC 生成多项式为 X^4+X^3+1，试求出实际发送的二进制数字序列（要求写出计算过程）。

2．已知发送方采用 CRC 校验方法，生成多项式为 X^4+X^3+1，若接收方收到的二进制

数字序列为 101110110101，请判断数据传输过程中是否出错。

3．简述滑动窗口协议。

4．若发送窗口的尺寸为 4，在发送 3 号帧并收到 2 号帧的确认后，发送方还可以发送几帧？请给出可发送帧的序号。

5．若窗口序号的位数为 3，发送窗口的尺寸为 2，采用 Go-back-N 策略，请画出由初始态出发相继下列事件发生时的发送及接收窗口图：发送帧 0、发送帧 1、接收帧 0、接收确认帧 0、发送帧 2、帧 1 接收出错、帧 1 确认超时、重发帧 1、接收帧 1、发送帧 2、接收确认 1。

6．用 BSC 规程传输一批汉字（双字节），若已知采用不带报头的分块传输，且最大块报文长为 129Bytes，共传输了 5 帧，最后一块报文长为 101Bytes，问每个报文最多能传输多少汉字？该批数据共有多少汉字？

7．用 HDLC 传输 12 个汉字（双字节）时，帧中的信息字段占多少字节？总的帧长占多少字节？

第 4 章　局域网技术

【本章导读】

局域网是一种覆盖地理范围较小的网络，具有较低的传输时延和误码率，同时，由于投资少、回报快、灵活、方便，获得了越来越广泛的应用。为了解决网络规模与网络效率之间的矛盾，可以从以下几个方面进行努力：局域网标准化；提高网络的传输效率；用网桥或路由器将网段微化，使子网中的接点数减少，以改善网络性能；将“共享介质方式”改为“交换方式”；将一些广域网技术（如 ATM 技术）应用到局域网中。

本章介绍了局域网的介质访问控制技术、局域网的体系结构与协议，以及目前覆盖全球的以太网的相关知识，同时还介绍了虚拟局域网和高速局域网等当前新的网络技术。

【本章学习目标】

- 掌握局域网的概念。
- 理解局域网的体系结构和 IEEE 802 标准。
- 理解以太网的介质访问控制方法（CSMA/CD 协议）。
- 掌握以太网的 MAC 帧格式和物理层规范。
- 了解令牌环和令牌总线等相关知识点。
- 了解快速以太网，以及千兆、万兆以太网。
- 理解交换式局域网的实现及设备的基本配置。
- 理解虚拟局域网的概念和划分方法。

4.1 局域网模型

4.1.1　IEEE 802 模型

IEEE 802 委员会为局域网制定了一系列标准，这些标准被统称为“IEEE 802 标准”。

1．IEEE 802 模型的特点

与广域网相比，局域网的体系结构有很大的不同。

（1）局域网的种类繁多，使用的传输介质各种各样，接入方法也不尽相同。为此，IEEE 802 在数据链路层中专门划分出一个传输介质访问控制（Medium Access Control，MAC）子层来进行传输介质访问控制，并用逻辑链路控制（Logical Link Control，LLC）子层处理逻辑上的链路。LLC 子层与局域网使用的具体介质访问方式无关，主要为高层协议与局域网介质访问控制 MAC 子层之间提供统一的接口。

（2）局域网的拓扑结构比较简单，且多个站点共享传输信道，在任意两个节点之间只有唯一的一条链路，不需要进行路由选择和流量控制，因而不需要定义网络层，只要具备 OSI/RM 低两层的功能就可以了。由于考虑到局域网要互连，所以在 LLC 子层之上设置了网际层。

（3）其他高层功能往往与具体的实现有关，通常被包含在网络操作系统中。

（4）物理层还是需要的，并且物理层往往也被分为两个子层。下面的子层用于对传输介质进行说明；上面的子层作为传输介质的访问单元，用于发送/接收比特、编码及进行介质处理。

图 4-1 给出了 IEEE 802 模型及其与 OSI/RM 的对照图。

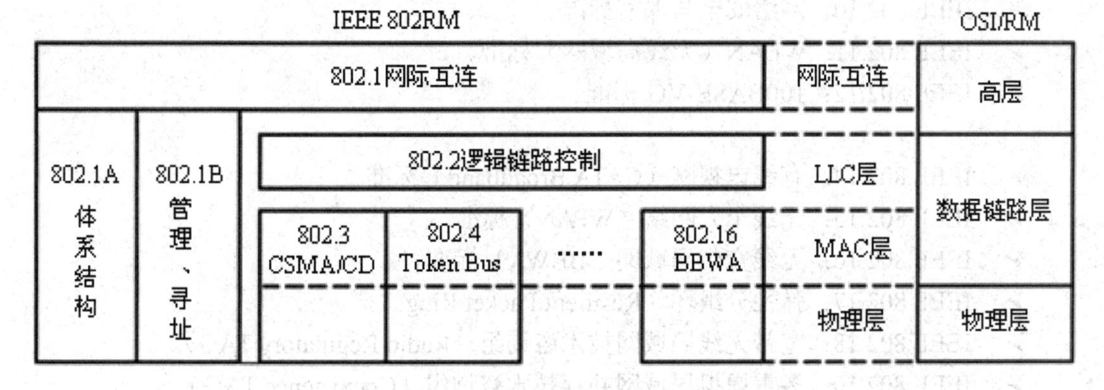

图 4-1　IEEE 802 模型及其与 OSI/RM 的比较

2．MAC 子层的主要功能

MAC 子层主要被用来处理与传输介质有关的问题，同时还负责在物理层传输比特的基础上进行无差错通信。因此，MAC 子层的主要功能如下。

- 将上层交下来的数据封装成帧进行发送（接收时相反，将帧拆卸递交到上层）。
- 按 MAC 地址（即帧地址）寻址。
- 进行差错检测。
- MAC 子层的维护和管理。

3．LLC 子层的主要功能

LLC 子层被用来处理与接入介质无关而又属于数据链路层处理的问题，其主要功能如下。

- 提供与高层的接口。
- 实现数据链路层的差错控制。
- 给帧加上序号。
- 为高层提供数据链路层逻辑连接的建立和释放服务。

4.1.2　IEEE 802 标准概述

IEEE 802 是一个标准系列，并不断增加新的标准，现有的标准有以下几个。

- IEEE 802.1A：概述和体系结构。
- IEEE 802.1B：寻址、网际互连及网络管理。
- IEEE 802.2：逻辑链路控制 LLC 协议。
- IEEE 802.3：CSMA/CD（以太网）访问方法及物理层规范。
- IEEE 802.4：Token Bus （令牌总线）访问方法及物理层规范。
- IEEE 802.5：Token Ring（令牌环）访问方法及物理层规范。
- IEEE 802.6：分布队列双总线 DQDB（城域网 MAN 标准）。
- IEEE 802.7：宽带局域网标准。
- IEEE 802.8：FDDI（光纤分布数据接口）光纤局域网标准。
- IEEE 802.9：综合数据/语音网络标准。
- IEEE 802.10：网络安全与保密标准。
- IEEE 802.11：WLAN（无线局域网）标准。
- IEEE 802.12：100BASE-VG 标准。

…………

- IEEE 802.14：有线电视网（CATA Broadband）标准。
- IEEE 802.15：无线个人网络（WPAN）标准。
- IEEE 802.16：无线宽带局域网（BBWA）标准。
- IEEE 802.17：弹性分组环（Resilient Packet Ring）。
- IEEE 802.18：宽带无线局域网技术咨询组（Radio Regulatory TAG）。
- IEEE 802.19：多重虚拟局域网共存技术咨询组（Coexistence TAG）。
- IEEE 802.20：移动宽带无线接入（MBWA）。
- IEEE 802.21：媒介独立换手（Media Independent Handover）。

…………

4.1.3 信道分配策略

1．静态分配策略

静态分配策略包括频分多路复用和同步时分多路复用。这种分配策略是预先将频带或时隙固定地分配给各个网络节点，各节点都有自己专用的频带或时隙，彼此之间不会产生干扰。静态分配策略适用于网络节点数目少而固定，且每个节点都有大量数据要发送的场合。此时采用静态分配策略不仅协议控制简单，而且信道利用率较高。

但大部分计算机网络的节点数量多且不固定，随时可能会有节点加入或退出网络，同时网络节点间的数据传输也具有突发性。如果采用静态分配策略进行信道分配，既不容易实现，信道的利用率也比较低，这时应采用动态分配策略。

2．动态分配策略

动态分配策略包括随机访问和控制访问，本质上属于异步时分多路复用。各站点当有数据需要发送时，才占用信道进行数据传输。随机访问又被称为“争用”，各个网络节点在发送前不需要申请信道的使用权，有数据就发送，发生碰撞之后再采取措施解决。随机访问适用于负载较轻的网络，其信道利用率一般不高，但网络延迟时间较短。

控制访问有两种方法：轮转和预约。“轮转”是使每个网络节点轮流获得信道的使用权，没有数据要发送的节点将使用权传给下一个节点。“预约”是各个网络节点首先声明自己有数据要发送，然后根据声明的顺序依次获得信道的使用权来发送数据。无论是轮转还是预约，都是使发送节点首先获得使用权，然后再发送数据，因而不会出现碰撞和冲突。当网络负载较重时采用控制访问，可以获得很高的信道利用率。

4.2　局域网的技术标准

4.2.1　IEEE 802.3 CSMA/CD

IEEE 802.3 是采用二进制指数退避和 1-坚持 CSMA/CD 协议的基带总线局域网制定的标准。应用该标准，在低负荷时（如介质空闲时）要发送数据帧的站点能立即发送，在重负荷时仍能保证系统的稳定性。

世界上第一个 CSMA/CD 局域网是由美国 Xerox 公司于 1975 年成功研制的，该局域网采用无源总线电缆作为传输介质，被称为“以太网”（Ethernet）。“以太”（Ether）在历史上是指一种可以传播电磁波的介质。此后，Xerox 公司与 DEC 公司、Intel 公司合作，提出了以太网产品规范，并成为 IEEE 802 标准系列中的第一个局域网标准。

以太网所采用的介质访问控制方法就是后来成为 IEEE 802.3 标准的载波监听多路访问/冲突检测（CSMA/CD），所以 IEEE 802.3 标准与以太网标准有很多相似之处。但正式发布的 IEEE 802.3 标准和以太网标准并不完全相同，因此，把“以太网”与“IEEE 802.3 局域网”或“CSMA/CD”等同起来似乎不太严谨。不过在不涉及网络协议的细节时，也把“IEEE 802.3”局域网简称为“以太网”。

1．CSMA 协议

在采用 CSMA 协议的网络系统中，每个节点在发送数据前先监听信道是否有载波存在（即是否有数据在传输），再根据监听的结果决定如何动作。由于采用了附加的硬件装置，每个站在发送数据前都要监听信道，如果信道空闲（没有监听到有数据在发送），则发送数据；如果信道忙（监听到有数据在发送）就先不发送，等待一段时间后再监听。这样能减少产生冲突的可能，提高系统的吞吐量。

根据监听的方式及监听到信道忙后的反应方式的不同，有多种不同的 CSMA 协议，下面介绍其中的四种。

（1）1-坚持 CSMA。1-坚持 CSMA（1-persistent CSMA）的基本思想是：当一个节点要发送数据时，首先监听信道；如果信道空闲就立即发送数据；如果信道忙则等待，同时继续监听直至信道空闲；如果发生冲突，则随机等待一段时间后，再重新开始监听信道。

（2）非坚持 CSMA。非坚持 CSMA（Nonpersistent CSMA）的基本思想是：当一个节点要发送数据时，首先监听信道；如果信道空闲就立即发送数据；如果信道忙则放弃监听，随机等待一段时间，再开始监听信道。

（3）P-坚持 CSMA。P-坚持 CSMA（P-persistent CSMA）的基本思想是：当一个节点

要发送数据时，首先监听信道；如果信道忙则坚持监听到下一个时间片；如果信道空闲，便以概率 P 发送数据，以概率 1－P 推迟到下一个时间片；如果下一个时间片信道仍然空闲，则仍以概率 P 发送数据，以概率 1－P 推迟到下一个时间片；这样的过程一直持续下去，直到数据被发送出去，或因其他节点发送而检测到信道忙为止，若是后者，则等待一段随机的时间后重新开始监听。

（4）带有冲突检测的 CSMA。带有冲突检测的 CSMA（CSMA with Collision Detection，CSMA/CD）的基本思想是：当一个节点要发送数据时，首先监听信道；如果信道空闲就发送数据，并继续监听；如果在数据发送过程中监听到冲突，则立即停止数据发送，等待一段随机的时间后，重新开始尝试发送数据。在实际网络中，为了使每个站点都能及早发现冲突的发生，要采取一种强化冲突的措施，即当发送站一旦发现有冲突时，立即停止发送数据并发送若干比特的干扰信号，以便让所有站点都知道发生了冲突。

在 CSMA/CD 算法中，一旦检测到冲突并发送完阻塞信号后，为了降低再次发生冲突的概率，需要等待一段随机时间，然后再使用 CSMA/CD 方法尝试传输。为了使这种退避操作维持稳定，可以采用一种被称为“二进制指数退避”的算法，其规则如下。

（1）对每个数据帧，当第一次发生冲突时，设置一个时间片参量 L＝2。

（2）退避间隔取 1 到 L 个时间片中的一个随机数，1 个时间片等于两个站点之间最大传播时延的两倍。

（3）当数据帧再次发生冲突时，将参量 L 加倍。

（4）设置一个最大重传次数，超过该次数则不再重传，并报告出错。

二进制指数退避算法是按后进先出（Last In First Out，LIFO）的次序控制的，即未发生冲突或很少发生冲突的数据帧具有优先发送的概率，而发生过多次冲突的数据帧发送成功的概率更小。

2．IEEE 802.3 物理层规范

IEEE 802.3 委员会在定义可选的物理配置方面表现出极大的多样性和灵活性。为了区分各种可选用的实现方案，该委员会给出了一种简明的表示方法，如下。

<数据传输速率（Mbit/s）><信号方式><最大段长度（百米）>

例如，10BASE5、10BASE2、10BROAD36。但 10BASE-T 和 10BASE-F 有些例外，其中的“T”表示双绞线，“F”表示光纤。IEEE 802.3 的 10Mbit/s 可选方案如表 4-1 所示。

表 4-1　IEEE 802.3 的 10Mbit/s 可选方案

	10BASE5	10BASE2	10BASE-T	10BROAD36	10BASE-F
传输介质	基带同轴电缆	基带同轴电缆	非屏蔽双绞线	宽带同轴电缆	850mm 光纤对
编码技术	曼彻斯特编码	曼彻斯特编码	曼彻斯特编码	差分 PSK 码	曼彻斯特编码
拓扑结构	总线	总线	星形	总线/树形	星形
最大段长	500m	185m	100m	1 800m	500m
每段节点	100	30	—	—	33

（1）10BASE5 和 10BASE2。10BASE5 与 10BASE2 都使用 50Ω 同轴电缆和曼彻斯特编码，数据速率为 10Mbit/s。两者的区别在于 10BASE5 使用粗缆（Φ10mm），10BASE2

使用细缆（Φ5mm）。由于两者的数据速率相同，所以可以使 10BASE5 电缆段和 10BASE2 电缆段共存于一个网络中。

（2）10BASE-T。10BASE-T 定义了一个物理上的星形拓扑网，其中央节点是一个集线器，每个节点通过一对双绞线与集线器相连。集线器的作用类似于转发器，它接收来自一条线上的信号并向其他所有线转发。由于任意一个站点发出的信号都能被其他所有站点接收，若有两个站点同时要求传输，冲突就必然发生。因此，尽管这种策略在物理上是一个星形结构，但从逻辑上看与 CSMA/CD 总线拓扑的功能是一样的。

（3）10BROAD36。10BROAD36 是 IEEE 802.3 中唯一针对宽带系统的规范，它采用双电缆带宽或中分带宽的 75Ω CATV 同轴电缆。从端出发的段的最大长度为 1 800m，由于是单向传输，所以最大的端—端距离为 3 600m。

（4）10BASE-F。10BASE-F 是 IEEE 802.3 中关于以光纤作为介质的系统的规范。该规范中，每条传输线路均使用一对光纤，每条光纤采用曼彻斯特编码传输一个方向上的信号。每一位数据经编码后转换为一对光信号元素（有光表示高，无光表示低），因此，一个 10Mbit/s 的数据流实际上需要 20MBaud 的信号流。

3．IEEE 802.3 MAC **帧格式**

MAC 帧是在 MAC 子层实体间交换的协议数据单元，IEEE 802.3 MAC 帧的格式如图 4-2 所示。

7	1	2 或 6	2 或 6	2	0～1 500	0～46	4 字节
前导码 P	SFD	DA	SA	LEN	数据	PAD	FCS

SFD：帧起始定界符　　DA：目的地址　　SA：源地址

LEN：逻辑链路控制帧长度字段　　PAD：填充字段　　FCS：帧校验序列

图 4-2　IEEE 802.3 MAC **帧格式**

IEEE 802.3 MAC 帧中包括前导码 P、帧起始定界符 SFD、目的地址 DA、源地址 SA、LLC 帧长度字段 LEN、要发送的数据字段、填充字段 PAD 和帧校验序列 FCS 等 8 个字段。这 8 个字段中除了数据字段和填充字段外，其余的长度都是固定的。

前导码字段 P 占 7Bytes，每个字节的比特模式为“10101010”，用于实现收发双方的时钟同步。帧起始定界符字段 SFD 占 1Byte，每个字节的比特模式为“10101011”，它紧跟在前导码后，用于指示一帧的开始。前导码的作用是使接收方能根据“1”“0”交变的比特模式迅速实现比特同步，当检测到连续两位“1”（即读到帧起始定界符 SFD 的最末两位）时，便将后续的信息递交给 MAC 子层。

地址字段包括目的地址字段 DA 和源地址字段 SA。目的地址字段占 2 或 6Bytes，用于标识接收站点的地址，它可以是单个地址，也可以是组地址或广播地址。目的地址字段的最高位为“0”，表示单个地址，该地址仅指定网络上某个特定站点；目的地址字段的最高位为“1”、其余位不为全“1”，表示组地址，该地址指定网络上给定的多个站点；目的地址字段为全“1”，表示广播地址，该地址指定网络上的所有站点。源地址字段也占 2 或 6Bytes，但其长度必须与目的地址字段的长度相同，用于标识发送站点的地址。在 6Bytes 源地址字段中，可以利用其 48 位中的次高位来区分其是局部地址还是全局地址。局部地址是由网络管理员分配且只在本网中有效的地址；全局地址则由 IEEE 统一分配，采用全局地址的网卡，出厂时被赋予唯一的 IEEE 地址，使用这种网卡的站点也就具有了全球独一无二的物理地址。

LLC 帧长度字段 LEN 占 2Bytes，其值表示数据字段的字节数长度。数据字段的内容即为 LLC 子层递交的 LLC 帧序列，其长度为 0～1 500Bytes。

为使 CSMA/CD 协议正常操作，需要维持一个最短帧长度，必要时可在数据字段之后、帧校验序列 FCS 之前以字节为单位添加填充字符。这是因为正在发送时产生冲突而中断的帧都是很短的帧，为了能方便地区分出这些无效帧，IEEE 802.3 规范了合法的 MAC 帧的最短帧长。对于 10Mbit/s 的基带 CSMA/CD 网，MAC 帧的总长度为 64～1 518Bytes。由于除了数据字段和填充字段外，其余字段的总长度为 18Bytes，所以当数据字段长度为 0 时，填充字段必须有 46Bytes。

帧校验序列字段 FCS 是 32 位（即 4Bytes）的循环冗余码（CRC），其校验范围不包括前导码字段 P 及帧起始定界符字段 SFD。

4.2.2 IEEE 802.4 令牌总线

令牌总线访问控制方式是在综合了 CSMA/CD 访问控制方式和令牌环访问控制方式的优点的基础上形成的一种介质访问控制方式。

令牌总线访问控制方式主要被用于总线或树形网络结构中。该方式是在物理总线上建立一个逻辑环，一个总线结构网络，如果指定每一个站点在逻辑上相互连接的前后地址，就可以构成一个逻辑环，如图 4-3 中 A→B→D→E→A（C 站点没有连入令牌总线中）。

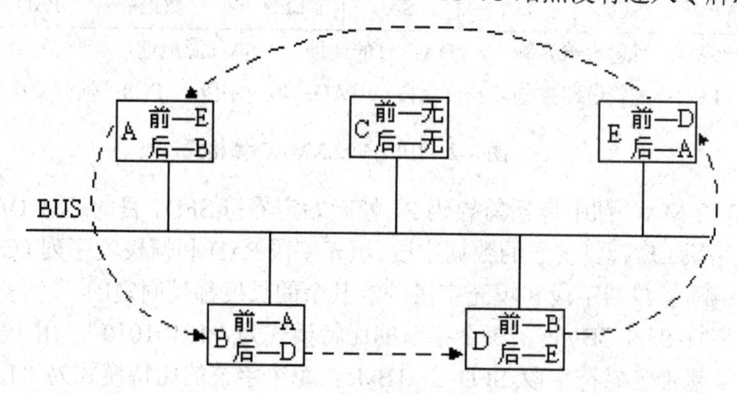

图 4-3 总线结构中的令牌环

1．令牌总线的工作原理

令牌是按地址从高到低的顺序进行传递的，当一个站点发送完数据后，在令牌中填入其后继站的地址，并传给后继站；后继站有数据就可以发送，没有数据则立即将令牌往下传。因此，令牌在逻辑环中循环流动，各站轮流发送，没有冲突。令牌总线中的令牌需要携带地址，因为总线本质上是一个广播信道，事实上所有的站都收到了总线上的数据，只是将地址与自身地址不相符的帧丢掉而已。同样，令牌也能被所有的站点收到，但只有地址相符的站才允许获得令牌。因此，在令牌总线中，站的物理位置并不重要，在环上相邻的站在物理连接上并不需要是相邻的。

令牌总线的控制比较复杂。在系统启动时，逻辑环并不存在，需要进行环初始化，使

得有且仅有一个站点获得令牌加入环中；同时，逻辑环是一个动态的环，不断有新的站点要求加入，同时也不断有站点因为关机或故障从环中删除，因此，还要实现站的动态插入和删除。另外，网络出现故障如令牌丢失、地址重复、令牌重复时，必须作出相应的处理。

2．令牌总线的优、缺点

优点：重载效率高，在总线拓扑中实现无传送冲突并提供优先级控制功能，有一定实时性。

缺点：轻载延迟大，效率低（等待令牌），网络管理比较复杂（令牌维护，在逻辑环中增、删站点）。

3．故障处理

（1）逻辑环中断。逻辑环中断一般是由于环上某些站故障、关机或总线断开，致使令牌无法按照原有的顺序传递。这种故障用令牌传递算法即可解决，当最后逻辑环重建失败时，需要检查电缆或设备硬件是否有问题。

（2）令牌丢失。当令牌持有站出现故障时，会造成令牌丢失，其表现是总线上没有站点发送数据。每个站点利用不活动计时器来计算总线空闲的时间，每当总线上出现信号时即复位计时器；而当计时器超时时，即发送一个 Claim_Token 控制帧，以进行环初始化。

（3）令牌重复。当某个持有令牌的站发现其他站正在发送数据时，即丢弃自己的令牌。这样，如环上有多个令牌，则经过一段时间后只剩下一个令牌；如果不幸令牌全部丢失，那么总线空闲一段时间后，就会有站点发送 Claim_Token 帧，以进行初始化。

4.2.3　IEEE 802.5 令牌环

1．令牌环的工作原理

令牌环在物理上是一个由一系列环接口和这些接口间的点—点链路构成的闭合环路，各站点通过环接口连到网上。对介质具有访问权的某个发送站点，通过环接口出口链路将数据帧串行发送到环上；其余各站点从各自的环接口入口链路逐位接收数据帧，同时通过环接口出口链路再生、转发出去，使数据帧在环上从一个站点至下一个站点环行，所寻址的目的站点在数据帧经过时读取其中的信息；最后，数据帧绕环一周返回发送站点，并由其从环上撤除所发的数据帧。令牌环的操作如图 4-4 所示。

（1）当网络空闲时，只有一个令牌在环路上绕行。令牌是一个特殊的比特模式，其中包含 1 位“令牌/数据帧”标志位。标志位为“0”，表示该令牌为可用的空令牌；标志位为“1”，表示有站点正占用令牌在发送数据帧。

（2）当一个站点要发送数据时，必须等待并获得一个令牌，使令牌的标志位置为“1”，随后便可发送数据。

（3）环路中的每个站点边转发数据，边检查数据帧中的目的地址，若为本站点的地址，便读取其中所携带的数据。

（4）当数据帧绕环一周返回时，发送站点将其从环路上撤销，同时根据返回的有关信息确定所传数据有无出错。若有错则重发存于缓冲区中的待确认帧，否则释放缓冲区中的待确认帧。

（5）发送站点完成数据发送后，重新产生一个令牌传至下一个站点，以使其他站点获得发送数据帧的许可权。

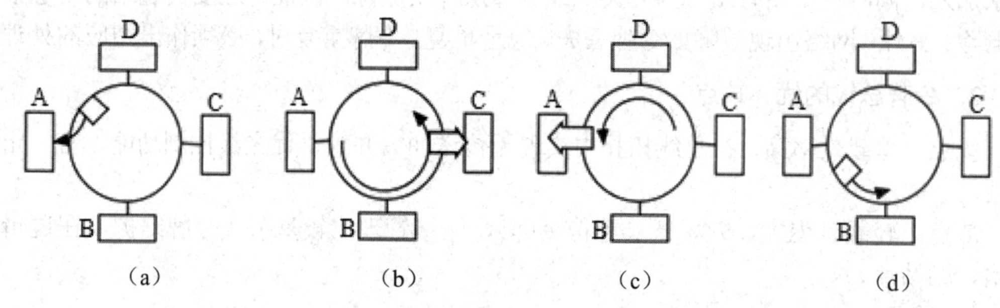

图 4-4 令牌环访问控制

（a）令牌在环中传输；（b）A 获得令牌，发送帧给 C；

（c）发送帧回到 A，A 清除该帧；（d）A 发送完成，释放令牌

2．令牌环的特点

令牌环的特点是：令牌环网在轻负荷时，由于存在等待令牌的时间，故效率较低；但在重负荷时，对各站点公平访问且效率较高。

考虑到帧内数据的比特模式可能会与帧的首尾定界符形式相同，可在数据段采用比特插入法或违法编码法，以确保数据的透明传输。

发送站点从环上收回帧的策略具有对发送站点自动应答的功能，同时这种策略还具有广播特性，即可由多个站点接收同一数据帧。

可以对令牌环的通信量加以调节：一种方法是允许各站点在其收到令牌时传输不同量的数据；另一种方法是设定优先权，使具有较高优先权的站点先得到令牌。

3．令牌环的维护

令牌环的故障处理功能主要体现在对令牌和数据帧的维护上。令牌本身是比特串，在绕环传递过程中可能受到干扰而出错，以致造成环网上无令牌循环的差错；另外，当某站点发送数据帧后，由于故障而无法将所发的数据帧从网上撤销时，会造成网上数据帧持续循环的差错。令牌丢失和数据帧无法撤销，是环网上最严重的两种差错，可以通过在环网上指定一个站点作为主动令牌管理站来解决这些问题。

主动令牌管理站通过一种超时值来检测令牌丢失的情况，该超时值比最长的帧尾完全遍历环路所需的时间还要长一些。如果在该时段内没有检测到令牌，则认为令牌已经丢失，管理站将清除环路上的数据碎片，并发出一个令牌。

为了检测到一个持续循环的数据帧，管理站在经过的任何一个数据帧上置其监控位为：“1”。如果管理站检测到一个经过的数据帧的监控位已经被置为“1”，便知道有某个站未能清除自己发出的数据帧，则管理站将清除环路上的残余数据，并发出一个令牌。

4．IEEE 802.5 令牌环

IEEE 802.5 标准规定了令牌环的介质访问控制子层和物理层所使用的协议数据单元格式和协议，规定了相邻实体间的服务及连接令牌环物理介质的方法。IEEE 802.5 令牌环的 MAC 帧有两种基本格式：令牌帧和数据帧，如图 4-25 所示。

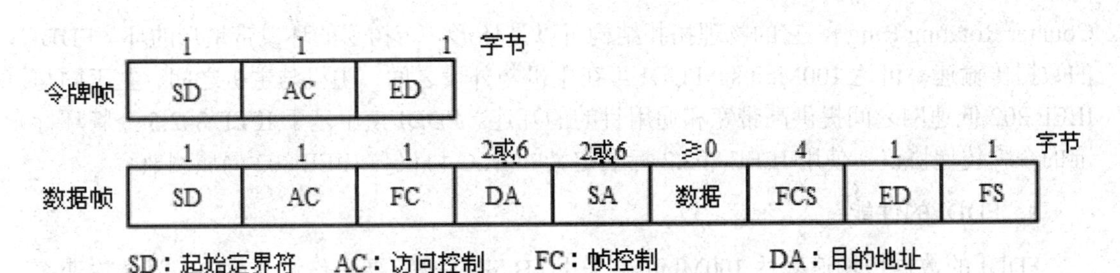

图 4-5　IEEE 802.5 MAC 帧的基本格式

访问控制字段 AC 的格式如下。

- “T”为令牌/数据帧标志位，该位为“0”表示令牌，为“1”表示数据帧。当某个站点要发送数据并获得了一个令牌后，将 AC 字段中的 T 置于位置“1”。此时，SD、AC 字段就作为数据帧的头部，随后便可发送数据帧的其余部分。
- “M”为监控位，用于检测环路上是否存在持续循环的数据帧。
- “PPP”为优先级编码。
- “RRR”为预约编码。

帧控制字段 FC 中的前两位标志帧的类型：“01”表示为一般信息帧，即其中的数据字段为上层提交的 LLC 帧；“00”表示为 MAC 控制帧，此时其后的 6 位用以区分控制帧的类型。

IEEE 802.3、IEEE 802.4 和 IEEE 802.5 这三种局域网标准采用了大致相同的技术并且具有大致相似的性能。三种局域网标准比较如表 4-2 所示。

表 4-2　三种局域网标准比较

	复杂度	有无冲突	轻负载时性能	重负载时性能	优先级控制
IEEE 802.3	简单	有	好	差	无
IEEE 802.4	复杂	无	一般	好	好
IEEE 802.5	复杂	无	效率低	好	差

4.3　高速局域网

由于网络流量激增，尤其是当多个以太网互连时，所有用户都参与竞争有限的同一个网络带宽，造成网络负载加重，因此，用户对高速局域网的要求也与日俱增。下面就介绍一些典型的高速局域网技术。

4.3.1　FDDI 环网

光纤分布数据接口（Fiber Distributed Data Interface，FDDI）是以光纤作为传输介质的高性能令牌环网。它的逻辑拓扑结构是一个环，更确切地说，是逻辑计数循环环（Logical

Counter Rotating Ring），它的物理拓扑结构可以是环形、带树形的环或带星形的环。FDDI 的数据传输速率可达 100Mbit/s。FDDI 可在主机与外设之间、主机与主机之间、主干网与 IEEE 802 低速网之间提供高带宽和通用目的的互连。FDDI 使用基于 IEEE 802.5 令牌环标准的令牌传递协议，使用 IEEE 802.2 标准定义的 LLC 协议与 IEEE 802 局域网兼容。

1．FDDI 的性能

FDDI 的数据传输速率达 100Mbit/s，采用 4B/5B 编码，要求信道介质的信号传输速率达到 125MBaud。FDDI 网的最大环路长度为 200km，最多可有 1 000 个物理连接。若采用双环结构，站点间距离在 2km 以内，且每个站点与两个环路都有连接，则最多可连接 500 个站点，其中每个单环长度限制在 100km 内。

FDDI 网是由许多通过光传输介质连接成一个或多个逻辑环的站点组成的，与令牌环类似，也是把信息发送至环上，从一个站到下一个站依次传递，当信息经过指定的目的站时就被接收、复制，最后，发送信息的站点再将信息从环上撤销。因此，FDDI 标准和令牌环介质访问标准 IEEE 802.5 十分接近，FDDI 和 IEEE 802.5 的主要特性比较如表 4-3 所示。

表 4-3　FDDI 和 IEEE 802.5 的主要特性比较

特性	FDDI	IEEE 802.5
介质类型	光纤	屏蔽双绞线
数据传输速率	100Mbit/s	4Mbit/s
可靠性措施	可靠性规范	无可靠性规范
数据编码	4B/5B 编码	差分曼彻斯特编码
编码效率	80%	50%
时钟同步	分布式时钟	集中式时钟
信道分配	定时令牌循环时间	优先级位
令牌发送	发送后产生新令牌	接收完后产生新令牌
环上帧数	可多个	最多一个

2．数据编码

FDDI 规定了一种很特殊的定时和同步方法。在网络中使用的代码最好是那种信号状态变化频繁的代码，这些状态变化使得接收器能够持续地与输入信号相适应，从而保证了发送器和接收器之间的同步。在 IEEE 802.3 标准中使用的曼彻斯特编码只有 50%的效率，因为每一比特都要求线路上有两次状态变化（即 2Baud）。如果采用曼彻斯特编码，那么 100Mbit/s 数据传输速率就要求 200MBaud 的信号传输速率，也即 200MHz 的带宽。换言之，曼彻斯特编码需要发送数据的两倍带宽。

考虑到生产 200MHz 的接口和时钟设备会大大增加成本，ANSI 设计了一种被称为“4B/5B”的编码。在这种编码技术中，每次对 4 位数据进行编码，每 4 位数据编码成 5 位符号，用光的存在和不存在表示 5 位符号中每 1 位是“1”还是“0”。这样，100Mbit/s 的光纤网只需 125MHz 的元件就可实现，效率提高了 80%。

为了得到信号同步，可以采用二级编码的方法：即先按 4B/5B 编码，然后再利用一种

被称为“倒相”的不归零制 NRZ 编码。该编码确保无论 4bits 符号为何种组合(包括全“0”)，其对应的 5bits 编码中至少有 2 位“1”，从而确保在光纤中传输的光信号至少发生两次跳变，以利于接收端的时钟提取。

在 5bits 编码的 32 种组合中，实际只使用了 24 种，其中的 16 种用作数据符号，其余 8 种用作控制符号(如帧的起始和结束符号等)。表 4-4 列出了 4B/5B 编码的数据符号部分，所有 16 个 4 位数据符号经编码后的 5 位码中，“1”码至少为 2 位，按 NRZI 编码原理，信号中至少有两次跳变，因此，接收端可得到足够的同步信息。

表 4-4　4B/5B 编码（数据符号部分）

符号	4 位二进制数	4B/5B 编码	符号	4 位二进制数	4B/5B 编码
0	0000	11110	8	1000	10010
1	0001	01001	9	1001	10011
2	0010	10100	10	1010	10110
3	0011	10101	11	1011	10111
4	0100	01010	12	1100	11010
5	0101	01001	13	1101	11011
6	0110	01110	14	1110	11100
7	0111	01111	15	1111	11101

3．时钟偏差问题

在一般的环形网中采用只有一个主时钟的集中式时钟方案。在绕环运行时，时钟信号会偏移，每个站点产生的偏移积累起来还是很可观的。为了消除这种时钟偏移现象，需要采取一种被称为“弹性缓冲器”的措施。但即使采取了这种措施，由于偏移累计的缘故，时钟偏移还是会限制环网的规模。

集中式时钟方案对 100Mbit/s 高速率的光纤网来说是不适用的。100Mbit/s 光纤网中每 1 位的时间为 10ns，而在 4Mbit/s 环网中每 1 位的时间为 250ns，时钟偏移的影响更严重。此外，如采用集中式时钟方案就需要在每一个站点配置锁相电路，成本会很高。

因此，FDDI 标准规定使用分布式时钟方案，即在每个站点都配有独立的时钟和弹性缓冲器。进入站点缓冲器的数据时钟是按照输入信号的时钟确定的，而从缓冲器输出的信号时钟则按照站点的时钟确定，这种方案使环路中中继器的数目不受时钟偏移因素的限制。

4．FDDI MAC 帧格式

FDDI 标准以 MAC 实体间交换的 MAC 符号来表示帧结构，每个 MAC 符号对应 4bits，这是因为在 FDDI 物理层中数据是以 4 位为单位来传输的。FDDI 的令牌帧和数据帧的格式如图 4-6 所示。

	8	1	1	字节
令牌帧	前导码P	SD	FC	ED

	8	1	1	2或6	2或6	≥0	4	0.5	0.5 字节
数据帧	前导码P	SD	FC	DA	SA	数据	FCS	ED	FS

SD：起始定界符　FC：帧控制　DA：目的地址
SA：源地址　FCS：帧校验序列　ED：结束定界符　FS：帧状态

图 4-6　FDDI MAC 帧格式

前导码 P 用以在收发双方实现时钟同步。发送站点以 16 个 4 位空闲符号（64bits）作为前导码。起始定界符 SD 占 1Byte，由两个 4bits MAC 非数据符号组成。帧控制字段 FC 占 1Byte，其格式如下。

C	L	F	F	Z	Z	Z	Z

其中，“C”表示是同步帧还是异步帧；“L”表示是使用 2Bytes（16 位）地址还是 6Bytes（48 位）地址；“FF”表示是 LLC 数据帧还是 MAC 控制帧；若为 MAC 控制帧，则用最后 4 位 ZZZZ 来表示控制帧的类型。

目的地址字段 DA 和源地址字段 SA 可以是 2Bytes 或 6Bytes。

数据字段用于装载 LLC 数据或与控制操作有关的信息。FDDI 标准规定最大帧长为 4 500Bytes。

帧校验序列 FCS 为 4Bytes（32bits）。

结束定界符 ED，令牌占两个 MAC 控制符号（共 8bits），其他帧则只占一个 MAC 控制符号（即 4bits），用于与非偶数个 4bits MAC 控制符号的帧状态字段 FS 配合，以确保帧的长度为 8bits 的整数倍。

帧状态字段 FS 用于返回地址识别、数据差错及数据复制等状态，每种状态用一个 4bits MAC 控制符号来表示。

由上可见，FDDI 的 MAC 帧与 IEEE 802.5 的 MAC 帧十分相似，不同之处是：FDDI 帧含有前导码，这对高数据传输速率下的时钟同步十分重要；FDDI 允许在网内使用 16 位和 48 位地址，比 IEEE 802.5 更灵活；令牌帧也有不同，FDDI 没有优先位和预约位，而用别的方法分配信道使用权。

虽然 FDDI 和 IEEE 802.5 都采用令牌传递的协议，但两者之间还是存在着一个重要差别：FDDI 规定发送站发送完帧后，可立即发送新的令牌帧；而 IEEE 802.5 规定当发送出去的帧的前沿回送至发送站时，才发送新的令牌帧。因此，FDDI 具有利用率较高的特点，特别是在大的环网中尤为明显。

4.3.2　快速以太网

传统以太网是 10Mbit/s 的基带总线局域网，采用 10BASE5、10BASE2 或 10BASE-T 作为传输介质，各站点共享信道，任何一个站点所发送的数据均沿着介质以广播方式进行传输，而其他所有站点均可以接收到。传统以太网由于协议简单、安装方便而得到了广泛应用，但其有限的带宽成为系统的“瓶颈”。

为了提高传统以太网系统的带宽，IEEE 制定出 IEEE 802.3u 标准，作为对 IEEE 802.3 标准的补充。符合 IEEE 802.3u 标准的以太网产品被称为“快速以太网”（Fast Ethernet）。

1．介质访问控制方法

IEEE 于 1995 年通过了 100Mbit/s 快速以太网的 100BASE-T 标准，并正式将其命名为“IEEE 802.3u 标准”，作为对 IEEE 802.3 标准的补充。100BASE-T 标准不但在最大程度上延续了 IEEE 802.3 标准的完整性，而且保留了核心以太网的细节规范。

虽然 100BASE-T 仍采用常规 10Mbit/s 以太网的 CSMA/CD 介质访问控制方法，但其性能是 10BASE-T 的 10 倍，而价格仅为其一半。与 10BASE-T 的 MAC 相比，100BASE-T 的 MAC 除了帧际间隙缩短到原来的 1/10 外，两者的帧格式及参数完全相同。100BASE-T 的 MAC 也可以运行于不同的速率，并能与不同的物理层接口通信。这样，原先 10Mbit/s 以太网上运行的软件不加任何修改即可在快速以太网上运行，原先的协议分析和管理工具也可轻易地被继承。

为了能成功地进行冲突检测，100BASE-T 必须满足“最短帧长＝冲突检测时间×数据传输速率”的关系，其中的“冲突检测时间”等于网络中最大传播时延的两倍。100BASE-T 与 10BASE-T 的 MAC 帧相同，两者的最短帧长均为 64Bytes（512bits），但由于 100BASE-T 的数据传输速率提高了 10 倍，故相应的冲突检测时间缩短为 10BASE-T 的 1/10，由此整个网络的直径（任何两站点间的最大距离）也减小到 10BASE-T 的 1/10。

2．物理层

100BASE-T 和 10BASE-T 的区别在物理层标准和网络设计方面。100BASE-T 的物理层包含三种介质选项：100BASE-TX、100BASE-FX 和 100BASE-T4，如表 4-5 所示。

表 4-5 100BASE-T 物理层介质选项

	100BASE-TX	100BASE-FX	100BASE-T4
传输介质	两对 STP 或 5 类 UTP	两对光纤	四对 3、4 或 5 类 UTP
传输信号	4B/5B NRZI	4B/5B NRZI	8B/6T NRZ
数据传输速率	100Mbit/s	100Mbit/s	100Mbit/s
每段长度	100m	100m	100m
物理范围	200m	400m	200m

注：STP 为屏蔽双绞线，UTP 为非屏蔽双绞线，NRZ 为不归零制编码，NRZI 为差分不归零制编码。

（1）100BASE-TX 和 100BASE-FX。100BASE-TX 和 100BASE-FX 均采用两对链路，其中一对用于发送，另一对用于接收，每对链路实现单方向的 100Mbit/s 数据传输速率。100BASE-TX 使用 STP 或 5 类非屏蔽双绞线，100BASE-FX 则使用光纤。

100BASE-TX 和 100BASE-FX 都使用高效的 4B/5B NRZI 编码。NRZI 为差分不归零制编码，这种编码与常规的 NRZ（不归零制编码）的区别在于，每个“1”码开始处都有跳变，每个“0”码开始处没有跳变。在 NRZI 编码中的信号通过相邻码元极性的跳变来编码，而不是简单地以绝对电平为准，由此可获得更高的抗干扰能力。

（2）100BASE-T4。100BASE-T4 是以在低质量要求的 3 类 UTP 上实现 100Mbit/s 数

据传输速率而设计的，该规范也可使用 4 类或 5 类 UTP。

要想直接用一对 3 类 UTP 获取 100Mbit/s 的数据传输速率几乎是不可能的。因此，100BASE-T4 采用一种被称为“8B/6T”的编码方案。该方案将原始数据流分为 3 股子数据流，经 4 对子信道 D1～D4 传输，每个子信道的数据传输速率为 33.3Mbit/s。其中 D1、D3、D4 用于发送，D2、D3、D4 用于接收。因此，D3、D4 被配置为双向传输。另外，D2 既用于接收，又用于冲突检测。在每个子信道中，以每 8 位数据为单位映射成一个 6 位的信号码组，这样子信道的信号传输速率便为 33.3×（6/8）＝25MBaud。

4.3.3　千兆以太网

随着多媒体技术、网络分布计算、桌面视频会议等应用的不断发展，用户对局域网的带宽提出了更高的要求；同时，100MB 快速以太网也要求主干网、服务器一级有更高的带宽。另外，由于以太网的简单、实用、廉价及应用的广泛性，人们又迫切要求高速网技术与现有的以太网保持最大的兼容性。千兆以太网技术就是在这种需求背景下开始酝酿的。1996 年 3 月成立的 IEEE 802.3Z 工作组专门负责千兆以太网的研究，并制定相应的标准。

千兆以太网使用原有以太网的帧结构、帧长及 CSMA/CD 协议，只是在低层将数据传输速率提高到了 1Gbit/s。因此，它与标准以太网（10Mbit/s）及快速以太网（100Mbit/s）兼容。用户能在保留原有操作系统、协议结构、应用程序及网络管理平台与工具的同时，通过简单修改，使现有的网络工作站廉价地升级到千兆位速率。

1．千兆以太网的物理层协议

千兆以太网的物理层协议包括 1000BASE-SX、1000BASE-LX、1000BASE-CX 和 1000BASE-T 等标准。

（1）1000BASE-SX。使用芯径为 50μm 及 62.5μm 的多模光纤，工作波长为 850nm，采用 8B/10B 编码方式，传输距离分别为 260m 和 525m，适用于建筑物中同一层的短距离主干网。

（2）1000BASE-LX。使用芯径为 50μm 及 62.5μm 的多模、单模光纤，工作波长为 1 300nm，采用 8B/10B 编码方式，传输距离分别为 525m、550m 和 3 000m，主要用于校园主干网。

（3）1000BASE-CX。使用 150ΩSTP，采用 8B/10B 编码方式，数据传输速率为 1.25Gbit/s，传输距离为 25m，主要用于集群设备的连接，如一个交换机房内的设备互连。

（4）1000BASE-T。使用 4 对 5 类 UTP，传输距离为 100m，主要用于结构化布线中同一层建筑的通信，可利用标准以太网或快速以太网已铺设的 UTP 电缆。

2．千兆以太网的 MAC 子层

MAC 子层的主要功能包括数据帧的封装/卸装、帧的寻址与识别、帧的接收与发送、链路的管理、帧的差错控制及 MAC 协议的维护。

千兆以太网的帧结构与标准以太网的帧结构相同，其最大帧长为 1 518Bytes，最小帧长为 46Bytes。

千兆以太网对介质的访问采用全双工和半双工两种方式：全双工方式适用于交换机到交换机或交换机到站点之间的点一点连接，两点间可同时进行发送与接收，不存在共享信

道的争用问题，所以不需要采用 CSMA/CD 协议；半双工方式适用于共享介质的连接方式，仍采用 CSMA/CD 协议解决信道的争用问题。

千兆以太网的数据传输速率为快速以太网的 10 倍，若要保持两者最小帧长的一致性，势必要大大缩小千兆以太网的网络直径。若要维持网络直径为 200m，则最小帧长为 512Bytes。为了确保最小帧长为 64Bytes，同时维持网络直径为 200m，千兆以太网采用了载波扩展和数据包分组两种技术。

载波扩展技术用于半双工的 CSMA/CD 方式，实现方法是对小于 512Bytes 的帧进行载波扩展，使这种帧所占用的时间等同于长度为 512Bytes 的帧所占用的时间。虽然载波扩展信号不携带数据，但由于它的存在，保证了 200m 的网络直径。对于≥512Bytes 的帧，不必添加载波扩展信号。若大多数帧小于 512Bytes，则载波扩展技术会使带宽的利用率下降。

数据包分组技术允许站点每次发送多帧，而不是一次发送 1 帧。若多个连续的数据帧小于 512Bytes，仅其中的第一帧需要添加载波扩展信号。一旦第一帧发送成功，则说明发送信道已被打通，其后续帧可不添加载波扩展信号连续发送，只需帧间保持 12Bytes 的间隙即可。

由于全双工方式不存在冲突问题，所以不需任何处理即可传输 64Bytes 的最小数据帧。

3．千兆以太网的特点

一方面为了保持从标准以太网、快速以太网到千兆以太网的平滑过渡，另一方面又要兼顾新的应用和新的数据类型，在千兆以太网的研究过程中应注意以下特点。

（1）简易性：千兆以太网保持了标准以太网的技术原理，以及安装实施和管理维护的简易性，这是千兆以太网成功的基础之一。

（2）技术过渡的平滑性：千兆以太网保持了标准以太网的主要技术特征，采用 CSMA/CD 介质访问控制协议，采用相同的帧格式及帧的大小，支持全双工、半双工工作方式，以确保平滑过渡。

（3）网络可靠性：保持了标准以太网的安装、维护方法，采用中央集线器及交换机的星形结构和结构化布线方法，以确保千兆以太网的可靠性。

（4）可管理性与可维护性：采用简易网络管理协议（SNMP）及标准以太网的故障查找与排除工具，以确保千兆以太网的可管理性与可维护性。

（5）经济性：网络成本包括设备成本、通信成本、管理成本、维护成本及故障排除成本。由于继承了标准以太网的技术，使千兆以太网的整体成本得以下降。

（6）支持新应用与新数据类型：随着计算机技术和应用的发展，出现了许多新的应用模式，对网络提出了更高的要求。为此，千兆以太网必须具有支持新应用与新数据类型的能力。

4.3.4　万兆以太网

万兆以太网的技术与千兆以太网类似，仍保留了以太网的帧结构。通过不同的编码方式或波分复用提供 10Gbit/s 的数据传输速度。所以就其本质而言，10GB 以太网仍是以太网的一种类型。

10GB 以太网于 2002 年 6 月在 IEEE 通过。10GB 以太网包括 10BASE-X、10BASE-R

和 10BASE-W。10BASE-X 使用一种特紧凑包装，含有一个较简单的 WDM 器件、四个接收器和四个在 1 300nm 波长附近以大约 25mm 为间隔工作的激光器，每一对发送器/接收器在 3.125Gbit/s 速度（数据流速度为 2.5Gbit/s）下工作。10BASE-R 是一种使用 64B/66B 编码（不是在千兆以太网中所用的 8B/10B）的串行接口，数据流速度为 10Gbit/s，因而产生的时钟速率为 10.3Gbit/s。10BASE-W 是广域网接口，与 SONET OC-192 兼容，其时钟速率为 9.953Gbit/s、数据流速度为 9.585Gbit/s。

万兆以太网的特性如下。

（1）万兆以太网不再支持半双工数据传输，所有数据传输都以全双工方式进行，这不仅极大地扩展了网络的覆盖区域（交换网络的传输距离只受光纤所能到达距离的限制），而且使标准得以大大简化。

（2）为使万兆以太网能以更优的性能为企业骨干网服务，更重要的是，能从根本上为广域网及其他距离网络的应用提供最佳支持，尤其是要与现存的大量 SONET 网络兼容，该标准对物理层进行了重新定义。新标准的物理层被分为两部分，分别为 LAN 物理层和 WAN 物理层。LAN 物理层提供了现在正被广泛应用的以太网接口，数据传输速率为 10Gbit/s；WAN 物理层则提供了与 OC-192c 和 SDH VC-4-64c 相兼容的接口，数据传输速率为 9.58Gbit/s。与 SONET 不同的是，运行在 SONET 上的万兆以太网依然以异步方式工作。WIS（WAN 接口子层）将万兆以太网的流量映射到 SONET 的 STS-192c 帧中，通过调整数据包间的间距，使 OC-192c 略低的数据传输速率与万兆以太网相匹配。

（3）万兆以太网有五种物理接口。千兆以太网的物理层每发送 8bits 的数据要用 10bits 组成编码数据段，网络带宽的利用率只有 80%；万兆以太网则每发送 64bits 的数据使用 66bits 组成编码数据段，网络带宽的利用率达 97%。虽然这是牺牲了纠错位和恢复位换来的，但万兆以太网采用了更先进的纠错和恢复技术，以确保数据传输的可靠性。

新标准的物理层可进一步被细分为五种具体的接口，分别为 1 550nmLAN 接口、1 310nm 宽频波分复用（WWDM）LAN 接口、850nmLAN 接口、1 550nmWAN 接口和 1 310nmWAN 接口。每种接口都有其对应的最适宜的传输介质。850nmLAN 接口适用于 50/125μm 多模光纤，最大传输距离为 65m。50/125μm 多模光纤现在已用得不多，但由于这种光纤制造容易，价格便宜，所以被用来连接服务器比较划算。1 310nm 宽频波分复用（WWDM）LAN 接口适用于 62.5/125μm 多模光纤，最大传输距离为 300m。62.5/125μm 多模光纤又被称为“FDDI 光纤”，是目前企业使用最广泛的多模光纤，从 20 世纪 80 年代末 90 年代初开始在网络界大行其道。1 550nmWAN 接口和 1 310nmWAN 接口适于在单模光纤上进行长距离的城域网和广域网数据传输，1 310nmWAN 接口支持的最大传输距离为 10km，1 550nmWAN 接口支持的最大传输距离为 40km。

4.3.5 交换式以太网

计算机技术与通信技术的结合促进了计算机局域网的飞速发展，从 20 世纪 60 年代末 ALOHA 的出现到 20 世纪 90 年代中期 1 000Mbit/s 交换型以太网的登台亮相，短短的 30 年间经历了从单工到双工，从共享到交换，从低速到高速，从简单到复杂，从昂贵到普及的飞跃。

20 世纪 80 年代中后期，由于通信量的急剧增加，促进了技术的发展，使局域网的性

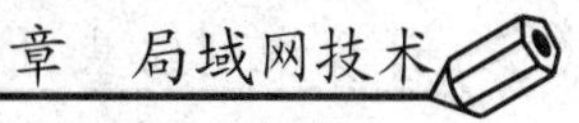

能越来越高。最早的 1Mbit/s 的速率已被今天的 100BASE-T 广泛替代。但是，传统的介质访问方法都局限于使大量的站点共享对一个公共传输介质的访问，即 CSMA/CD 模式。

20 世纪 90 年代初，随着计算机性能的提高及通信量的剧增，传统局域网已经愈来愈超出其自身的负荷，因此，交换式以太网技术应运而生，这大大提高了局域网的性能。交换技术的加入，可以建立地理位置相对分散的网络，使局域网交换机的每个端口可同时平行、安全地互相传输信息，并且使局域网可以高度扩容。

局域网交换技术的发展要追溯到两端口网桥。桥是一种存储转发设备，用来连接相似的局域网。从互联网络的结构看，桥是属于 DCE 级的端到端的连接；从协议层次看，桥是在逻辑链路层对数据帧进行存储转发，桥与中继器在第一层、路由器在第三层的功能相似。两端口网桥几乎是和以太网同时发展的。

以太网交换技术是在多端口网桥的基础上于 20 世纪 90 年代初发展起来的，实现了 OSI 参考模型的下两层协议，与网桥有着千丝万缕的关系，被业界人士称为“许多联系在一起的网桥”，因此，现在的交换技术并不是什么新的标准而是原有技术的新应用，是一种改进了的局域网桥。与传统的网桥相比，它能提供更多的端口、更好的性能、更强的管理功能及更便宜的价格。现在有的以太网交换机实现了 OSI 参考模型的第三层协议，实现了路由选择功能。以太网交换机又与电话交换机相似，除了提供存储转发（Store and forword）方式外，还提供其他桥接技术，如直通方式（Cut through）。

4.4　虚拟局域网

局域网作为当今网络不可或缺的组成部分，在网络应用中扮演着举足轻重的角色，但局域网内主机数的日益增加带来了冲突、带宽浪费、安全隐患等局域网中普遍存在的问题。

通常，只有通过划分子网才可以隔离广播，但是虚拟局域网的出现打破了这个定律，用二层的技术解决三层问题很奇怪，但的确是做到了。虚拟局域网充分体现了现代网络技术的重要特征：高速、灵活、管理简便和扩展容易。是否具有虚拟局域网功能，是衡量局域网交换机性能的一项重要指标。

虚拟局域网（Virtual Local Area Network，VLAN）是一种将局域网内的设备逻辑地而不是物理地划分成一个个网段的技术。这里的“网段”仅仅是逻辑网段的概念，而不是真正的物理网段。可以将 VLAN 简单地理解为是在一个物理网络上逻辑划分出来的逻辑网络。IEEE 于 1999 年颁布了用以标准化 VLAN 实现方案的 802.1Q 协议标准草案。

VLAN 相当于 OSI 参考模型第二层的广播域，广播流量可以被控制在一个 VLAN 内部。划分 VLAN 后，由于广播域的缩小，网络中广播包消耗带宽所占的比例大大降低，网络的性能得到显著的提高。

不同的 VLAN 之间的数据传输是通过第三层（网络层）的路由来实现的。因此，使用 VLAN 技术，结合数据链路层和网络层的交换设备可搭建安全可靠的网络。VLAN 与普通局域网最基本的差异体现在：VLAN 并不局限于某一网络或物理范围，VLAN 中的用户可以位于一个园区的任意位置，甚至位于不同的国家。

可以根据网络用户的位置、作用、部门或者根据网络用户所使用的应用程序和协议来进行分组，网络管理员通过控制交换机的每一个端口来控制网络用户对网络资源的访问；同时，VLAN 和第三层、第四层的交换结合使用，能够为网络提供较好的安全措施。

4.4.1 VLAN 产生的原因

VLAN 产生的原因主要有以下几个方面。

1．基于网络性能的考虑

在传统的共享介质的以太网和交换式的以太网中，所有用户在同一个广播域中会引起网络性能的下降，浪费可贵的带宽；而且控制广播风暴和确保网络安全只能在第三层的路由器上实现。VLAN 是为解决以太网的广播问题和安全性能而提出的一种协议，它在以太网帧的基础上增加了 VLAN 头，用 VLAN ID 把用户划分为更小的工作组，每个工作组就是一个 VLAN。VLAN 的好处是可以限制广播范围并能形成虚拟工作组，以动态管理网络。基于交换机的 VLAN 能够为局域网解决冲突域、广播域、带宽问题，并能够提高网络性能。

2．基于安全因素的考虑

在企业或者校园的园区网络中，由于地理位置和部门的不同，对网络中相应的数据和资源就有了不同的权限要求，以提高数据的安全性，例如，财务和人事部门的数据不允许其他部门的人员看到或者侦听截取到。在普通二层设备上无法实现广播帧的隔离，只要人员在同一个基于二层的网络内，数据、资源就有可能不安全。利用 VLAN 技术限制不同工作组间的用户二层之间的互访，这个问题就可以得到很好的解决。

3．基于组织结构的考虑

VLAN 技术允许网络管理者将一个物理的 LAN 逻辑地划分成不同的广播域（或称“虚拟 LAN”，即 VLAN），每一个 VLAN 都包含一组有着相同需求的计算机工作站，与物理上形成的 LAN 有着相同的属性。但由于 VLAN 是被逻辑地而不是物理地划分而成的，所以同一个 VLAN 内的各个工作站无需被放置在同一个物理空间里，只要按照不同部门划分虚网，就可以满足在大、中、小型企业和校园园区网中避免地理位置的限制来实现组织结构的合理化分布。

4.4.2 VLAN 标准

在 1996 年 3 月，IEEE 802.1 Internet Working 委员会结束了对 VLAN 初期标准的修订工作。新标准进一步完善了 VLAN 的体系结构，统一了 Frame-Tagging 方式中不同厂商的标签格式，并制定了 IEEE 802.1Q VLAN 标准。

IEEE 802.1Q 使用 4Bytes 的标记头定义 Tag（标记），4Bytes 的 Tag 头包括 2Bytes 的标签协议标识（Tag Protocol Identifier，TPID）和 2Bytes 的标签控制信息（Tag Control Information，TCI）。其中，TPID 是固定的数值 0X8100，表示该数据帧承载 802.1Q 的 Tag 信息。TCI 包含组件：3bits 用户优先级；1bit 的 CFI（Canonical Format Indicator），默认值为 0；12bits 的 VLAN 标识符（VLAN Identifier，VID）；并且最多可以支持 250 个 VLAN（VLAN ID 1～4094），其中 VLAN1 是不能删除的默认 VLAN。以太网格式如图 4-7 所示。

目的 MAC (6Bytes)	源 MAC (6Bytes)	长度 （2Bytes）	DATA (46～1 500Bytes)	FCS (4Bytes)

图 4-7　以太网格式

802.1Q 帧格式如图 4-8 所示。

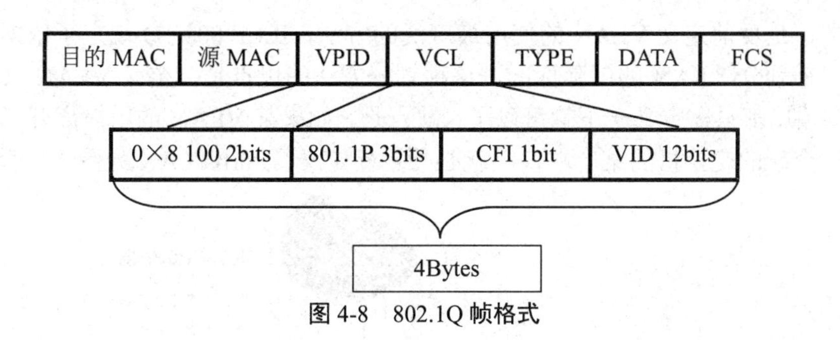

图 4-8　802.1Q 帧格式

【注意】802.1Q 帧中的 FCS 为加入 802.1Q 帧标记后重新利用 CRC 校验后的检测序列。

4.4.3　VLAN 的优点

VLAN 具有以下优点。

- 控制网络的广播风暴：采用 VLAN 技术，可将某个交换端口划到某个 VLAN 中，而一个 VLAN 的广播风暴不会影响其他 VLAN 的性能。
- 确保网络安全：共享式局域网之所以很难保证网络的安全性，是因为只要用户插入一个活动端口，就能访问网络；而 VLAN 能限制个别用户的访问，控制广播组的大小和位置，甚至能锁定某台设备的 MAC 地址，因此，VLAN 能确保网络的安全性。
- 简化网络管理，提高组网灵活性：网络管理员能借助 VLAN 技术轻松管理整个网络。例如，需要为完成某个项目建立一个工作组网络，其成员可能遍及全国或全世界，此时，网络管理员只需设置几条命令，就能在几分钟内建立该项目的 VLAN 网络，其成员使用 VLAN 网络，就像本地使用局域网一样。

4.4.4　VLAN 的种类

根据定义 VLAN 成员关系的方法的不同，VLAN 可以分为六种，依次如下。

（1）基于端口（Port-Based）的 VLAN。

（2）基于协议（Protocol-Based）的 VLAN。

（3）基于 MAC 层分组（MAC-Layer Grouping）的 VLAN。

（4）基于网络层分组（Network-Layer Grouping）的 VLAN。

（5）基于 IP 组播分组（IP Multicast Grouping）的 VLAN。

（6）基于策略（Policy-Based）的 VLAN。

不同种类的 VLAN 适用于不同的场合。这里只介绍基于端口的 VLAN（Port-VLAN）。

基于端口是划分 VLAN 最简单、最有效的方法。Port-VLAN 实际上是某些交换端口的集合，网络管理员只需要管理和配置交换端口，而不用管交换端口连接什么设备。Port-VLA 是根据以太网交换机的端口来划分的，例如，RG-S2126G 的 3～8 端口为 VLAN 10，19～24 端口为 VLAN 20。这些属于同一 VLAN 的端口可以不连续，即同一 VLAN 可以跨越数个以太网交换机。

基于端口是目前定义 VLAN 的使用最广泛的方法，IEEE 802.1Q 规定了依据以太网交换机的端口来划分 VLAN 的国际标准。这种划分方法的优点是，定义 VLAN 成员时非常简单，所有端口都只需定义一下就可以了；缺点是，如果某 VLAN 的用户离开了原来的端口而到了一个新的交换机的某个端口，就必须重新定义。Port-VLAN 如图 4-9 所示。

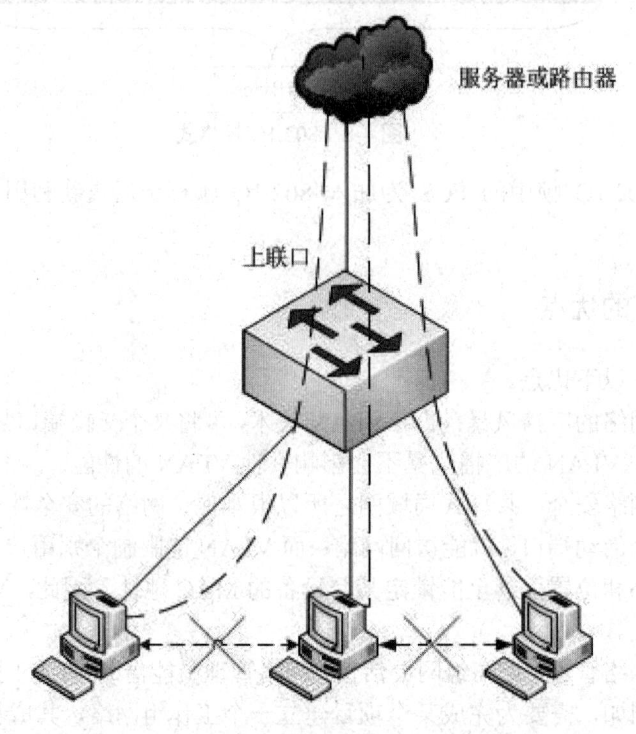

图 4-9　Port-VLAN

在锐捷网络交换机上的 Port-VLAN 端口只属于一个 VLAN，所属的 VLAN 需要手工设置。

4.5　实验

4.5.1　初识交换机模式

【实验名称】

使用命令行界面。

【实验目的】

掌握交换机命令行各种操作模式的区别，以及模式之间的切换。

【技术原理】

当用户和交换机管理界面建立一个新的会话连接时（进入配置界面），用户首先处于用户模式，只有少量命令可以使用且结果不会被保存。要使用所有命令，必须输入特权模式的口令进入特权模式，在特权模式下可以进入全局模式。使用配置模式的命令会对当前运行的配置产生影响，如果用户保存了配置信息，这些命令将被保存下来，并在系统重启时再次执行。

进入模式顺序如图 4-10 所示。

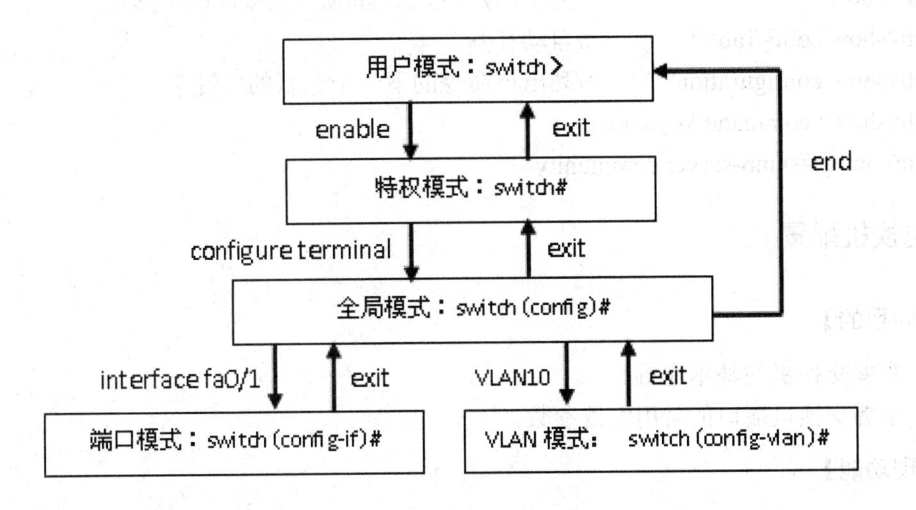

图 4-10 模式顺序

【实验设备】

S2126G。

【实验拓扑】

S2126G 如图 4-11 所示。

图 4-11 S2126G

【实验步骤】

（1）各模式之间的切换。

```
switch>enable        //在用户模式下进入特权模式
switch#
switch#exit          //返回用户模式
switch>
```

```
switch#configure terminal              //进入全局模式
switch(config)#exit
switch#
switch(config)#interface fastethernet 0/1          //进入端口模式
switch(config-if)#exit
switch(config)#
```

（2）获得帮助命令。

```
switch>?                          //列出用户模式下所有命令
switch>#?                         //列出特权模式下所有命令
switch>s?                         //列出用户模式下所有以 s 开头的命令
switch>show?                      //列出用户模式下 show 命令后附带的参数
switch#show conf<Tab>?            //自动补齐
switch#show configuration?        //列出该命令的下一个关联的关键字
switch#show? command keyword ?
switch(config)#snmp-server community
```

4.5.2 交换机配置

【实验目的】

（1）掌握交换机的基本配置。

（2）掌握交换机端口的常用配置参数。

【实现功能】

（1）配置交换机的设备名称和每次登录交换机时的相关提示信息。

（2）锐捷全系列交换机 Fastethernet 的端口默认情况下是 10Mbit/s 或 100Mbit/s 自适应端口，双工模式也为自适应。默认情况下，所有交换机端口均开启。

（3）锐捷全系列交换机 Fastethernet 端口支持端口速率、双工模式的配置。

【实验拓扑】

实验拓扑如图 4-12 所示。

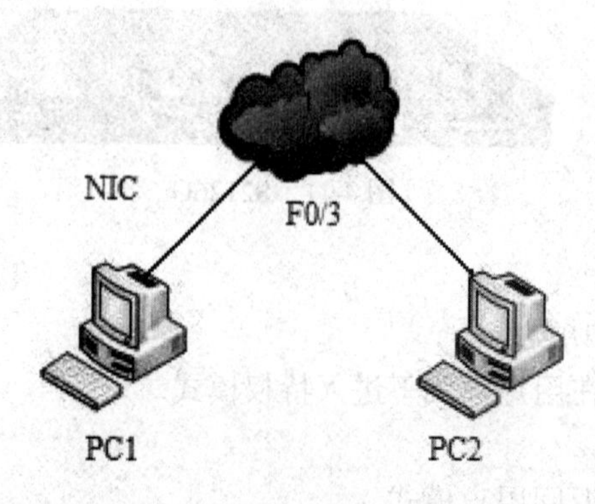

图 4-12　实验拓扑

【实验步骤】

（1）交换机设备名称的配置。

```
switch>enable
switch#config terminal
switch(config)#hostname s2126-1    //配置交换机的设备名称为 s2126-1
s2126-1(config)#
```

（2）交换机端口参数的配置。

```
s2126-1 (config)#interface fastethernet 0/3        //进行 F0/3 的端口模式
s2126-1 (config-if)#speed 10                       //配置端口速率为 10Mbit/s
s2126-1 (config-if)#duplex half                    //配置端口的双工模式为半双工
s2126-1 (config-if)#no shutdown                    //开启该端口，使端口转发数据
```

配置端口速率的参数有 100（100Mbit/s）、10（10Mbit/s）、auto（自适应），默认是 auto。

配置双式模式的参数有 full（全双工）、half（半双工）、auto（自适应），默认是 auto。

（3）查看交换机端口的配置信息。

```
switch#show interface fastethernet 0/3
```

交换机端口在默认情况下是开启的，AdminStatus 是 UP 状态；如果该端口没有实际连接其他设备，OperStatus 是 down 状态。

（4）查看交换机的系统和配置信息。

```
s2126-1#show version               //查看交换机的版本信息
s2126-1# show mac-address-table    //查看交换机当前的 MAC 地址表信息
s2126-1# show running-config       //查看交换机当前生效的配置信息
```

4.5.3 交换机端口隔离

【实验名称】

交换机端口隔离。

【实验目的】

理解 Port-VLAN 的配置。

【背景描述】

假设此交换机是宽带小区城域网中的一台楼道交换机，住户 PC1 连接在交换机的 0/5 口；住户 PC2 连接在交换机的 0/15 口。现在要实现端口隔离。

【技术原理】

VLAN 是指在一个物理网段内进行逻辑划分，形成若干个虚拟网段。VLAN 最大的特性是不受物理位置的限制，可以进行灵活划分。VLAN 具备了一个物理网段所具备的特性。相同 VLAN 内的主机可以直接互相访问，不同 VLAN 间的主机之间互相访问必须经由设备进行转发。广播数据包只可以在本 VLAN 内进行传播，不能传输到其他 VLAN 中。

Port-VLAN 是实现 VLAN 的方式之一。Port-VLAN 是利用交换机的端口进行 VLAN 的划分，一个端口只能属于一个 VLAN。

【实现功能】

通过划分 Port-VLAN，实现本交换机的端口隔离。

【实验设备】

S2126（1 台），主机（3 台），直连线（3 条）。

【实验拓扑】

实验拓扑如图 4-13 所示。

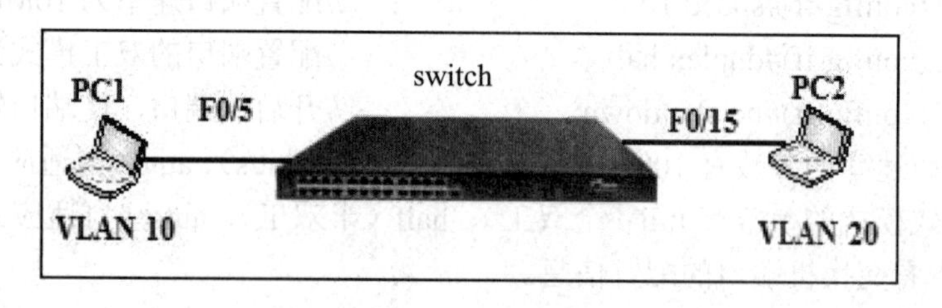

图 4-13　实验拓扑

【实验步骤】

（1）在未划分 VLAN 前，两台主机互相 ping 可以通。下面创建 VLAN。

```
switch#config terminal                    //进入交换机全局模式
switch(config)#vlan 10                    //创建 VLAN 10
switch(config-vlan)#name test10           //将 VLAN 10 命名为 test10
switch(config-vlan)#exit
switch(config)#vlan 20                    //创建 VLAN 20
switch(config-vlan)#name test20           //将 VLAN 20 命名为 test20
```

验证测试：

```
switch#show vlan                          //查看已配置的 VLAN 信息
```

（2）将端口分配到 VLAN。

```
switch#config terminal
switch(config)#interface fastethernet 0/5
switch(config-if)#switchport access vlan 10       //将 F0/5 的端口加入 VLAN 10 中
switch(config-if)#exit
switch(config)#interface fastethernet 0/15
switch(config-if)#switchport access vlan 20       //将 F0/15 的端口加入 VLAN 20 中
switch(config-if)#exit
```

（3）两台主机互相 ping 不通。

【注意事项】

（1）交换机的所有端口在默认情况下属于 ACCESS 端口，可直接将端口加入某一

VLAN，利用 switchport mode access/trunk 命令可以更改端口的 VLAN 模式。

（2）VLAN 1 属于系统的默认 VLAN，不可以删除。

（3）删除某个 VLAN，使用 no 命令。例如，switch（config）#no vlan 10。

（4）删除某个 VLAN，应先将属于该 VLAN 的端口加入到别的 VLAN，再删除之。

本章小结

在局域网的体系结构中，将数据链路层分为逻辑链路控制（LLC）子层和传输介质访问控制（MAC）子层。决定局域网性能的主要因素是拓扑结构、所选择的介质及介质访问控制技术。

基于介质访问控制技术的角度，局域网被分为共享介质式局域网和交换式局域网。交换式局域网的关键设备是局域网交换机。

本章首先对局域网的基本知识进行了介绍，然后按照高速局域网和虚拟局域网的顺序分别讲解了局域网的核心知识点。

思考与练习

一、选择题

1．光纤分布数据接口（FDDI）采用____拓扑结构。

A．星形　　B．总线　　C．环形　　D．树形

2．IEEE 802.3 物理层标准中的 10BASE-T 标准采用的传输介质为_______。

A．双绞线　　B．粗同轴电缆　　C．细同轴电缆　　D．光纤

3. 对于基带 CSMA/CD 而言，为了确保发送站点在传输时能检测到可能存在的冲突，数据帧的传输时延至少要等于信号传播时延的________。

A．1 倍　　B．2 倍　　C．4 倍　　D．2.5 倍

4．令牌总线（Token Bus）的访问方法和物理层技术规范由_______描述。

A．IEEE 802.2　　B．IEEE 802.3　　C．IEEE 802.4　　D．IEEE 802.5

5．在 100BASE-T 的以太网中，使用双绞线作为传输介质，其最大的网段长度是_________。

A．2 000m　　B．500m　　C．185m　　D．100m

二、填空题

1．IEEE 802 局域网标准将数据链路层划分为______和________子层。

2．在令牌环中，为了解决竞争问题，使用了一个被称为__________的特殊标记，只有拥有的站才有权利发送数据。令牌环网络的拓扑结构为_________。

3．决定局域网特性的主要技术有________、______和______。

4．载波监听多路访问/冲突检测（CSMA/CD）的原理可以概括为________、______、________、______。

5．在 IEEE 802 局域网体系结构中，数据链路层被细化成______和______两层。

三、简答题

1．局域网的主要特点是什么？其局域网体系结构与 OSI 参考模型有什么异同之处？

2．请说明虚拟局域网的基本工作原理。

3．简要说明 IEEE 标准 802.3、802.4 和 802.5 的优、缺点。

4．简述载波监听多路访问/冲突检测（CSMA/CD）的工作原理。

5．IEEE 802 标准规定了哪些层次？各层的具体功能是什么？

第 5 章　网络层

【本章导读】

网络层位于 OSI 参考模型的第三层。网络层的主要功能是寻址，即确定从源计算机到目的计算机的路由，并最终将源计算机发送的分组传输到目的计算机。因此，网络层是整个网络数据传输的核心，而 IP 地址是数据传输过程的灵魂。

本章首先介绍 IP 地址的表示、分类及子网的划分方法，然后介绍网络层传输过程中的协议及常用的网络指令，最后介绍网络层设备路由器及最新网络地址 IPv6 的地址格式。

【本章学习目标】

- 理解网络层的主要功能。
- 掌握 IP 地址的分类及子网的划分方法。
- 掌握 IP 数据报格式。
- 熟悉 MAC 地址与 IP 地址的解析协议。
- 熟悉网络测试中常用的网络指令。
- 掌握路由的基本配置。
- 掌握 IPv6 地址格式。

互联网络（internetwork）是利用互联设备（也被称为“路由器”）将两个或多个物理网络相互连接而形成的，如图 5-1 所示。

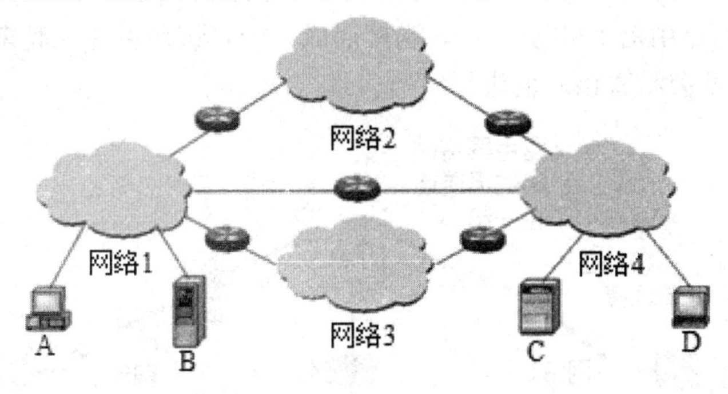

图 5-1　利用路由器将物理网络相连接以形成互联网络

互联网络屏蔽了各个物理网络的差别（例如，寻址机制的差别、分组最大长度的差别、差错恢复的差别等），隐藏了各个物理网络的实现细节，为用户提供通用服务。因此，用户常常把互联网络看成是一个虚拟网络（Virtual Network）系统，如图 5-2 所示。这个虚拟网络系统是对互联网络结构的抽象，它提供通用的通信服务，能够将所有主机都互联起来，实现全方位的通信。

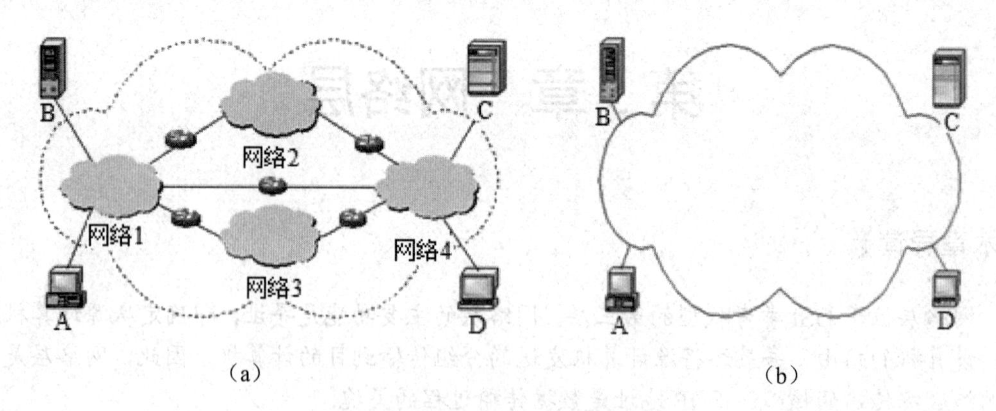

图 5-2　互联网络与虚拟网络

（a）互联网络；（b）虚拟网络

5.1　网络互连的基本知识

网络互连是 OSI 参考模型的网络层或 TCP/IP 体系结构的互联层需要解决的问题。网络互连可以采用面向连接的和面向非连接的两种解决方案。

5.1.1　面向连接的解决方案

面向连接的解决方案要求两个节点在通信时建立一条逻辑通道，所有的数据单元沿着这条逻辑通道传输。路由器将一个网络中的逻辑通道连接到另一个网络中的逻辑通道，最终形成一条从源节点到目的节点的完整通道。

在图 5-3 中，主机 A 和主机 B 通信时形成了一条逻辑通道。该通道经过网络 1、网络 2 和网络 4，并利用路由器 i 和路由器 m 连接而成。一旦该通道建立起来，主机 A 和主机 B 之间的数据传输就会沿着该通道进行。

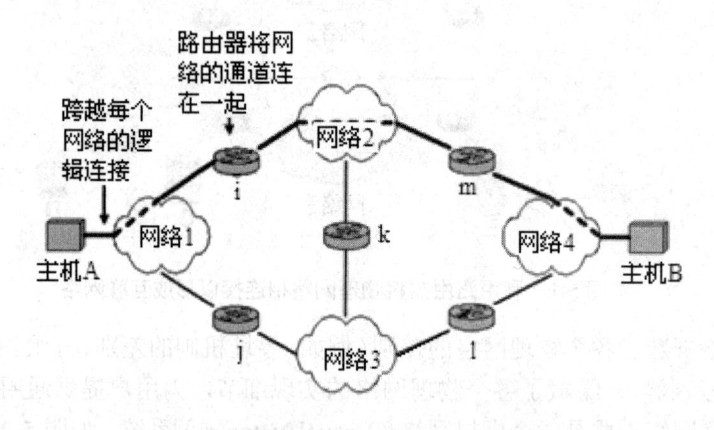

图 5-3　面向连接的解决方案

面向连接的解决方案要求互联网中的每一个物理网络（如图 5-3 中的网络 1、网络 2、网络 3 和网络 4）都能够提供面向连接的服务，而这样的要求并不现实。尽管很多研究者在这方面做了很多的努力，但是面向连接的解决方案并没有被世人所接受。

5.1.2　面向非连接的解决方案

与面向连接的解决方案不同，面向非连接的解决方案并不需要建立逻辑通道。网络中的数据单元被独立对待，这些数据单元经过一系列的网络和路由器，最终到达目的节点。

图 5-4 显示了一个面向非连接的解决方案的示意图。当主机 A 需要发送一个数据单元 P1 到主机 B 时，主机 A 首先进行路由选择，判断 P1 到达主机 B 的最佳路径。如果它认为 P1 经过路由器 i 到达主机 B 是一条最佳路径，那么，主机 A 就将 P1 发送给路由器 i。路由器 i 收到主机 A 发送的数据单元 P1 后，根据自己掌握的路由信息为 P1 选择一条到达主机 B 的最佳路径，从而决定将 P1 传送给路由器 k 或 m。这样，P1 经过多个路由器的中继和转发，最终到达目的主机 B。

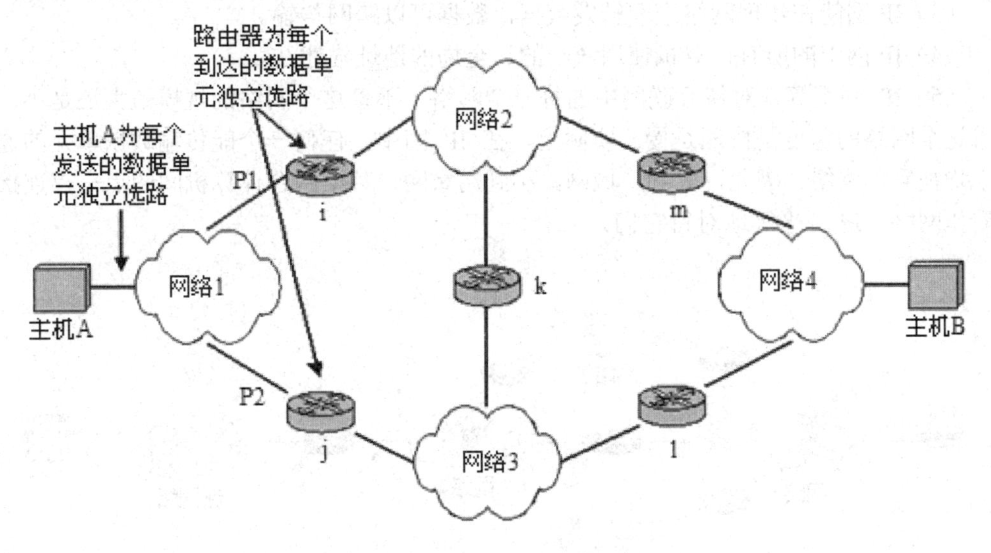

图 5-4　面向非连接的解决方案

5.1.3　IP 层服务

互联网络应该屏蔽底层网络的差异，为用户提供通用的服务。具体来说，运行 IP 协议的互联层可以为其高层用户提供如下三种服务。

（1）不可靠的数据投递服务。这意味着 IP 不能保证数据报的可靠投递，IP 本身没有能力证实发送的数据报是否被正确接收。数据报可能在线路延迟、路由错误、数据报分片和重组等过程中受到损坏，但 IP 不检测这些错误。在错误发生时，IP 也没有可靠的机制来通知发送方或接收方。

（2）面向无连接的传输服务。它不管数据报沿途经过哪些节点，甚至也不管数据报起始于哪台计算机、终止于哪台计算机。从源节点到目的节点的每个数据报可能经过不同的传输路径，而且在传输过程中有可能丢失，也有可能正确到达。

（3）尽最大努力投递服务。尽管 IP 提供的是面向非连接的不可靠服务，但是 IP 并不随意地丢弃数据报。只有当系统资源用尽、接收数据错误或网络故障等状态下，IP 才被迫丢弃报文。

5.1.4 IP 网的特点

IP 网是一种面向非连接的互联网络，它对各个物理网络进行高度的抽象，以形成一个大的虚拟网络。总体来说，IP 网具有如下特点。

（1）IP 网隐藏了低层物理网络的细节，向上为用户提供通用的、一致的网络服务。因此，尽管从网络设计者的角度看，IP 网是由不同的网络借助 IP 路由器互联而成的；但从用户的角度看，IP 网是一个单一的虚拟网络。

（2）IP 网不指定网络互连的拓扑结构，也不要求网络之间全互联，因此，IP 数据报从源主机至目的主机可能要经过若干中间网络。一个网络只要通过路由器与 IP 网中的任意一个网络相连接，就具有访问整个互联网的能力。如图 5-5 所示。

（3）IP 网能在物理网络之间转发数据，数据可以跨网传输。

（4）IP 网中的所有计算机使用统一的、全局的地址描述法。

（5）IP 网平等地对待互联网中的每一个网络，不管这个网络的规模是大还是小，也不管这个网络的速度是快还是慢。实际上，在 IP 网中，任何一个能传输数据单元的通信系统均被看作网络。因此，大到广域网，小到局域网，甚至两台计算机间的点—点连接都被看作网络，IP 网平等地对待它们。

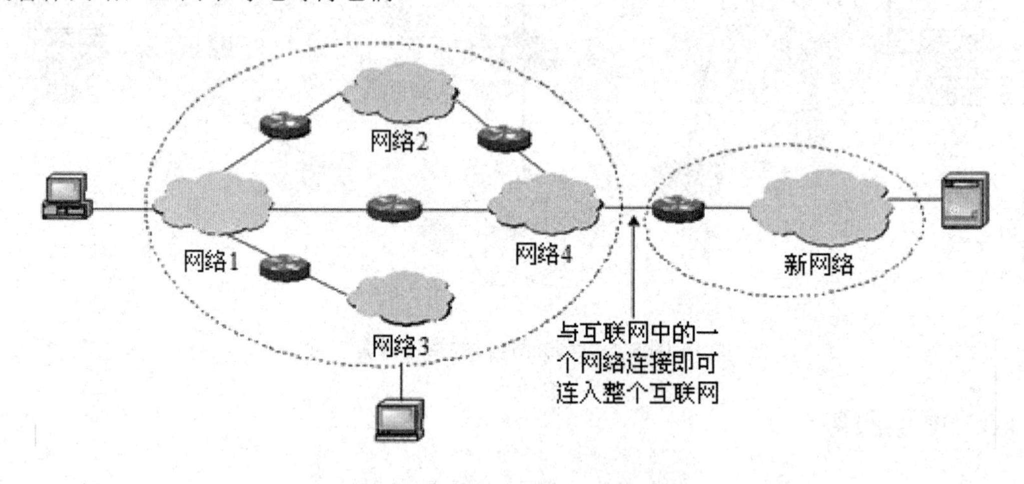

图 5-5 IP 网不要求网络之间全互联

5.2 IP 地址及其分类

当把整个因特网看成是一个单一的、抽象的网络时，IP 地址就是给连接到因特网上的每一台主机分配一个全世界范围内唯一的 32 位的标识符。IP 地址现在由因特网名称与数字地址分配机构（Internet Corporation for Assigned Names and Numbers，ICANN）进行分配。

5.2.1　IP 地址的表示方法

IP 地址由 32 位二进制数值组成（4Bytes），但为了方便用户的理解和记忆，它采用了点分十进制标记法，即将 4Bytes 的二进制数值转换成 4 个十进制数值，每个数值小于等于 255，数值中间用“.”隔开，表示成“w.x.y.z”的形式，如图 5-6 所示。

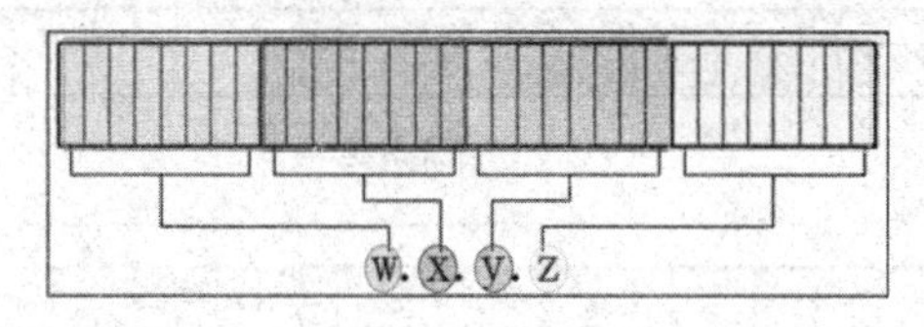

图 5-6　IP 地址的点分十进制标记法

例如，二进制 IP 地址如下。

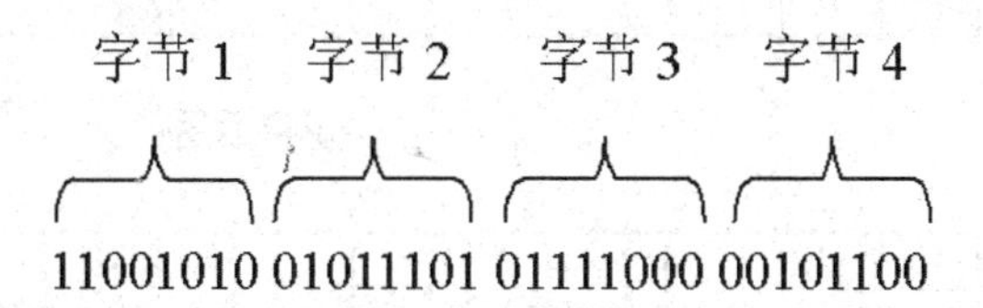

用点分十进制标记法表示成：202.93.120.44。

5.2.2　IP 地址的分类

IP 协议规定，IP 地址的长度为 32 位。这 32 位包括网络号部分（net ID）和主机号部分（host ID）。

网络号	主机号

网络号（net ID）：标识因特网中的一个特定网络。

主机号（host ID）：标识网络中主机的一个特定连接。

那么，在这 32 位中，哪些代表网络号，哪些代表主机号？因为地址长度确定后，网络号的长度将决定整个因特网中能包含多少个网络，主机号的长度则决定每个网络能容纳多少台主机。

为了适应各种网络的不同规模，IP 协议将 IP 地址分成 A、B、C、D 和 E 五类，它们分别使用 IP 地址的前几位加以区分。如图 5-7 所示，可以看到，利用 IP 地址的前 4 位就可以分辨出它的地址类型，D 类和 E 类 IP 地址保留特殊用途。

每类 IP 地址所包含的网络数与主机数不同，用户可根据网络的规模进行选择。A 类 IP 地址用 7 位表示网络，24 位表示主机，因此，适用于大型网络；B 类 IP 地址用 14 位表示网络，16 位表示主机，因此，适用于中型网络；C 类 IP 地址仅用 8 位表示主机，用 21 位表示网络，在一个网络中最多只能连接 254 台设备，因此，适用于小型网络；最后，D 类 IP 地址用于多目的地址发送，而 E 类 IP 地址则保留为今后使用。

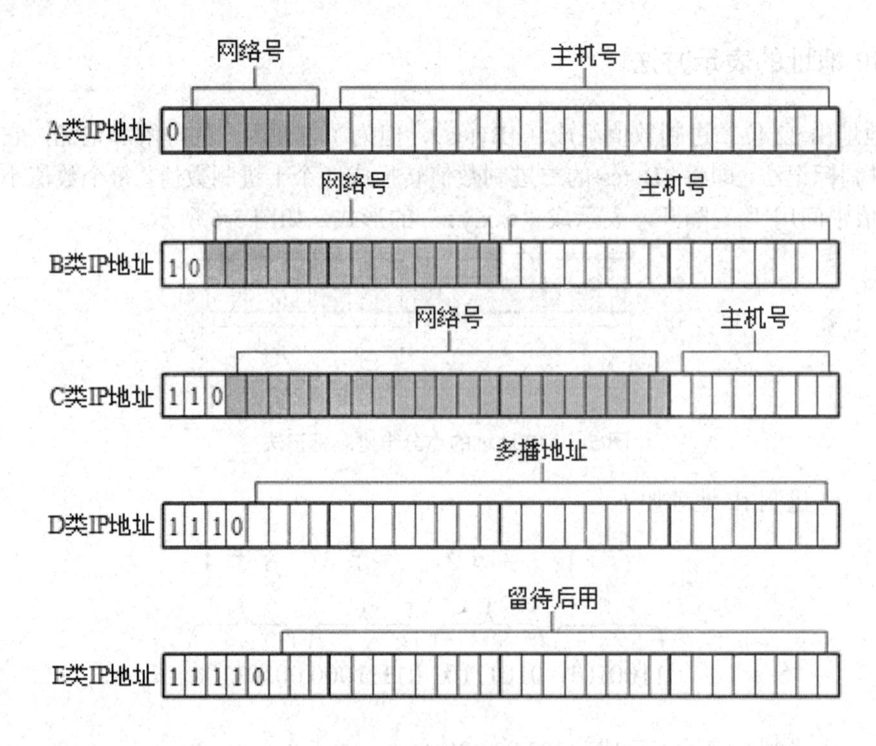

图 5-7　五类 IP 地址

IP 地址的分类是经过精心设计的，能适应不同的网络规模，具有一定的灵活性。表 5-1 简要地总结了 A、B、C 三类 IP 地址可以容纳的网络数和主机数。

表 5-1　A、B、C 三类 IP 地址可以容纳的网络数和主机数

类别	第一字节范围	网络地址长度	最大的主机数目	使用的网络规模
A	1～126	1B	16 777 214	大型网络
B	128～191	2B	65 534	中型网络
C	192～223	3B	254	小型网络

5.2.3　特殊的 IP 地址

IP 地址除了可以表示主机的物理连接外，还有几种特殊的表现形式。

1．网络地址

在因特网中经常需要使用网络地址，那么，怎么来表示一个网络呢？IP 地址方案规定，网络地址包含一个有效的网络号和一个全“0”的主机号。

例如，IP 地址为 202.93.120.44 的主机，202.93.120.44 为一个 C 类 IP 地址，前三个字节为网络号，第四个字节为主机号，所处的网络为 202.93.120.0，主机号为 44。

2．广播地址

当一个设备向网络上所有的设备发送数据时，就产生了广播。为了使网络上所有的设备能够注意到这样一个广播，必须使用一个可进行识别和监听的 IP 地址。通常这样的 IP

地址以全“1”结尾。IP 广播有两种形式，一种为直接广播，另一种为有限广播。

（1）直接广播

如果广播地址包含一个有效的网络号和一个全“1”的主机号，那么技术上被称为“直接广播地址”（directed broadcasting address）。在因特网中，任意一台主机均可向其他网络进行直接广播。

例如，C 类 IP 地址 202.93.120.255 就是一个直接广播地址。因特网上的一台主机如果使用该 IP 地址作为数据报的目的 IP 地址，那么这个数据报将被同时发送到 202.93.120.0 网络上的所有主机。

直接广播的一个主要问题是，在发送前必须知道目的网络的网络号。

（2）有限广播

32 位全为“1”的 IP 地址 255.255.255.255 用于本网广播，该地址被称为“有限广播地址”（limited broadcasting address）。实际上，有限广播将广播限制在最小范围内，如果采用标准的 IP 编址，那么有限广播将被限制在本网络之中；如果采用子网编址，那么有限广播将被限制在本子网之中。

有限广播不需要知道网络号，因此，在主机不知道本机所处的网络时，只能采用有限广播方式。

3．回送地址

A 类 IP 地址 127.0.0.0 是一个保留地址，用于网络软件测试及本地主机进程间的通信。这个 IP 地址被称为“回送地址”（loopback address）。无论什么程序，一旦使用回送地址发送数据，协议软件将不进行任何网络传输，立即将其返回。因此，含有网络号“127”的数据报不可能出现在任何网络上。

4．专用网

如果一个网络不需要接入因特网，但需要在本网络上运行 TCP/IP 协议，因特网管理机构保留了三块可以为专用网使用的地址。专用网的地址分配方案为 RFC1918。

网络中包括两类 IP 地址。

- 全局 IP 地址：用于因特网——公共主机。
- 专用 IP 地址：仅用于组织的专用网内部——本地主机。

公共主机和本地主机可以共存于同一网络和进行互访。大多数路由器不转发携带本地 IP 地址的分组，本地主机必须经过网络地址迁移服务器（NAT 或代理服务器）才能访问因特网。

RFC1918 定义的专用 IP 地址如下。

10.0.0.0 ～ 10.255.255.255　　1 个 A 类 IP 地址。

172.16.0.0 ～ 172.31.255.255　　16 个连续的 B 类 IP 地址。

192.168.0.0 ～ 192.168.255.255　　256 个连续的 C 类 IP 地址。

5．子网掩码

子网掩码（subnet mask）又被称为“网络掩码”“地址掩码”，它是一种用来指明一个 IP 地址的哪些位标识的是主机所在的子网和哪些位标识的是主机的位掩码。子网掩码不能单独存在，它必须结合 IP 地址一起使用。子网掩码只有一个作用，就是将某个 IP 地址划分成网络地址和主机地址两部分。

子网掩码是一个 32 位地址，用于屏蔽 IP 地址的一部分以区别网络标识和主机标识，并说明该 IP 地址是在局域网上还是在远程网上。

（1）子网掩码设定规则

与二进制 IP 地址相同，子网掩码由“1”和“0”组成，且“1”和“0”分别连续。子网掩码的长度也是 32 位，左边是网络位，用二进制数字“1”表示，“1”的数目等于网络位的长度；右边是主机位，用二进制数字“0”表示，“0”的数目等于主机位的长度。这样做的目的是，在掩码与 IP 地址进行按位“与”运算时用“0”遮住原主机数，使主机号所在的位为“0”，而在网络号所在的位与“1”进行按位“与”运算时不改变原网络号的值。

（2）“与”运算规则

$0 \wedge 0 = 0$　　$0 \wedge 1 = 0$　　$1 \wedge 0 = 0$　　$1 \wedge 1 = 1$

从“与”运算规则看，任何数与“0”按位“与”，结果都是“0”；任何数与“1”按位“与”，结果还是任何数，不改变原来的数值。

按照计算规则得到的标准的 A、B、C 类 IP 地址其对应的默认的子网掩码如表 5-2 所示。

表 5-2　默认的子网掩码

类别	格式	默认子网掩码
A	network.node.node.node	255.0.0.0
B	network.network.node.node	255.255.0.0
C	network.network.network.node	255.255.255.0

例如，IP 地址为 202.93.120.44 的主机，网络地址是多少？

网络地址＝IP 地址与默认子网掩码按位“与”。

IP 地址为 202.93.120.44，默认子网掩码为 255.255.255.0，网络地址求解如下。

202.93.120.44 → 11001010.01011101.01111000.00101100

255.255.255.0 →∧ 11111111.11111111.11111111.00000000

202.93.120.0 ← 11001010.01011101.01111000.00000000

5.3　IP 子网的划分

在 IP 网中，A、B、C 类 IP 地址是经常使用的 IP 地址。由于经过网络号和主机号的层次划分，它们能适用于不同的网络规模。使用 A 类 IP 地址的网络可以容纳 1 600 万台主机，而使用 C 类 IP 地址的网络仅可以容纳 254 台主机。随着计算机的发展和网络技术的进步，以及个人计算机应用的迅速普及，小型网络（特别是小型局域网）越来越多。这些网络多则拥有几十台主机，少则拥有两三台主机。对于这样一些小型网络，即使采用一个 C 类 IP 地址（可以容纳 254 台主机）仍然是一种浪费，因而在实际应用中人们开始寻找新的解决方案以克服 IP 地址浪费的现象，子网编址就是其中之一。

5.3.1　子网编址方法

IP 地址具有层次结构，标准的 IP 地址被分为网络号和主机号两层。为了避免 IP 地址的浪费，子网编址将 IP 地址的主机号部分进一步划分成子网号和主机号，如图 5-8 所示。

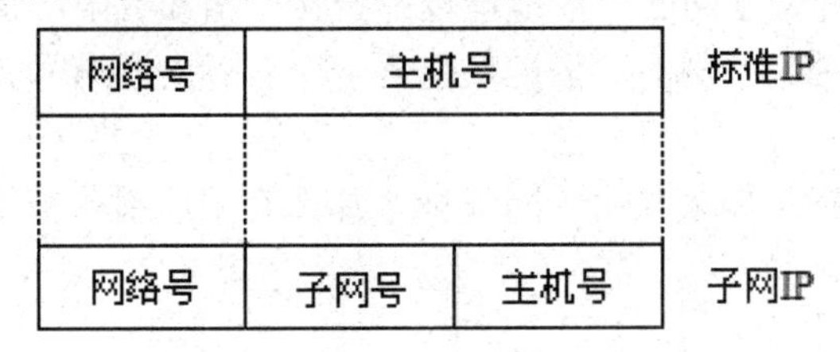

图 5-8　子网编址的层次结构

为了创建一个子网地址，网络管理员从标准 IP 地址的主机号部分“借”位并把它们指定为子网号。只要主机号部分能够剩余两位，子网地址就可以借用主机号部分的任何位数（至少应借用 2 位），因为 B 类网络的主机号部分只有两个字节，故而最多只能借用 14 位去创建子网；而在 C 类网络中，由于主机号部分只有一个字节，故最多只能借用 6 位去创建子网。

5.3.2　划分 IP 子网

例如，130.66.0.0 是一个 B 类 IP 地址，借用了其中一个字节分配子网，如图 5-9 所示。

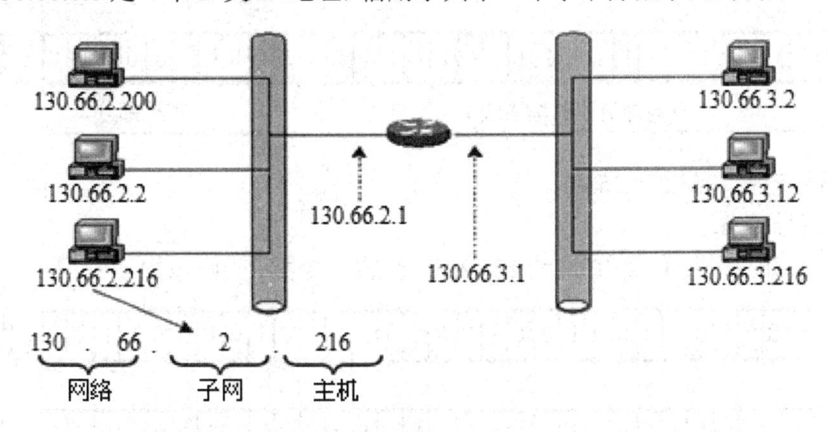

图 5-9　借用标准 IP 地址的主机号创建子网

当然，如果从 IP 地址的主机号部分借位来创建子网，相应子网中的主机数目就会减少。例如，一个 C 类网络用一个字节表示主机号，可以容纳的主机数为 254 台。当利用这个 C 类网络创建子网时，如果借用 2 位作为子网号，用剩下的 6 位表示子网中的主机，那么可以容纳的主机数为 62 台；如果借用 3 位作为子网号，则仅可以使用剩下的 5 位来表示子网中的主机，那么可以容纳的主机数也就减少到 30 台。

与标准的 IP 地址相同，子网编址也为子网网络和子网广播保留了地址编号。在划分子网之前，先要了解子网中的几个概念，即子网地址、子网广播地址、子网掩码等。可以参照前面介绍的网络地址和广播地址等概念。

1．子网地址

子网地址包含一个有效的网络号、子网号和一个全“0”的主机号。

2．子网广播地址

和 IP 广播一样，子网的广播地址也有直接广播和有限广播两种形式。

（1）直接广播。子网的广播地址包含一个有效的网络号、子网号和一个全“1”的主机号。

（2）有限广播。如果采用子网编址，那么有限广播将被限制在本子网之中。

3．子网掩码

同前面的定义相同，子网掩码中网络号和子网号相对应的位用“1”表示，主机号相对应的位用“0”表示。可以参考网络地址的求解方法，利用 IP 地址和子网掩码进行按位“与”的操作，求解 IP 地址的网络地址和子网地址；也可以利用 IP 地址的三层结构得到网络号、子网号和主机号，再利用定义求解网络地址、子网地址、广播地址等。

为了与标准的 IP 编址保持一致，不能将二进制全“0”或全“1”的子网号分配给实际的子网。

【例】B 类 IP 地址划分子网。

（1）如果借用 B 类 IP 地址 128.22.25.6 的 8 位表示子网，如下所示。

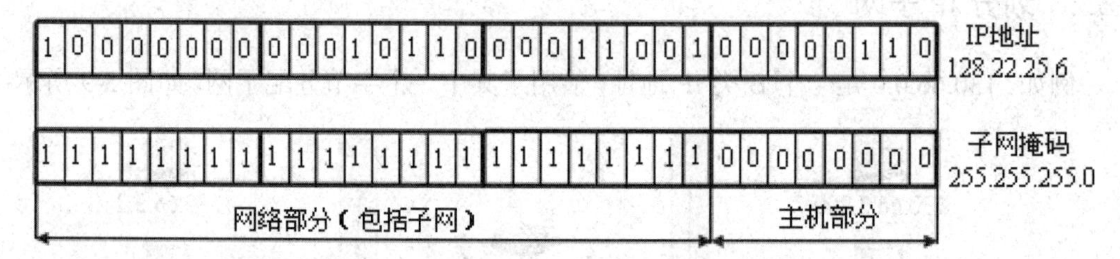

子网掩码：255.255.255.0。

子网号：25。

（2）如果借用 B 类 IP 地址 128.22.25.6 的 4 位表示子网，如下所示。

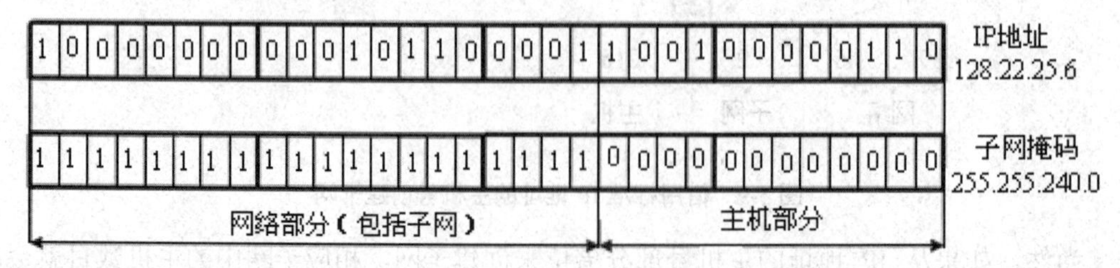

子网掩码：255.255.240.0。

子网号：1。

【例】假设有一个网络号为 202.113.26.0 的 C 类网络，借用主机号部分的 3 位划分子网，子网号及主机号范围、可容纳的主机数、子网地址、子网广播地址是多少？

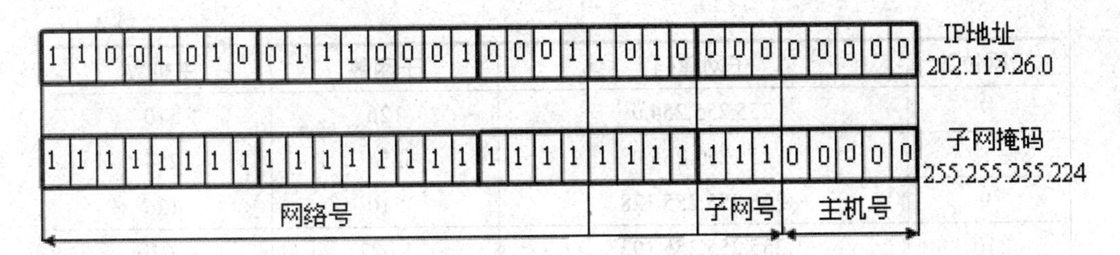

用C类IP地址最后一个字节的3位划分子网，则子网中的主机号只能用剩下的5位来表达。在这5位中，全部为“0”的表示该子网网络，全部为“1”的表示子网广播，其余的可以分配给子网中的主机。子网划分如表5-3所示。

表5-3　对一个C类网络进行子网划分

子网	二进制子网号	二进制主机号范围	十进制主机号范围	可容纳的主机数	子网地址	广播地址
第一个子网	001	00000～11111	.32～.63	30	202.113.26.32	202.113.26.63
第二个子网	010	00000～11111	.64～.95	30	202.113.26.64	202.113.26.95
第三个子网	011	00000～11111	.96～.127	30	202.113.26.96	202.113.26.127
第四个子网	100	00000～11111	.128～.159	30	202.113.26.128	202.113.26.159
第五个子网	101	00000～11111	.160～.191	30	202.113.26.160	202.113.26.191
第六个子网	110	00000～11111	.192～.233	30	202.113.26.192	202.113.26.223

32位全为“1”的IP地址255.255.255.255为有限广播地址，如果在子网中使用该广播地址，广播将被限制在本子网内。通过以上例子，可得出子网划分的具体步骤如下。

步骤1：根据要求利用子网划分的三层结构，即网络号＋子网号＋主机号，分别得到网络号、子网号和主机号。

步骤2：假设要求得到子网号，利用IP地址一共32位，得到主机号的位数，反之亦然。

步骤3：子网号所在位数从全“0”到全“1”依次增加，从而得到每一个子网号全“0”和全“1”的特殊地址。

步骤4：为每一个子网号分配主机地址，主机号范围也是从全“0”到全“1”，全“0”表示子网地址，全“1”表示子网广播地址，剩下的地址为可分配给主机的地址。

常用的B类、C类子网掩码的划分关系如表5-4和表5-5所示。

表5-4　B类网络子网掩码的划分关系

子网位数	子网掩码	子网数	主机数
2	255.255.192.0	2	16 382
3	255.255.224.0	6	8 190
4	255.255.240.0	14	4 094
5	255.255.248.0	30	2 046
6	255.255.252.0	62	1 022

（续表）

子网位数	子网掩码	子网数	主机数
7	255.255.254.0	126	510
8	255.255.255.0	254	254
9	255.255.255.128	510	126
10	255.255.255.192	1 022	62
11	255.255.255.224	2 046	30
12	255.255.255.240	4 094	14
13	255.255.255.248	8 190	6
14	255.255.255.252	16 382	2

表 5-5　C 类网络子网掩码的划分关系

子网位数	子网掩码	子网数	主机数
2	255.255.255.192	2	62
3	255.255.255.224	6	30
4	255.255.255.240	14	14
5	255.255.255.248	30	6
6	255.255.255.252	62	2

5.3.3　可变长子网掩码

在前面定义子网掩码时，将整个网络中的子网掩码都假设为同一个掩码。也就是说，无论各个子网中容纳了多少台主机，只要这个网络被划分了子网，这些子网都将使用相同的子网掩码。然而在许多情况下，网络中不同的子网连接的主机数可能有很大的差别，这就需要在一个主网络中定义多个子网掩码，这种方式被称为“可变长子网掩码”（Variable-Length Subnet Mask，VLSM）。

1．VLSM 的优点

（1）VLSM 使 IP 地址的使用更加有效，减少了子网中 IP 地址的浪费，并且 VLSM 允许对已经划分过子网的网络继续划分子网。

如图 5-10 所示，网络 172.16.0.0/16（即子网掩码中“1”的个数为 16）被划分成/24 的子网，其中子网 172.16.14.0/24 又被继续划分成/27 的子网。这个/27 的子网的网络范围是 172.16.14.0/27～172.16.14.224/27。从图中可以看到，172.16.14.128/27 的网络又被继续划分成/30 的子网。对于这个/30 的子网，网络中可用的主机数为两台，这两个 IP 地址正好为连接两台路由器的端口使用。

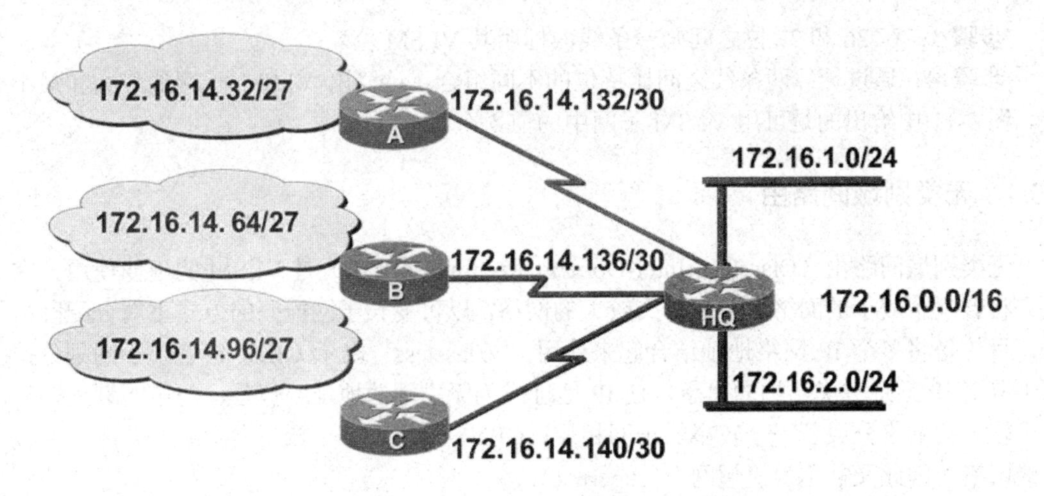

图 5-10　可变长子网掩码（VLSM）

（2）VLSM 提高了路由汇总的能力。VLSM 加强了 IP 地址的层次化结构设计，使路由表的路由汇总更加有效。

2．VLSM 的计算

假设一个企业的分支机构已经被分配了一个子网地址 172.16.32.0/20，而该分支机构共拥有 10 个用户。对于/20 的网络来说，所能容纳的最大主机数超过了 4 000($2^{12}-2=4\,096$)台，造成了非常多的地址资源的浪费。此时如果使用 VLSM 技术，就可以将原有的一个子网地址分出更多的子网地址，并且减少了每个子网中拥有的主机地址。

如图 5-11 所示，子网由原来的 172.16.32.0/20 变成子网 172.16.32.0/26，可获得 64(2^6)个子网，每个子网内所能容纳的最大主机数为 62（$2^6-2=62$）个。

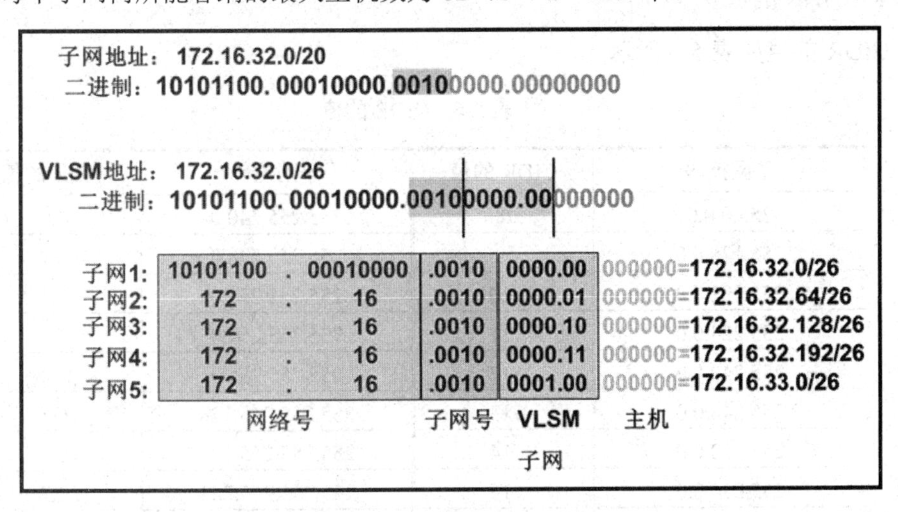

图 5-11　VLSM 的计算

将 172.16.32.0/20 划分成 172.16.32.0/26 的步骤如下。

步骤 1：将 172.16.32.0 写成二进制的形式。

步骤 2：用一条线将网络号和主机号区分开，图 5-11 中即为 20 位和 21 位之间。

步骤 3：在 26 和 27 位之间画一条线，标明其 VLSM 位。

步骤 4：通过计算两条线之间比特位的不同组合，计算出 VLSM 子网的最大和最小值。图 5-11 中给出的是可用 VLSM 子网中的前 5 个。

5.3.4 无类别域间路由

无类别域间路由（Classless Inter-Domain Routing，CIDR）是 VLSM 的延伸使用，它允许将若干个较小的网络合并成一个较大的网络，以可变长子网掩码的方式重新分配网络号，目的是将多个 IP 网络地址结合起来使用。“Classless”表示 CIDR 借鉴了子网划分技术中取消 IP 地址分类结构的思想，使 IP 地址成为无类别的地址。但是，与子网划分是将一个较大的网络分成若干个较小的子网相反，CIDR 是将若干个较小的网络合并成一个较大的网络，因此又被称为“超网”（supernet）。

目前，因特网上的主机正在使用 A、B、C 三类地址。在 IP 地址的使用过程中，发现机械地将 IP 地址进行分类使用会带来很多不便，如浪费 IP 地址严重、配置网络设备复杂等。为了解决此问题，人们提出了“无类别域间路由”的概念，模糊了 A、B、C 三类地址的严格区分，即不再单纯地规定 A、B、C 三类地址的网络位与主机位，而是灵活可变地调整地址的网络位与主机位，使得 A、B、C 三类地址在使用时没有本质的区别，这就是“无类别域间路由”（CIDR）。在 CIDR 中更是以“1”的个数来表示子网掩码，这被称为“CIDR 表示”。

网络位与主机位的区分是使用“1”和“0”的组合来创建一个 32 位的子网掩码，子网掩码中“1”的位置表示网络位部分，“0”的位置表示主机位部分，并且子网掩码中“1”的位数是可变的，这就是“可变长子网掩码”（VLSM）。

1．CIDR 的值

CIDR 的值如表 5-6 所示。

表 5-6　CIDR 的值

子网掩码	CIDR 的值	子网掩码	CIDR 的值
255.0.0.0	/8	255.255.240.0	/20
255.128.0.0	/9	255.255.248.0	/21
255.192.0.0	/10	255.255.252.0	/22
255.224.0.0	/11	255.255.254.0	/23
255.240.0.0	/12	255.255.255.0	/24
255.248.0.0	/13	255.255.255.128	/25
255.252.0.0	/14	255.255.255.192	/26
255.254.0.0	/15	255.255.255.224	/27
255.255.0.0	/16	255.255.255.240	/28
255.255.128.0	/17	255.255.255.248	/29
255.255.192.0	/18	255.255.255.252	/30
255.255.224.0	/19		

2．CIDR 的计算

【例】C 类地址快速计算（CIDR 值大于 24）。

IP 地址为 192.168.10.2，掩码为 255.255.255.192（/26），计算以下几个问题。

（1）先计算主机数，每个子网中有多少台合法的主机?

【方法一】256－192＝64

【方法二】2^{32-26}＝64

【注意】因为主机地址是全“0”表示网络地址，全“1”表示广播地址、不可用于主机，所以应在总数上减 2。法一：256－192－2＝62；法二：2^{32-26}－2＝62。

（2）这个子网掩码，会产生多少个子网?

【方法一】256/64＝4，即相当于本来应该有 256 个 IP 地址，但是现在每 64 个为一组，共四组。

【方法二】2^{26-24}＝4，即相当于本来默认掩码为 24，现在为 26，多了 2（26－24＝2）位子网掩码，2^2＝4。

（3）这些合法的子网号是什么？

（4）每个子网的广播地址是什么？

（5）在每个子网中，哪些是合法的主机号，即合法地址范围？

（6）192.168.10.2 的网络地址和广播地址是什么？

网络编号	子网号	广播地址	地址范围
0	192.168.10.0	192.168.10.63	192.168.10.1～192.168.10.62
1	192.168.10.64	192.168.10.127	192.168.10.65～.126
2	192.168.10.128	192.168.10.191	192.168.10.129～.190
3	192.168.10.192	192.168.10.255	192.168.10.193～.254
备注	从 0 开始，64 个为一组。子网号永远从 2 的整数次幂开始	上一个网络地址减 1	网络地址与广播地址之间的地址

【例】B 类地址快速计算（CIDR 值大于 16、小于 24）。

基本上与 C 类地址一样，需要注意 B 类地址的默认掩码为/255.255.0.0（/16），有更多的主机位。IP 地址为 172.16.20.2，掩码为 255.255.192.0（/18）。

（1）每个子网中有多少台合法的主机?

【方法一】 2^{32-18}＝2^{14}

【方法二】（256－192）×2^8＝64×2^8＝2^{14}

（2）这个子网掩码会产生多少个子网？

【方法一】256/64＝4 个，即相当于本来应该有 256 个 IP 地址，但是现在每 64 个为一组，共四组。

【方法二】2^{18-16}＝4，即相当于本来默认掩码为 16，现在为 18，多了两位子网掩码，2^2＝4。

（3）这些合法的子网号是什么？

（4）每个子网的广播地址是什么？

（5）在每个子网中，哪些是合法的主机号，即合法地址范围？

网络编号	子网号	广播地址	地址范围
0	172.16.0.0	172.16.63.255	172.16.0.1～172.16.63.254
1	172.16.64.0	172.16.127.255	172.16.64.1～172.16.127.254
2	172.16.128.0	172.16.191.255	172.16.128.1～172.16.191.254
3	172.16.192.0	172.16.255.255	172.16.192.1～172.16.255.254
备注	从 0 开始，64 个为一组。子网号永远从 2 的整数次幂开始	上一个网络地址减 1	网络地址与广播地址之间的地址

5.4　网络层协议

在互联层中有四个重要的协议：互联网协议（Internet Protocol，IP）、地址解析协议（Address Resolution Protocol，ARP）和反向地址解析协议（Reverse Address Resolution Protocol，RARP）、因特网控制报文协议（Internet Control Message Protocol，ICMP）以及Internet 组管理协议（Internet Group Management Protocol，IGMP）。

5.4.1　IP 协议

IP 协议是互联层最重要的协议，它将多个网络连成一个互联网，可以把高层的数据以多个数据报的形式通过互联网分发出去。互连层的功能主要由 IP 来提供，用于 IP 寻址、路由选择，以及 IP 数据包的分割和组装。

IP 的基本任务是通过互联网传送数据报，各个 IP 数据报之间是相互独立的。主机上的 IP 层向传输层提供服务。IP 从源传输实体取得数据，通过它传给目的主机的 IP 层。IP 不保证服务的可靠性，在主机资源不足的情况下，它可能丢弃某些数据报，同时 IP 也不检查被丢弃的报文。

在传送时，高层协议将数据传给 IP，IP 再将数据封装为互联网数据报，并交给网络接口层协议，通过局域网传送。若目的主机直接连在本网中，IP 可直接通过网络将数据报传给目的主机；若目的主机连接在远地网络中，则 IP 路由器依次通过下一网络将数据报传送到目的主机或再下一个路由器。也即，一个 IP 数据报是通过互联网络从一个 IP 模块传送到另一个 IP 模块，直到终点为止。

IP 协议提供了不可靠的、无连接的数据报传输机制。TCP/IP 是为了适应物理网络的多样性而设计的，而这种适应性主要通过 IP 层来体现。由于物理网络的多样性，各种物理网络的数据帧格式、地址格式之间的差异很大。为了将这些底层的细节屏蔽起来，使得采用不同物理网络的网络之间能够进行通信，TCP/IP 分别采用了 IP 数据报和 IP 地址作为物理数据帧与物理地址的统一描述形式。这样，IP 向上层提供统一的 IP 数据报和统一的

IP 地址，使得各种物理数据帧及物理地址的差异性对上层协议不复存在。

1．IP 数据报头

一个 IP 数据报由头部和数据部分构成。头部包括一个 20Bytes 的固定长度部分和一个可选任意长度部分。头部格式如图 5-12 所示，各部分介绍如下。

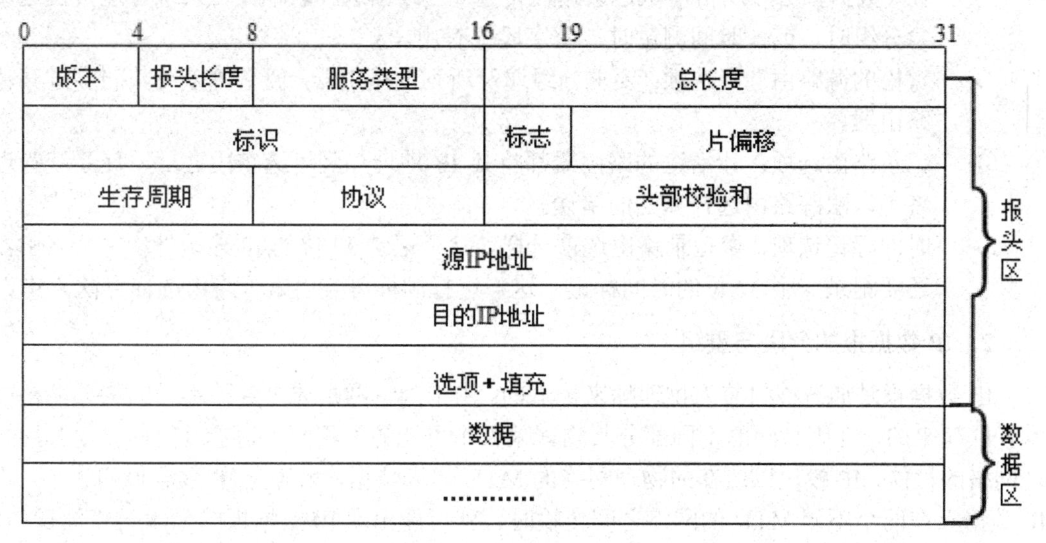

图 5-12　IP 数据报头

（1）版本：4 位。记录了数据报对应的协议版本号。当前的 IP 协议有两个版本，即 IPv4 和 IPv6。

（2）报头长度（IHL）：4 位。代表头部的总长度，以 32Bytes 为一个单位。

（3）服务类型：8 位。使主机可以告诉子网它想要什么样的服务。

（4）总长度：16 位。指头部和数据的总长，最大长度是 65 535Bytes。

（5）标识：16 位。通过它使目的主机判断新来的分段属于哪个分组，所有属于同一分组的分段包含同样的标识值。

（6）标志：3 位，包括保留 1 位 DF、MF。

- DF：表示不要分段。它命令路由器不把数据报分段，因为目的端不能重组分段。
- MF：表示还有进一步的分段，用它作为所有分组是否都已到达的标志。除了最后一个分段的所有分段都设置了这一位。

（7）片偏移：13 位。标明分段在当前数据报的什么位置。

（8）生存周期：8 位。用来限制分组生存周期的计数器。它在每个节点中都递减，而且当在一个路由器中排队时可以倍数递减。

（9）协议：8 位。说明将分组发送给哪个传输进程，如 TCR、VDP 等。

（10）头部校验和：16 位。仅用来校验头部。

（11）源 IP 地址：32 位。产生 IP 数据报的源主机 IP 地址。

（12）目的 IP 地址：32 位。产生 IP 数据报的目的主机的 IP 地址。

（13）选项＋填充：是变长的。每个可选项用 1Byte 标明内容。有些可选项还跟有 1Byte 的可选项长度字段，其后是一个或多个数据字节。现在已定义了安全性、严格的源路由选择、宽松的源路由选择、记录路由和时间标记五个可选项，但不是所有的路由器都支持全部五个可选项。

➢ 安全性选项：说明信息的安全程度。
➢ 严格的源路由选择选项：以一系列的 IP 地址方式，给出从源到目的地的完整路径。数据报必须严格地从这条路径传送。当路由选择表崩溃，系统管理员发送紧急分组时，或作时间测量时，此字段很有用。
➢ 宽松的源路由选择选项：要求分组遍及所列的路由器，但它可以在其间穿过其他路由器。
➢ 记录路由选项：让沿途的路由器都将其 IP 地址加到可选字段之后，使系统管理者可以跟踪路由选择算法的错误。
➢ 时间标记选项：像记录路由选项一样，除了记录 32 位的 IP 地址外，每个路由器还要记录一个 32 位的时间标记。这一选择同样可被用来为路由选择算法查错。

2．IP 数据报的分段与重组

IP 数据报是通过被封装为物理帧来传输的。由于因特网是通过各种不同的物理网络技术互联起来的，在因特网的不同部分其物理帧大小可能各不相同。为了最大程度地利用物理网络的性能，IP 模块以所在的物理网络的 MTU 作为依据，来确定 IP 数据报的大小。当 IP 数据报在两个不同 MTU 的网络之间传输时，就可能出现 IP 数据报的分段与重组操作。

在 IP 头中控制分段和重组的 IP 头域有三个，即标识域、标志域、分段偏移域。标识域是源主机赋予 IP 数据报的标识符。目的主机根据标识域来判断收到的 IP 数据报分段属于哪一个数据报，以进行 IP 数据报重组。标志域中的 DF 位表示该 IP 数据报是否允许分段。当需要对 IP 数据报进行分段时，如果 DF 位置为 1，网关将会抛弃该 IP 数据报，并向源主机发送出错信息。标志域中的 MF 位表示该 IP 数据报是否是最后一个分段。分段偏移域记录了该 IP 数据报分段在原 IP 数据报中的偏移量。偏移量是 8Bytes 的整数倍。分段偏移域被用来确定该 IP 数据报分段在 IP 数据报重组时的顺序。

IP 数据报在传输过程中一旦被分段，各段就作为独立的 IP 数据报进行传输，在到达目的主机之前有可能会被再次或多次分段。但是 IP 数据报的重组都只在目的主机上进行。

3．IP 对输入数据报的处理

IP 对输入数据报的处理分为两种：一种是主机对数据报的处理；另一种是网关对数据报的处理。

当 IP 数据报到达主机时，如果 IP 数据报的目的地址与主机地址匹配，IP 接收该数据报并将它传给高级协议软件处理，否则抛弃该 IP 数据报。

网关则不同，当 IP 数据报到达网关 IP 层后，网关首先判断本机是否是数据报到达的目的主机。如果是，网关将接收到的 IP 数据报上传给高级协议软件处理；如果不是，网关将对接收到的 IP 数据报进行寻径，并随后将其转发出去。

4．IP 对输出数据报的处理

IP 对输出数据报的处理也分为两种：一种是主机对数据报的处理；另一种是网关对数据报的处理。

对于网关来说，IP 接收到 IP 数据报后，经过寻径，找到该 IP 数据报的传输路径。该

路径实际上是全路径中的下一个网关的 IP 地址。然后，该网关将该 IP 数据报和寻径到的下一个网关的地址交给网络接口软件。网络接口软件收到 IP 数据报和下一个网关地址后，首先调用 ARP 完成下一个网关 IP 地址到物理地址的映射，然后将 IP 数据报封装成帧，最后由子网完成数据报的物理传输。

通常所说的 IP 地址可以被理解为符合 IP 协议的地址。IP 协议的第四版本 IPv4 是因特网中最基础的协议。

5.4.2 ARP 与 RARP 协议

在因特网中，IP 地址能够屏蔽各个物理网络地址的差异，为上层用户提供"统一"的地址形式。但是这种"统一"是通过在物理网络上覆盖一层 IP 软件实现的，因特网并不对物理地址作任何修改。高层软件通过 IP 地址来指定源地址和目的地址，而低层的物理网络通过物理地址发送和接收信息。

将 IP 地址映射到物理地址的实现方法有多种（如静态表格、直接映射等），每种网络都可以根据自身的特点选择适合于自己的映射方法。地址解析协议（Address Resolution Protocol，ARP）是以太网经常使用的映射方法，它充分利用了以太网的广播能力，将 IP 地址与物理地址进行动态联编（dynamic binding）。

以太网一个很大的特点是具有强大的广播能力。针对这种具备广播能力的 IP 网，采用动态联编方式进行 IP 地址到物理地址的映射，并制定了相应的协议——ARP。

1. 完整的 ARP 工作过程

假设以太网有四台计算机，分别是计算机 A、B、X 和 Y。现在，计算机 A 的应用程序需要和计算机 B 的应用程序交换数据。在计算机 A 发送信息前，首先得到计算机 B 的 IP 地址与 MAC 地址的映射关系。一个完整的 ARP 工作过程如图 5-13 所示。

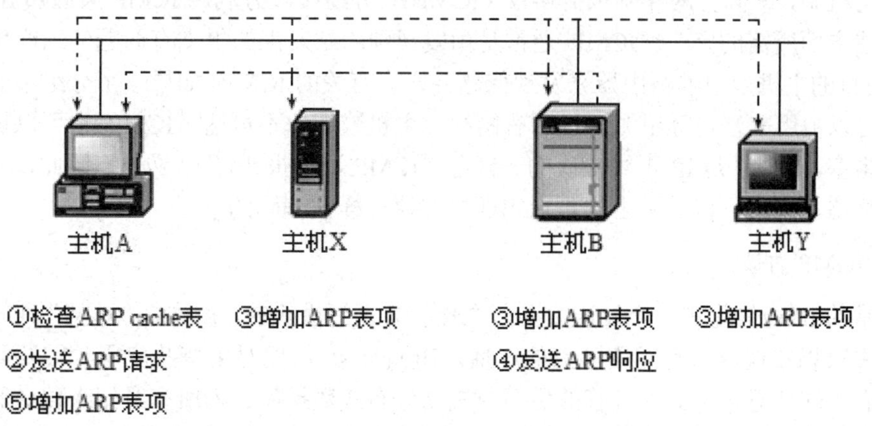

图 5-13 完整的 ARP 工作过程

（1）计算机 A 检查自己高速 cache 中的 ARP 表，判断 ARP 表中是否存有计算机 B 的 IP 地址与 MAC 地址的映射关系。如果找到，则完成了 ARP 地址的解析；如果没有找到，则转至下一步。

（2）计算机 A 广播含有自身 IP 地址与 MAC 地址映射关系的请求信息包，请求解析计算机 B 的 IP 地址与 MAC 地址的映射关系。

（3）包括计算机 B 在内的所有计算机接收到计算机 A 的请求信息，然后将计算机 A 的 IP 地址与 MAC 地址的映射关系存入各自的 ARP 表中。

（4）计算机 B 发送 ARP 响应信息，通知自己的 IP 地址与 MAC 地址的映射关系。

（5）计算机 A 收到计算机 B 的响应信息，并将计算机 B 的 IP 地址与 MAC 地址的映射关系存入自己的 ARP 表中，从而完成计算机 B 的 ARP 地址的解析。

计算机 A 得到计算机 B 的 IP 地址与 MAC 地址的映射关系后就可以顺利地与计算机 B 通信了。在整个 ARP 工作期间，不但计算机 A 得到了计算机 B 的 IP 地址与 MAC 地址的映射关系，而且计算机 B、X 和 Y 也得到了计算机 A 的 IP 地址与 MAC 地址的映射关系。

2．反向地址解析协议（RARP）

反向地址解析协议用于一种特殊情况：如果站点初始化以后，只有自己的物理网络地址，没有 IP 地址，可以通过 RARP 协议发出广播请求，以征求自己的 IP 地址，而 RARP 服务器则负责回答。这样，无 IP 地址的站点可以通过 RARP 协议取得自己的 IP 地址，这个地址在下一次系统重新开始以前都有效，不用连续广播请求。RARP 被广泛用于获取无盘工作站的 IP 地址。

5.4.3 ICMP 与 IGMP 协议

1．ICMP 协议

从 IP 协议的功能可以知道，IP 提供的是一种不可靠的无连接报文分组传送服务。若路由器或主机故障导致网络阻塞，就需要通知主机采取相应措施。

为了使因特网能报告差错，或提供有关意外情况的信息，在 IP 层加入了一类特殊用途的报文机制，即因特网控制报文协议（ICMP），分组接收方利用 ICMP 来通知 IP 模块发送方某些方面所需的修改。ICMP 通常是由发现别的站发来的报文有问题的站产生的，例如，可由目的主机或中继路由器来发现问题并产生有关的 ICMP。如果一个分组不能传送，ICMP 可以被用来警告分组源，说明有网络、主机或端口不可达。ICMP 也可以被用来报告网络阻塞。ICMP 是 IP 正式协议的一部分，ICMP 数据报通过 IP 送出，因此，它在功能上属于网络第三层，但实际上它是像第四层协议一样被编码的。

2．IGMP 协议

通常的 IP 通信是在一个发送方和一个接收方之间进行的，被称为“单播”（Unicast）。局域网中可以实现对所有网络节点的广播（Broadcast）。但对于有些应用，需要同时向大量接收者发送信息，例如，应答的更新复制、分布式数据库、为所有经纪人传送股票交易信息，以及多会场的视频会议等。这些应用的共同特点是，一个发送方对应多个接收方，接收方可能不是网络中的所有主机，也可能没有位于同一个子网。这种通信方式介于单播和广播之间，被称为“组播”或“多播”（Multicast）。

IP 采用 D 类地址来支持多播，每个 D 类地址代表一组主机，共有 28 位可用来标识主机组（Host Group），因此，可以同时有多达 2 亿 5 千万个多播组。当一个进程向一个 D 类地址发送报文时，就是同时向该组中的每个主机发送同样的数据，但网络只是尽量努力

将报文传送给每个主机，并不能保证全部送达，有些组内的主机可能收不到这个报文。

因特网支持两类组地址：永久组地址和临时组地址。

（1）永久组不必创建而且总是存在，每个永久组有一个永久组地址。例如，224.0.0.1 代表局域网中的所有系统；224.0.0.2 代表局域网中的所有路由器；224.0.0.5 代表局域网中所有的 OSPF 路由器。

（2）临时组在使用前必须先创建，一个进程可以要求其所在的主机加入或退出某个特定的组，当主机上的最后一个进程脱离某个组后，该组就不再在这台主机中出现。每个主机都要记录它的进程当前属于哪个组。

多播需要特殊的多播路由器，多播路由器可以兼有普通路由器的功能。因为组内主机的关系是动态的，所以本地的多播路由器要周期性地对本地网络中的主机进行轮询（发送一个目的地址为 224.0.0.1 的多播报文），要求网内主机报告其进程当前所属的组，各主机会将其感兴趣的 D 类地址返回，多播路由器以此决定哪些主机留在哪个组内。若经过几次轮询，在一个组内已经没有主机是其中的成员，多播路由器就认为该网络中已经没有主机属于该组，以后就不再向其他的多播路由器通告组内成员的状况。

多播路由器和主机间的询问和响应过程使用因特网组管理协议（Internet Group Management Protocol，IGMP）进行通信。IGMP 类似于 ICMP，但只有两种报文：询问和响应，各自都有一个简单的固定格式，其中数据字段中的第一个字段是一些控制信息，第二个字段是一个 D 类地址。IGMP 使用 IP 报文传递其报文，具体做法是：IGMP 报文加上 IP 报文头部构成 IP 报文进行传输，但 IGMP 也向 IP 提供服务。通常不把 IGMP 看作一个单独的协议，而是看作整个因特网协议 IP 的一个组成部分。

为了适应交互式音频和视频信息的多播，因特网从 1992 年开始试验虚拟的多播主干网（Multicast Backbone On the Internet，MBONE）。MBONE 可以将报文传输给不在一起但属于一个组的许多个主机。在 MBONE 中具有多播功能的路由器被称为“多播路由器”（Multicast Router，MRouter），多播路由器既可以是一个单独的路由器，也可以是运行多播软件的普通路由器。

尽管 TCP/IP 中的多播已经成为标准，但在多播路由器中路由信息的传播尚未标准化。目前正在进行实验的是距离向量多播路由协议（Distance Vector Multicast Router Protocol，DVMRP）。DVMRP 的路由选择是通过生成树实现的，每个多播路由器采用修改过的距离矢量协议与相邻的多播路由器交换信息，以便每个路由器为每个多播组构造一个覆盖所有组成员的生成树。在修剪生成树及删除无关路由器和网络时，用到了很多优化方法。

若多播报文在传输过程中遇到不支持多播的路由器或网络，就要用隧道（Tunneling）技术来解决，即，将多播报文再次封装为普通报文进行单播传输，在到达另外一个支持多播的路由器后再解除为多播报文继续传输。

5.5 网络指令

5.5.1 ipconfig 命令的使用

ipconfig 用来显示主机内 IP 协议的配置信息。

使用不带参数的 ipconfig 指令，可以得到以下信息：IP 地址、子网掩码、默认网关；而使用 ipconfig/all 指令，则可以得到更多的信息，包括：主机名、DNS 服务器、节点类型、网络适配器的物理地址、主机的 IP 地址、子网掩码，以及默认网关等。

在自动获取地址时，还常用到 ipconfig 的其他两个常用参数 release 和 renew 释放地址和重新获取地址。ipconfig 指令如图 5-14～图 5-17 所示。

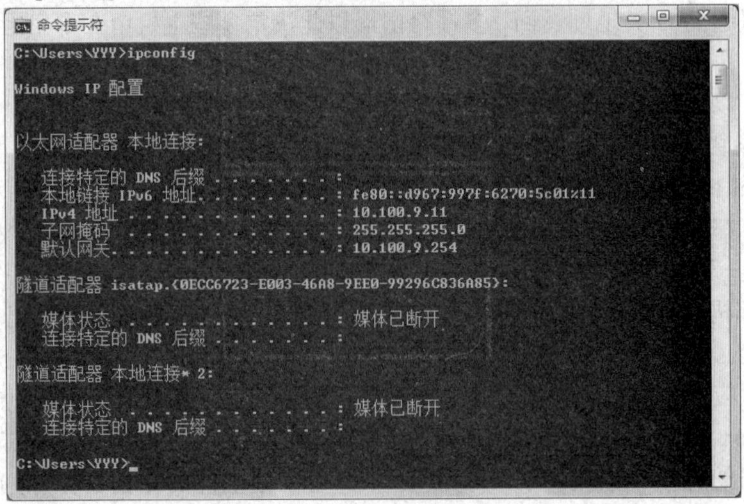

图 5-14　ipconfig 指令

```
命令提示符
   IP 路由已启用 . . . . . . . . . . : 否
   WINS 代理已启用 . . . . . . . . . : 否

以太网适配器 本地连接:

   连接特定的 DNS 后缀 . . . . . . . :
   描述. . . . . . . . . . . . . . . : Realtek RTL8169/8110 系列 PCI 千兆以太网
NIC (NDIS 6.20)
   物理地址. . . . . . . . . . . . . : 00-1C-C4-21-35-9C
   DHCP 已启用 . . . . . . . . . . . : 是
   自动配置已启用. . . . . . . . . . : 是
   本地链接 IPv6 地址. . . . . . . . : fe80::d967:997f:6270:5c01%11(首选)
   IPv4 地址 . . . . . . . . . . . . : 10.100.9.11(首选)
   子网掩码 . . . . . . . . . . . . : 255.255.255.0
   获得租约的时间 . . . . . . . . . : 2016年8月25日 8:04:49
   租约过期的时间 . . . . . . . . . : 2016年9月2日 8:04:49
   默认网关. . . . . . . . . . . . . : 10.100.9.254
   DHCP 服务器 . . . . . . . . . . . : 10.200.4.1
   DHCPv6 IAID . . . . . . . . . . . : 234888388
   DHCPv6 客户端 DUID . . . . . . . : 00-01-00-01-1E-A7-29-BE-00-1C-C4-21-35-9C

   DNS 服务器 . . . . . . . . . . . : 10.200.4.1
   TCPIP 上的 NetBIOS . . . . . . . : 已启用

隧道适配器 isatap.{0ECC6723-E003-46A8-9EE0-99296C836A85}:
```

图 5-15　ipconfig/all 指令

```
媒体状态  . . . . . . . . . . . . : 媒体已断开
连接特定的 DNS 后缀 . . . . . . . :

C:\Users\YYY>ipconfig/release

Windows IP 配置


以太网适配器 本地连接:

   连接特定的 DNS 后缀 . . . . . . . :
   默认网关. . . . . . . . . . . . . :

隧道适配器 isatap.{0ECC6723-E003-46A8-9EE0-99296C836A85}:

   媒体状态  . . . . . . . . . . . . : 媒体已断开
   连接特定的 DNS 后缀 . . . . . . . :

隧道适配器 本地连接* 2:

   媒体状态  . . . . . . . . . . . . : 媒体已断开
   连接特定的 DNS 后缀 . . . . . . . :

C:\Users\YYY>_
```

图 5-16　ipconfig/release 指令

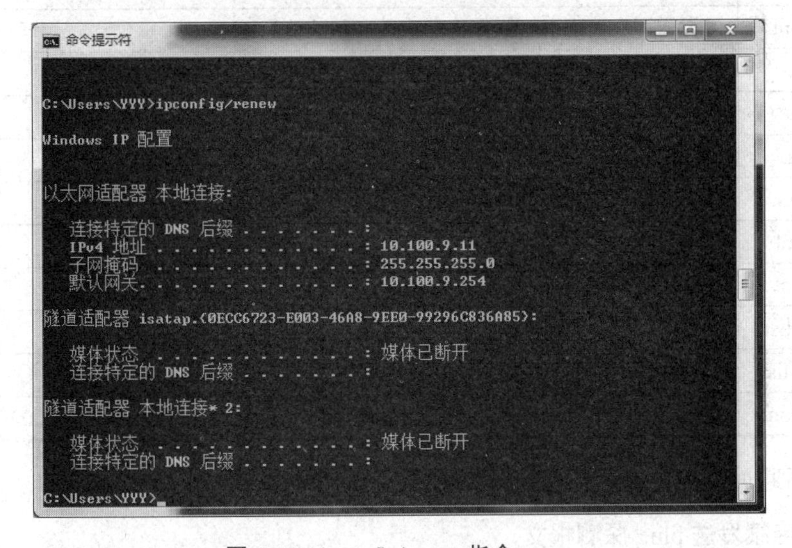

图 5-17　ipconfig/renew 指令

5.5.2　ping 命令的使用

在使用因特网的过程中，ping 是最常用的一种命令。不论是 Unix、Linux，还是 Windows，都集成了 ping 命令。通常使用 ping 命令来测试网络的连通性和可达性。实际上，ping 命令就是利用回应请求/应答 ICMP 报文来测试目的主机或路由器的可达性。不同网络操作系统对 ping 命令的实现稍有不同，较复杂的实现方法是发送一系列的回应请求 ICMP 报文，捕获回送应答并提供丢失数据报的统计信息；简单的实现方法则仅仅是发送一个回应请求 ICMP 报文并等待回应应答。

在 Windows 网络操作系统中，除了可以使用简单的“ping 目的 IP 地址”形式外，还可以使用 ping 命令的选项，完整的 ping 命令用法如图 5-18 所示。

```
C:\Users\Administrator>ping

用法: ping [-t] [-a] [-n count] [-l size] [-f] [-i TTL] [-v TOS]
            [-r count] [-s count] [[-j host-list] | [-k host-list]]
            [-w timeout] [-R] [-S srcaddr] [-4] [-6] target_name
```

图 5-18　ping 命令用法

表 5-7 给出了 ping 命令各选项的具体含义。

表 5-7　ping 命令各选项的具体含义

选　项	含　义
-t	连续发送和接收回送请求和应答 ICMP 报文，直到手动停止（组合键 Ctrl＋Break：查看统计信息；组合键 Ctrl＋C：停止 ping 命令）
-a	将 IP 地址解析为主机名
-n count	发送回应请求 ICMP 报文的次数（默认值为 4）
-l size	发送探测数据包的大小（默认值为 32 字节）
-f	不允许分片（默认为允许分片）
-i TTL	指定生存周期
-v TOS	指定要求的服务类型
-r count	记录路由
-s count	使用时间戳选项
-j host-list	使用宽松的源路由选择
-k host-list	使用严格的源路由选择
-w timeout	指定等待每个回应应答的超时时间（以 ms 为单位，默认值为 1 000）

下面通过一些实例来介绍 ping 命令的具体用法。

1．连续发送 ping 探测报文

在有些情况下，连续发送 ping 探测报文可以方便因特网的调试工作。例如，在路由器的调试过程中，可以让测试主机连续发送 ping 探测报文，一旦配置正确，测试主机可以立即报告目的地可达信息。连续发送 ping 探测报文可以使用“-t”选项。如图 5-19 所示为利用“ping-t 61.177.7.1”命令连续向 IP 地址为 61.177.7.1 的主机发送 ping 探测报文的情况。其中，可以使用组合键 Ctrl＋Break 显示发送和接收回送请求/应答 ICMP 报文的统计信息，也可以使用组合键 Ctrl＋C 结束 ping 命令。

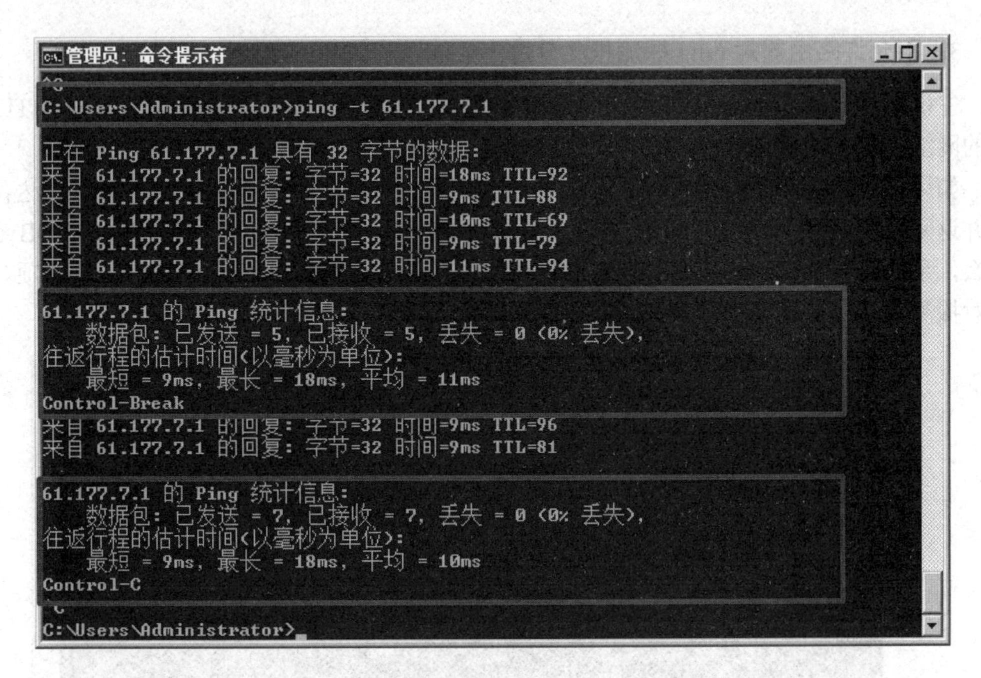

图 5-19　ping -t 指令

2．自选数据长度的 ping 探测报文

在默认情况下，ping 命令使用的探测报文的数据长度为 32Bytes。如果希望使用更大的探测数据报，可以使用“-1”选项。图 5-20 中利用“ping -l 100 61.177.7.1”向 IP 地址为 61.177.7.1 的主机发送数据长度为 100Bytes 的探测数据报。

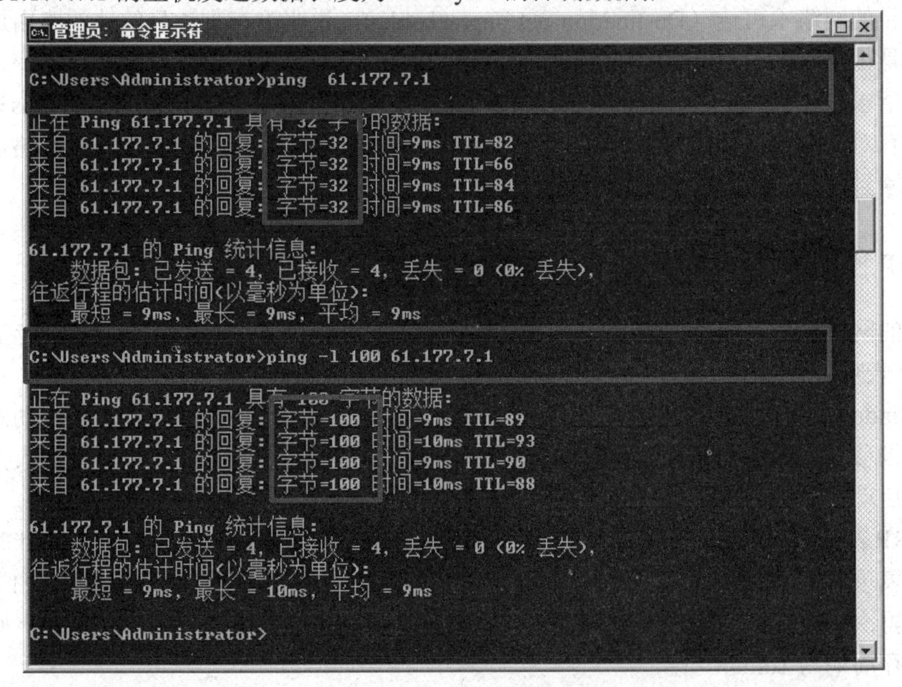

图 5-20　ping -l size 命令

3．不允许路由器对 ping 探测报文分片

主机发送的 ping 探测报文通常允许中途的路由器分片，以便使探测报文通过 MTU 较小的网络。如果不允许 ping 探测报文在传输过程中被分片，可以使用“-f”选项。

如果指定的探测报文的长度太长，同时又不允许分片，探测数据报就不可能到达目的地并返回应答。例如，在以太网中，如果指定不允许分片的探测数据报的长度为 1 600Bytes，那么，系统将给出目的地不可达报告，如图 5-21 所示。同时使用“-f”和“-l”选项，可以对探测报文经过路径上的最小 MTU 进行估计。

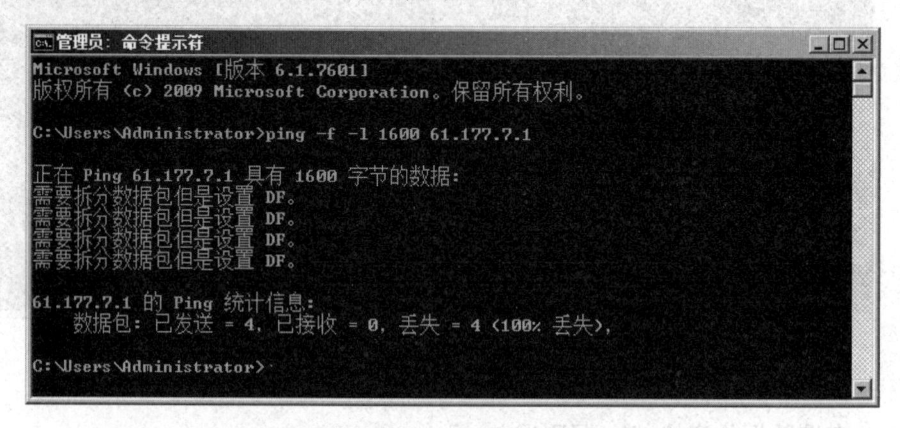

图 5-21　在禁止分片的情况下，探测报文过长造成目的地不可达

如果目的地不可达，系统对 ping 命令的屏幕响应随不可达原因的不同而异。最常见的情况有以下两种。

- 目的网络不可达（Destination net unreachable）：说明没有到达目的地的路由通常是由于“Reply from”中列出的路由器的路由信息错误造成的。
- 请求超时（Request timed out）：表明在指定的超时时间内（默认为 1 000ms）没有对探测报文作出响应，其原因可能为路由器关闭、目标主机关闭、没有路由返回到主机，或响应的等待时间大于指定的超时时间。

5.5.3　arp 命令的使用

多数的网络操作系统都内置了一个 arp 命令，用于查看、添加和删除高速缓冲存储器中的 ARP 表项。

在 Windows 中，高速缓冲存储器中的 ARP 表可以包含动态表项和静态表项。动态表项随时间推移自动添加和删除；而静态表项则一直保留在高速缓冲存储器中，直到人为删除或重新启动计算机为止。

在 ARP 表中，每个动态表项的潜在生存周期是 10min。新表项加入时定时器开始计时，如果某个表项添加后 2min 内没有被再次使用，则此表项过期并从 ARP 表中删除。如果某个表项被再次使用，则该表项又收到 2min 的生存周期。如果某个表项始终在使用，则它的最长生存周期为 10min。

1．显示高速缓冲存储器中的 ARP 表

显示高速缓冲存储器中的 ARP 表，可以使用 arp-a 命令。ARP 表项在没有进行手工配置之前通常为动态 ARP 表项，因此，表项的变动较大，arp-a 命令输出的结果也大不相同。如果高速缓冲存储器中的 ARP 表项为空，则 arp-a 命令输出的结果为“No ARP Entries Found”；如果 ARP 表项中存在 IP 地址与 MAC 地址的映射关系，则 arp-a 命令显示该映射关系，如图 5-22 所示。

```
管理员: 命令提示符
Microsoft Windows [版本 6.1.7601]
版权所有 (c) 2009 Microsoft Corporation。保留所有权利。

C:\Users\Administrator>arp -a

接口: 192.168.145.1 --- 0xf
  Internet 地址         物理地址              类型
  192.168.145.254       00-50-56-fb-58-8e     动态
  192.168.145.255       ff-ff-ff-ff-ff-ff     静态
  224.0.0.22            01-00-5e-00-00-16     静态
  224.0.0.252           01-00-5e-00-00-fc     静态
  239.255.255.250       01-00-5e-7f-ff-fa     静态
  255.255.255.255       ff-ff-ff-ff-ff-ff     静态

接口: 192.168.135.1 --- 0x10
  Internet 地址         物理地址              类型
  192.168.135.254       00-50-56-f8-43-46     动态
  192.168.135.255       ff-ff-ff-ff-ff-ff     静态
  224.0.0.22            01-00-5e-00-00-16     静态
  224.0.0.252           01-00-5e-00-00-fc     静态
  239.255.255.250       01-00-5e-7f-ff-fa     静态
  255.255.255.255       ff-ff-ff-ff-ff-ff     静态

C:\Users\Administrator>_
```

图 5-22　arp-a 命令

2．删除 ARP 表项

无论是动态表项还是静态表项，都可以通过“arp-d inet_addr”命令删除，其中，inet_addr 为该表项的 IP 地址。如果要删除 ARP 表中的所有表项，也可以使用“*”代替具体的 IP 地址。图 5-23 给出了 arp-d 命令的具体示例，并利用 arp-a 命令显示了运行 arp-d 命令后 ARP 表的具体变化情况。

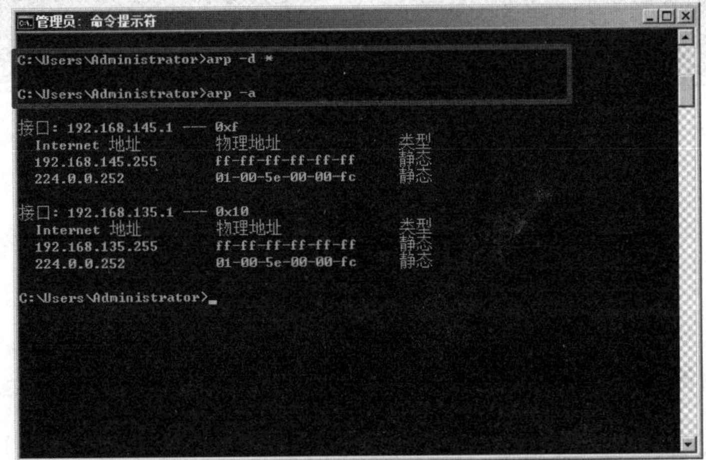

图 5-23　arp-d 命令

3．添加 ARP 静态表项

存储在高速缓冲存储器中的 ARP 表项，既可以有动态表项，也可以有静态表项。通过“arp-s inet_addr eth_addr”命令，可以将 IP 地址与 MAC 地址的映射关系手工加入到 ARP 表中。其中，inet_addr 为 IP 地址，eth_addr 为与其相对应的 MAC 地址。通过 arp-s 命令加入的表项是静态表项，因此，系统不会自动将它从 ARP 表中删除，直到人为删除或关机。图 5-24 中利用“arp-s 192.168.0.100 00-d0-09-f0-22-71”在 ARP 表中添加一个表项。通过 arp-a 命令可以看到，该表项是静态的(static)而不是动态的(dynamic)。

在人为增加 ARP 表项时，一定要确保 IP 地址与 MAC 地址的映射关系是正确的，否则将导致发送失败。可以利用 arp-s 命令增加一条错误的 IP 地址与 MAC 地址的映射信息，再通过 ping 命令判断该计算机是否能够正常发送信息。

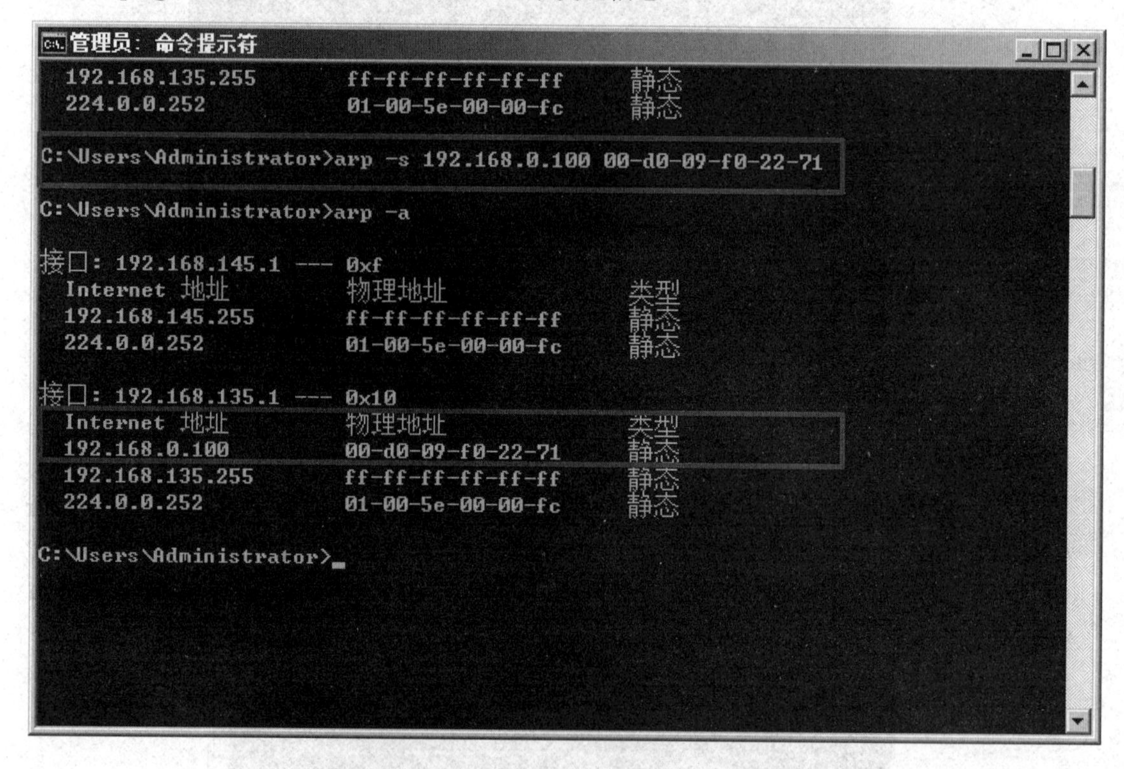

图 5-24 arp-s 192.168.0.100 00-d0-09-f0-22-71

5.6 实验：路由器的启动

5.6.1 路由器的全局配置

【实验名称】

路由器的全局配置。

【实验目的】

掌握路由器的全局基本配置。

【技术原理】

（1）配置路由器的设备名称和路由器的描述信息必须在全局模式下执行。

（2）Hostname：配置路由器的设备名称。

（3）当用户登录路由器时，可能需要告诉用户一些必要的信息，可以通过设置标题来达到这个目的。一般可以创建两种类型的标题，即每日提示信息和登录标题。

（4）Banner motd：配置路由器每日提示信息“motd message of the day”。

（5）Banner login：配置路由器登录标题，位于每日提示信息之后。

【实现功能】

配置路由器的设备名称和每次登录路由器时提示的相关信息。

【实验设备】

R2630 路由器（1 台），直连线或交叉线（1 条）。

【实验拓扑】

实验拓扑如图 5-25 所示。

图 5-25　实验拓扑

【实验步骤】

（1）路由器设备名称的配置

```
Red-Giant>enable
Red-Giant#config terminal
Red-Giant(config)#hostname RouterA      //配置路由器的设备名称为 RouterA
RouterA (config)#
```

（2）路由器每日提示信息的配置

```
RouterA (config)#banner motd &    //配置每日提示信息，&为终止符
welcome to RouterA,if you are admin,you can config it.
if you are not admin,please exit!      //输入描述信息
&           //以&符号结束终止输入
```

【验证测试】

```
RouterA (config)#exit
RouterA #exit
press return to get started.
```

welcome to RouterA,if you are admin,you can config it.
if you are not admin,please exit!
RouterA >

5.6.2 路由器端口的基本配置

【实验名称】

路由器端口的基本配置。

【实验目的】

掌握路由器端口的常用配置参数。

【技术原理】

（1）在默认情况下，锐捷路由器的 Fastethernet 接口为 10/100M 自适应端口，双工模式也为自适应，并且在默认情况下路由器的物理端口处于关闭状态。

（2）路由器提供广域网接口（serial 高速同步串口），使用 V.35 线缆连接广域网接口链路。在连接广域网时，一端为 DCE，一端为 DTE。要求必须在 DCE 端配置时钟频率（clock rate），才能保证链路的连通。

（3）在路由器的物理端口可以灵活配置带宽，但最大值为该端口的实际物理带宽。

【实现功能】

给路由器接口配置 IP 地址，并在 DCE 端配置时钟频率，限制端口带宽。

【实验设备】

R2630 路由器（2 台），V.35 线缆（1 条）。

【实验拓扑】

实验拓扑如图 5-26 所示。

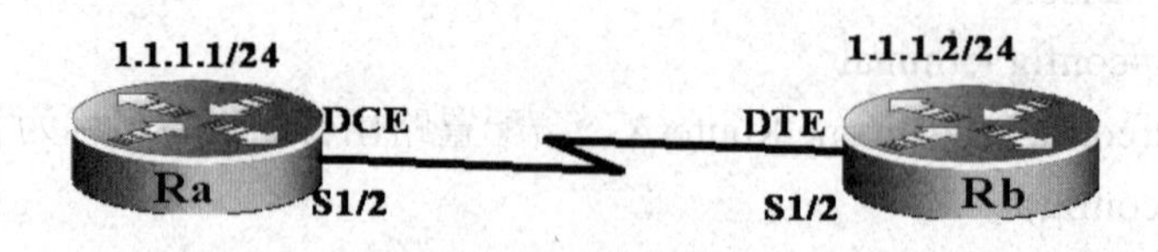

图 5-26 实验拓扑

【注意】在使用 V.35 线缆连接两台路由器的同步串口时，注意区分 DCE 端和 DTE 端。

【实验步骤】

（1）路由器 A 端口参数的配置

```
Red-Giant#config terminal
Red-Giant(config)#hostname Ra
Ra(config)#interface serial 1/2                    //进入 s1/2 的端口模式
Ra(config-if)#ip address 1.1.1.1 255.255.255.0     //配置端口的 IP 地址
```

```
Ra(config-if)#clock rate 64000      //在 DCE 接口上配置的时钟频率为 64 000
Ra(config-if)#bandwidth 512         //配置端口的带宽速率为 512Kb，以 Kb 为单位
Ra(config-if)#no shutdown           //开启该端口，使端口转发数据
```

（2）路由器 B 端口参数的配置

```
Red-Giant#config terminal
Red-Giant(config)#hostname Rb
Rb(config)#interface serial 1/2                    //进入 s1/2 的端口模式
Rb(config-if)#ip address 1.1.1.2 255.255.255.0     //配置端口的 IP 地址
Rb(config-if)#bandwidth 512                        //配置端口的带宽速率为 512Kb
Rb(config-if)#no shutdown                          //开启该端口，使端口转发数据
```

（3）查看路由器端口配置的参数

```
Ra#show interface serial 1/2          //查看 Ra serial 1/2 接口的状态
Rb#show interface serial 1/2          //查看 Rb serial 1/2 接口的状态
Rb#show ip interface serial 1/2       //查看该端口 IP 协议的相关属性
```

（4）验证配置

```
Ra#ping 1.1.1.2            //在 Ra ping 对端 Rb serial 1/2 接口的 IP
```

【注意】

（1）路由器的端口在默认情况下是关闭的，需要 no shutdown 开启端口。

（2）serial 接口正常的数据传输速率最大是 2.048Mbit/s（2 000Kbit/s）。

（3）了解 show interface 和 show ip interface 之间的区别。

5.6.3　查看路由器的系统和配置信息

【实验名称】

查看路由器的系统和配置信息。

【实验目的】

查看路由器的系统和配置信息，掌握当前路由器的工作状态。

【技术原理】

（1）查看路由器的系统和配置信息的命令要在特权模式下才能执行。

（2）Show version：查看路由器的版本信息，可以查看路由器的硬件版本信息和软件版本信息。

（3）Show ip route：查看路由表信息。

（4）Show running-config：查看路由器当前生效的配置信息。

【实现功能】

查看路由器的各项参数。

【实验设备】

R2630 路由器（1 台），主机（1 台），直连线（1 条）。

【实验拓扑】

实验拓扑如图 5-27 所示。

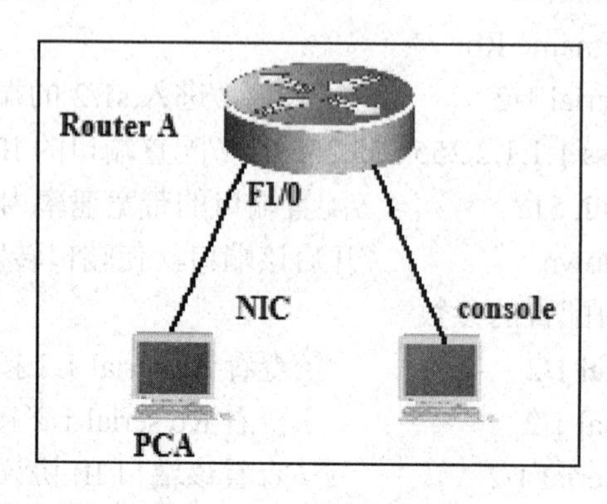

图 5-27　实验拓扑

【实验步骤】

（1）路由器端口参数的配置

Red-Giant >enable　14
Red-Giant #config terminal
Red-Giant (config)#hostname RouterA
RouterA(config)#interface fastethernet 1/0　//执行 F1/0 的端口模式
RouterA (config-if)#ip address 192.168.1.1 255.255.255.0　//配置端口的 IP 地址
RouterA (config-if)#no shutdown

（2）查看路由器各项的配置信息

RouterA #show version
RouterA # Show ip route
RouterA # Show running-config

【注意】

（1）Show running-config 是查看当前生效的配置信息。Show startup-config 是查看保存在 NVRAM 里的配置信息。

（2）路由器在启动过程中是将 NVRAM 里的配置信息全部加载到 RAM 里生效的。

5.7　IPv6 地址

IP 协议是因特网的核心协议，现在使用的是 IP 协议（IPv4）是在 20 世纪 70 年代设计的。无论是从计算机的本身发展，还是从因特网的规模和网络传输速率来看，IPv4 已经很不适应了，最主要的问题是 32 位的 IP 地址不够用。

要解决 IP 地址耗尽的问题，最根本的办法是采用具有更大地址空间的新版本 IP 协议（IPv6）。

5.7.1　IPv6 的基本首部

IPv6 仍支持无连接的传送，但将协议数据单元（PDU）称为“分组”，而不是 IPv4 的数据报。IPv6 所带来的主要变化如下。

（1）更大的地址空间。IPv6 把地址从 IPv4 的 32 位扩大到 128 位，使地址空间增大了 2^{96} 倍，这样大的地址空间在可预见的将来是不会用完的。

（2）灵活的首部格式。IPv6 数据报的首部和 IPv4 的并不兼容。IPv6 定义了许多可选的扩展首部，不仅可提供比 IPv4 更多的功能，而且还可提高路由器的处理效率，这是因为路由器对扩展首部不进行处理（除逐跳扩展首部外）。

（3）改进的选项。IPv6 允许数据报包含有选项的控制信息，因而可以包含一些新的选项。IPv4 所规定的选项是固定不变的。

（4）支持即插即用（即自动配置）。

（5）支持资源的预分配。IPv6 支持实时视像等要求保证一定的带宽和时延的应用。

（6）IPv6 首部改为 8Bytes 对齐（即首部长度必须是 8Bytes 的整数倍）。原来的 IPv4 首部是 4Bytes 对齐。

1．IPv6 报文结构

IPv6 数据报在基本首部（base header）的后面允许有零个或多个扩展首部（extension header），再后面是数据，如图 5-28 所示。

【注意】所有的扩展首部都不属于 IPv6 数据报的首部，所有的扩展首部和数据合起来被称为数据报的“有效载荷”（payload）或“净负荷”。

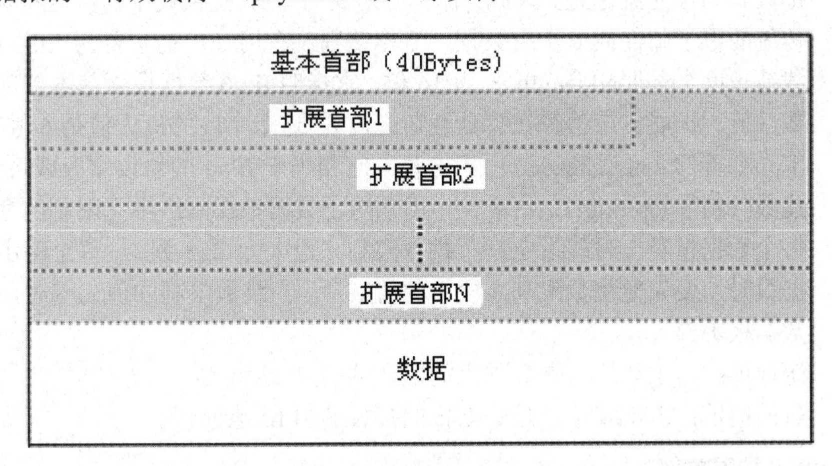

图 5-28　IPv6 数据报的一般形式

- 基本首部：包含源地址和目的地址，以及每个数据报都需要的重要信息。
- 扩展首部：每个扩展首部包含一种额外信息以支持不同特性，包括分片、源路由、安全和选项。

➢ 数据：来自上层的需要被数据报传输的有效载荷。

2．IPv6 基本首部

每一个数据报都必须有 IPv6 基本首部，它包含寻址和控制信息，这些信息被用来管理数据报的处理和选路，如图 5-29 所示。

版本	流量类别	流标签	
载荷长度		下一个首部	跳数限制
源地址（128bits）			
目的地址（128bits）			

图 5-29 IPv6 基本首部

➢ 版本（version）：占 4 位，它指明了协议的版本。对 IPv6，该字段是 6。
➢ 流量类别：占 8 位，这是为了区分不同的 IPv6 数据报的类别或优先级。中间节点根据每个流量类别来转发分组，默认情况下，源节点会将流量类别字段设置为 0，但不管开始是否被设置为 0，在通往目标节点的途中，这个字段都可能会被修改，在 RFC2474 和 RFC3168 中定义。
➢ 流标签：占 20 位，IPv6 的一个新的机制是支持资源分配，并且允许路由器把每一个数据报与一个给定的资源分配相联系。IPv6 提出了流（flow）的抽象概念。所谓“流”，就是在因特网上从特定源点到特定终点的一系列数据报，而在这个流所经过的路径上的路由器都保证指明的服务质量。所有属于同一个流的数据报都具有同样的流标签。因此，流标签对实时音频/视频数据的传送特别有用。对于传统的电子邮件或非实时数据，流标签则没有用处，把它置为“0”即可。
➢ 载荷长度（payload length）：占 16 位，它指明 IPv6 数据报除基本首部以外的字节数（所有扩展首部都算在有效载荷之内）。这个字段的最大值是 64KB。
➢ 下一个首部（next header）：占 8 位，它相当于 IPv4 的协议字段或可选字段。
➢ 跳数限制（hop limit）：占 8 位，用来防止数据报在网络中无限制的存在，源点在每个数据报发出时即设定某个跳数限制（最大为 255 跳）。每个路由器在转发数据报时，要先把跳数限制字段中的值减 1，当跳数限制的值为零时，就要把这个数据报丢弃。
➢ 源地址：占 128 位，是数据报的发送端的 IP 地址。
➢ 目的地址：占 128 位，是数据报的接收端的 IP 地址。

3．IPv6 扩展首部

IPv4 的数据报如果在 IPv4 首部中使用了选项，那么沿数据报传送的路径上的每一个路由器都必须对这些选项一一进行检查，这就降低了路由器处理数据报的速度。实际上，很多选项在途中的路由器是不需要检查的。IPv6 把原来 IPv4 首部中选项的功能都放在扩

展首部中，并把扩展首部留给路径两端的源点和终点的主机来处理，而数据报途中经过的路由器不需要处理这些扩展首部，这样就大大提高了路由器的处理效率。

IPv6 定义了以下六种扩展首部：①逐跳选项；②路由选择；③分片；④鉴别；⑤封装安全有效载荷；⑥目的站选项。

每一个扩展首部都由若干个字段组成，它们的长度各不相同。但所有扩展首部的第一个字段都是 8 位的“下一个首部”字段，此字段的值指出在该扩展首部后面的字段是什么。当使用多个扩展首部时，应按以上先后顺序出现。高层首部总是放在最后面。

图 5-30 表示当数据报不包含扩展首部时，固定首部中的下一个首部字段相当于 IPv4 首部中的协议字段。此字段的值指出后面的有效载荷应当交付给上一层的哪一个进程。

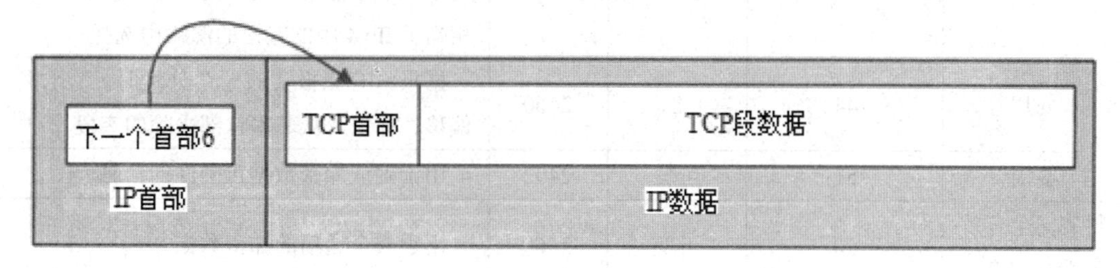

图 5-30　无扩展首部的 IPv6 数据报

例如，当有效载荷是 TCP 报文段时，固定首部中下一个首部字段的值就是 6，这个数值和 IPv4 中协议字段填入的值是一样的，后面的有效载荷则被交付给上层的 TCP 进程。

图 5-31 中表示数据报包含两个扩展首部，封装了 TCP 的数据报有一个逐跳选项扩展首部和一个分片扩展首部。这些首部的下一个首部字段包含的值如下所述。

（1）基本首部的下一个首部字段是 0，指定逐跳选项首部。

（2）逐跳选项首部的下一个首部字段的值是 44（十进制），这是分片首部的值。

（3）分片首部的下一个首部字段的值是 6。

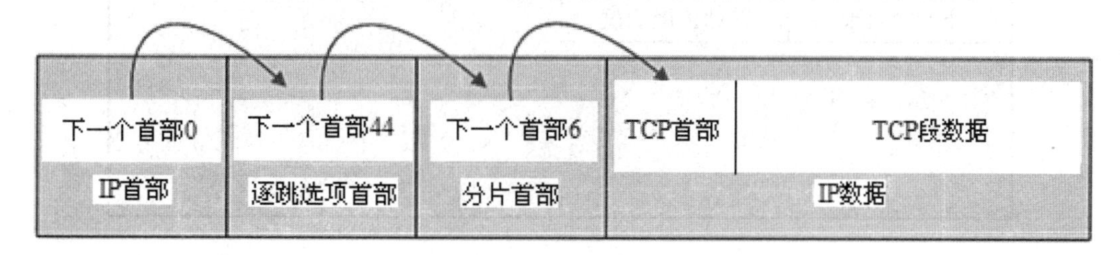

图 5-31　有两个扩展首部的 IPv6 数据报

下一个首部字段允许设备更容易地处理所接收的 IPv6 数据报首部。当数据报不包含扩展首部时，下一个首部实际上就是 IP 数据字段的起始部分。图 5-31 中是 TCP 首部，字段值是 6，这和 IPv4 中协议字段的用法相同。如果有扩展首部，每个首部的下一个首部字段的值就是表示数据报中下一个首部的类型，因此，它们在逻辑上链接了首部。

表 5-8 列出了不同的扩展首部及其对应的下一个首部字段的值和长度，以及定义该首部的 RFC 及其用法和简要描述。

表 5-8 扩展首部字段

扩展首部名	下一个首部值（十进制）	长度（字节）	定义的 RFC	描　述
逐跳选项	0	可变	2460	一组任意选项，供从源到目的地路径上的所有设备检查。这是用来定义可变格式选项的两个扩展首部之一
路由选择	43	可变	2460	一种方法允许源设备指定数据报的路由，该首部类型实际上允许定义多种选路类型，IPv6 标准定义 0 类型选项扩展首部，相当于 IPv4 中的宽松的源路由选择
分片	44	8	2460	据报只有原报文的一个分片时，包含片偏移、标识及从基本首部去除的字段
鉴别	51	可变	2402	用于确认加密数据正确性的信息
封装安全有效载荷（ESP）	50	可变	2460	用于安全通信的加密数据
目的站选项	60	可变	2460	一组任意选项，仅供数据报的目的地检查，这是用来定义可变格式选项的两个扩展首部之一

4．IPv6 逐跳选项首部

逐跳选项首部是由每个中间节点检查并处理的，源节点和目的节点也对逐跳选项首部进行处理。对逐跳选项首部来说，前一个首部的“下一个首部”字段值为 0，逐跳选项首部必须紧跟在 IPv6 首部之后，如图 5-32 所示为逐跳选项首部的格式。

图 5-32 逐跳选项首部格式

- 下一个首部：长度为 1Byte，字段包含的是协议号，用来标识紧跟在逐跳选项首部之后的协议值。
- 首部扩展长度：长度为 1Byte，表示以 8Bytes 为单位的首部长度（不包含第一个 8Bytes）。
- 选项：选项字段是变长的，但必须使整个逐跳选项首部的长度是 8Bytes 的倍数。

5．IPv6 目的站选项首部

目的站选项首部是由最终的分组目的节点处理的，但是，如果目的站选项首部出现在路由选择首部之前，就由跟在目的站选项首部之后的路由选择首部列出的所有节点来处理这个目的站选项首部。对于目的站选项首部来说，前一个首部的“下一个首部”的字段值为 60，如图 5-33 所示为其格式。

图 5-33　目的站选项首部格式

- 下一个首部：长度为 1Byte，字段包含的是协议号，用来标识紧跟在逐跳选项首部之后的协议首部。
- 首部扩展长度：长度为 1 Byte，表示以 8 Bytes 为单位的首部长度（不包含第一个 8 Bytes）。
- 选项：选项字段是变长的，但必须使整个逐跳选项首部的长度是 8 Bytes 的倍数。

6．IPv6 选路扩展首部

在 IPv6 中，选路扩展首部用于执行源选路功能，如图 5-34 所示。

下一个首部	首部扩展长度	选路类型（=0）	剩余段
保留			
地址 **1**　（**128**bits）			
……			
地址 **N**　（**128**bits）			

图 5-34　选路扩展首部格式

- 下一个首部：长度为 1Byte，包含跟在选路扩展首部后面的下一扩展首部的协议值，用于将首部链接在一起。
- 首部扩展长度：长度为 1 Byte，该字段表示选路扩展首部的长度并以 8 Bytes 为单位计算，不包含该首部的前 8 Bytes。对于选路类型 0，该值嵌入首部地址数的两倍。
- 选路类型：长度为 1 Byte，允许定义多种选路类型，目前唯一可用的值是 0。
- 剩余段：长度为 1 Byte，到达目的地前仍在路上的显示命名的节点数，即在前往最终目的节点的途中还需要访问的中间节点数。
- 保留：长度为 4 Bytes，未用，置 0。
- 地址 1……地址 N：可变（16 的倍数），指定使用的路由的一组 IPv6 地址，也就是通往目的地的途中所要经过的中间节点的地址。

7. IPv6 分片首部

IPv4 分片增加了网络带宽，以及执行分片操作的路由器和执行重装功能的目的节点上的处理开销，同时，一个原始分组中部分分片的丢失会极大地降低整体的性能。

IPv6 的设计吸取了这个教训。在 IPv6 中不鼓励进行分组分片，相反，IPv6 提出了一种机制，并建议使用这种机制找出相互通信的两个节点间的最小链路（MTU），以便在源节点上确定正确的分组长度。这种机制被称为“路径 MTU 发现”（path MTU discovery）。

但是，在某些情况下仍然需要进行分片。在这种情况下，就要为分组的分片和重装使用分片首部。在 IPv6 中，只有分组源端可以进行分片。与 IPv4 不同的是，IPv6 路由器不对分组进行分片，这样就减少了路由器的工作。

对于分片首部，前一个首部的“下一个首部”的字段值为 44，如图 5-35 所示为其报文格式。

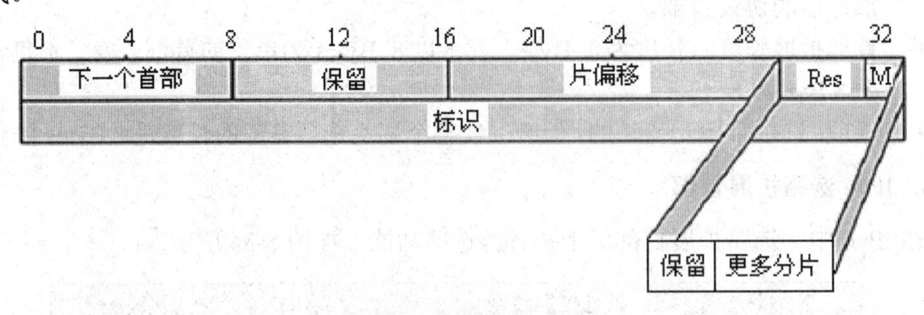

图 5-35　分片首部报文格式

- 下一个首部：长度为 1Byte，字段中包含的是协议号，用来标识原始分组可分片部分的第一个首部的协议值。
- 保留：发送方将这个 8bits 字段设置为 0，接收方将其忽略。
- 片偏移：13bits 的偏移量字段说明紧跟在分片首部之后的数据相对于原始分组可分片部分起始处的偏移量，偏移量以 8 Bytes 为单位。
- 保留：发送方将这个 2bits 的保留字段设置为 0，接收方将其忽略。
- M：此为 1bit，更多分片的标记，与 IPv4 首部的标记相同。如果 M 位为 1，说明后面还有很多的片；如果 M 位为 0，则说明当前片为最后一片。
- 标识：此为 32bits，使接收方可以识别出属于同一个分组的片。分组源端会为每个需要分片的分组生成一个不同的标识值。

8. IPv6 扩展首部的顺序

每个扩展首部在数据报中出现一次，而且只有最终接收方才能检查扩展首部，中间设备不检查。

RFC2460 中规定，当出现多个首部时，在基本首部之后，IPv6 数据报载荷封装的高层协议首部出现的顺序如表 5-9 所示。

表 5-9 IPv6 数据报载荷封装的高层协议首部出现的顺序

顺序	扩展首部	顺序	扩展首部
1	逐跳选项	5	鉴别
2	目的地选项（由目的地和选路首部注明的设备处理的选项）	6	封装安全性载荷
3	路由选择	7	目的地选项（仅由最终目的地处理的选项）
4	分片		

以上除了目的站选项首部之外，每种扩展首部选项都不能出现多次。目的站选项首部可以出现两次，一次在路由选择首部之前，一次在路由选择首部之后。出现在路由选择首部之前的目的站选项首部由路由选择首部列出的所有中间节点处理；出现在路由选择首部之后的目的站选项首部仅由最终的分组目的节点处理。

在正常情况下，唯一一个由所有中间设备检查的首部是逐跳选项扩展首部。它专门用来给路由器上的所有设备传递管理信息。逐跳选项扩展首部必须作为第一个扩展首部出现，因为它是所有路由器必须读的唯一一个首部，所以它被放在最前面，以便更容易被快速地查找和处理。

【注意】所有扩展首部的长度必须是 8Bytes 的倍数以便对齐处理。

5.7.2 IPv6 的地址空间

1. IPv6 地址表示

有三种格式可以表示 IPv6 地址，分别是首选格式、压缩格式、过渡地址格式。

（1）首选格式

首选格式是最长的方法，是由所有的 32 个十六进制字符组成的一个 IPv6 地址，如图 5-36 所示。

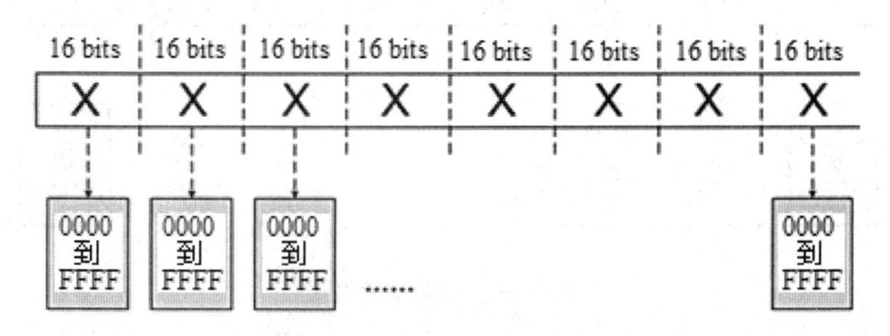

图 5-36 IPv6 地址的首选格式

首选格式也被称为“IPv6 地址的完全形式”，由一列以冒号分开的 8 个 16bits 十六进制字段组成。每个 16bits 字段以文本表示为 4 个十六进制字符，意指每个 16bits 字段的值可以是 0x0000 到 0xFFFF，十六进制中所有的表示数字的字符不区分大小写。

【例】首选格式的 IPv6 地址示例。

0000:0000:0000:0000:0000:0000:0000:0000

2001:0002:0000:1234:FDBD:1200:3000:36FF

FE80: 0000:0000:0000:0000:0000:0000:0008

（2）压缩格式

另一种表示方法是 IPv6 地址的压缩表示。为了简化人们的 IPv6 地址输入，当 IPv6 地址中一个或多个连续的 16bits 字段为 0 时，可以用“: :”（两个冒号）表示这些字段的 0 是合法的。

【例】IPv6 地址的压缩表示如下。

0000:0000:0000:0000:0000:0000:0000:0000→: :

2001:0002:0000:1234:FDBD:1200:3000:36FF→2001:0002: :1234:FDBD:1200:3000:36FF

FE80: 0000:0000:0000:0000:0000:0000:0008→FE80: :0008

【注意】IPv6 地址只允许一个“: :”，该方法使许多 IPv6 地址非常短。

在 IPv6 中存在一个或多个前导 0 的 16bits 十六进制字段，每个字段的前导 0 可以简单地去掉以缩短 IPv6 地址的长度。但是，如果 16bits 字段的每个十六进制字符都为 0，那么至少要保留一个 0 字符。

【例】IPv6 地址的前导 0 压缩表示如下。

0000:0000:0000:0000:0000:0000:0000:0000→0:0:0:0:0:0:0:0

2001:0002:0000:1234:FDBD:1200:3000:36FF→2001: 2:0:1234:FDBD:1200:3000:36FF

FE80: 0000:0000:0000:0000:0000:0000:0008→FE80: 0:0:0:0:0:0: 8

（3）过渡地址格式

第三种表示地址的方法与过渡机制有关，在这里，IPv4 地址内嵌在 IPv6 地址中。IPv6 地址的第一部分使用十六进制表示，而 IPv4 地址部分是十进制格式，地址格式如图 5-37 所示。这种地址由两部分组成：6 个高 16 比特十六进制值字段，以“X”字符表示，后跟 4 个低 8 比特十进制值字段（IPv4 地址），以“d”字符表示（共 32bits）。

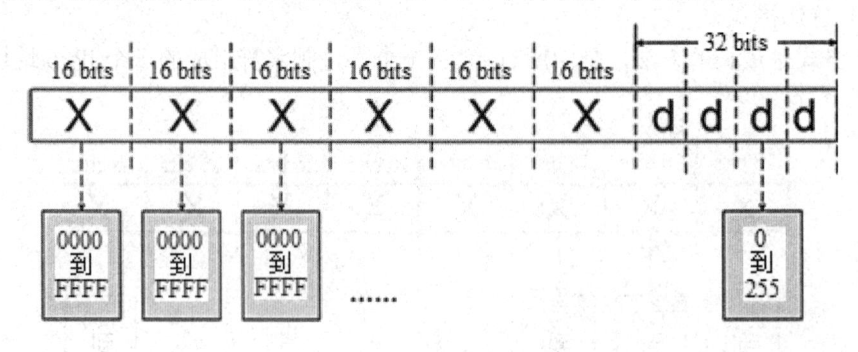

图 5-37　过渡地址格式

【例】内嵌在 IPv6 地址内的 IPv4 地址如下。

0000:0000:0000:0000:0000:0000:221.10.13.112→0:0:0:0:0:0: 221.10.13.112 或: :221.10.13.112

IPv6 地址基本上分为网络 ID 和主机 ID，网络 ID 被称为“前缀”。前缀通过在地址后加斜杠，斜杠后加前缀长度来表示。这和使用 CIDR 的无类别 IPv4 寻址方法一样。

【例】805B:2D9D:DC28:0:0:0:0:0/48 或 805B:2D9D:DC28: : /48

2. IPv6 地址类型

在 IPv6 中，地址指定给网络端口而不是节点，每个端口同时拥有或使用多个 IPv6 地址。一般来讲，一个 IPv6 数据报的目的地址可以是以下三种基本类型。

（1）单播（unicast）。单播就是传统的点对点通信。

（2）多播（multicast）。多播是一点对多点的通信，数据报交付到一组计算机中的每一个。IPv6 没有采用广播的术语，而是将广播看作多播的一个特例。

（3）任意播（anycast）。这是 IPv6 增加的一种类型。任意播的终点是一组计算机，但数据报只交付给其中的一个，通常是距离最近的一个。

在每种地址中有一种或多种类型的地址。多播有指定地址和被请求节点地址；单播有未指定的回环地址、本地链路地址、可聚合全球地址、本地站点地址和 IPv4 兼容地址；任意播有本地链路地址、本地站点地址和可聚合全球地址。IPv6 地址类型如图 5-38 所示。

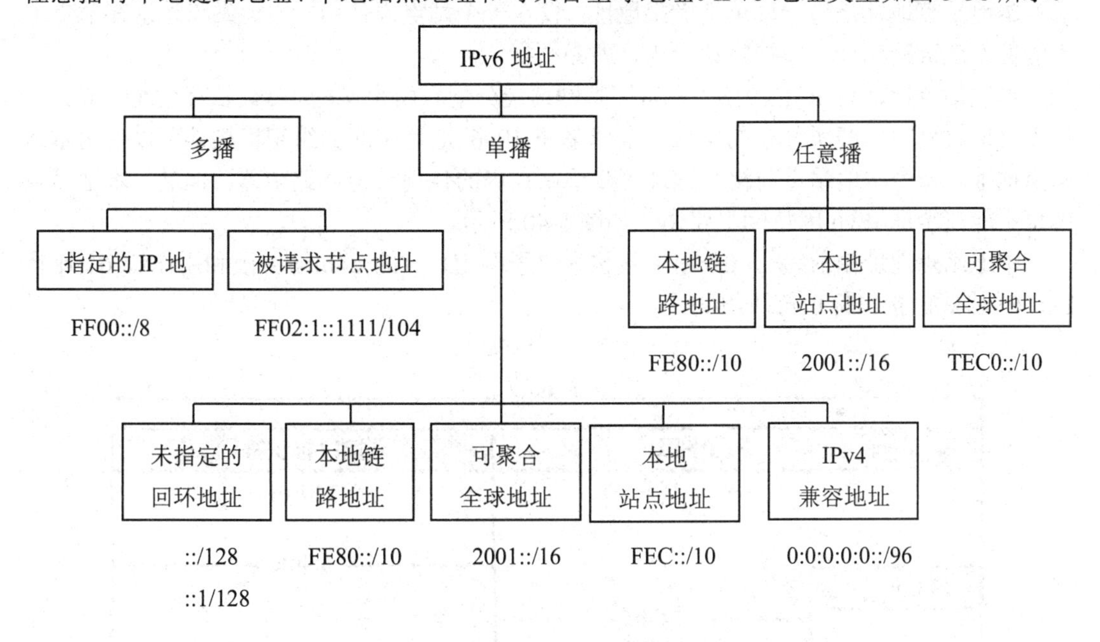

图 5-38 IPv6 地址类型

3. 本地链路单播地址

本地链路单播地址有范围限制，只能在连接到同一本地链路的节点之间使用。当在一个节点上启动了 IPv6 协议栈时，节点的每个接口自动配置一个本地链路地址，如图 5-39 所示。该地址使用了 IPv6 本地链路前缀 FE80: :/10，同时扩展唯一标识符 64（EUI-64）格式的接口标识符添加在后面作为地址的低 64 比特，比特 11 到比特 64 设为 0（54bits）。本地链路地址只用于本地链路范围，不能在站点内的子网间路由。

在 IPv6 中，一个有可聚合全球单播地址的节点在本地链路上使用默认 IPv6 路由器的本地链路地址，而不使用路由器的可聚合全球单播地址。如果必须发生网络重新编制，即，将单播可聚合全球前缀更改为一个新的单播可聚合全球前缀，那么总能使用本地链路地址到达默认路由器。在网络重新编制过程中，节点和路由器的本地链路地址不会发生变化。

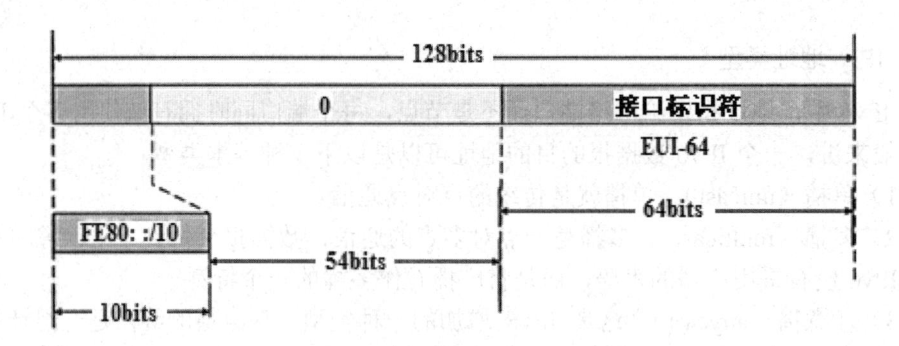

图 5-39　本地链路地址格式

4．本地站点单播地址

本地站点地址是另一种单播受限地址，仅在一个站点内使用。本地站点地址在节点上不能像本地链路地址一样被默认启用，即必须指定。

本地站点地址与 RFC1918“私有因特网地址分配”所定义的 IPv4 私有空间类似。任何没有接收到提供商所分配的可聚合全球单播 IPv6 地址空间的组织机构都可以使用本地站点地址。一个本地站点前缀和地址可赋予站点内的任何节点和路由器，但是，本地站点地址不能在全球 IPv6 因特网上路由。如图 5-40 所示。

本地站点地址由前缀 FEC0::/10（被称为“子网 ID”）的 54bits 字段和用作低 64 比特 EUI-64 格式的接口标识符所组成。

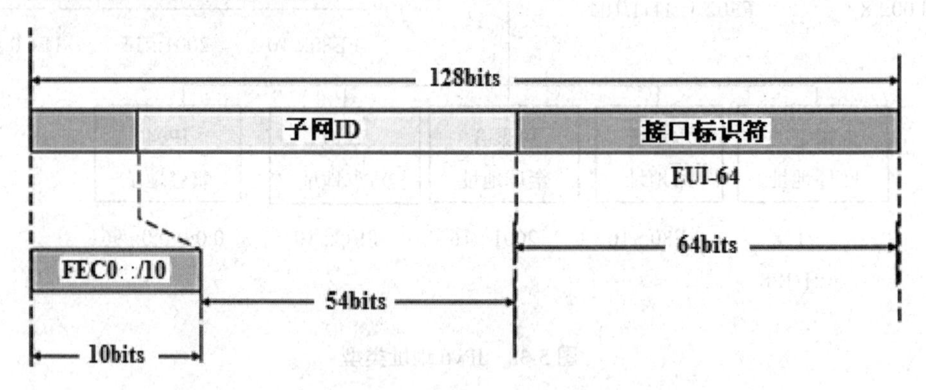

图 5-40　本地站点地址格式

5．可聚合全球单播地址

可聚合全球单播地址是用于因特网、通常 IPv6 数据流量的 IPv6 地址，可聚合全球单播结构使用严格的路由前缀聚合，以限制全球因特网路由表的大小。

每个可聚合全球单播地址有三部分。

➢ 从提供商那里接收到前缀：RFC3177 定义，由提供商指定给一个组织结构（末节站点）的前缀至少是/48 前缀。
➢ 站点：组织结构能够使用所收到前缀的 49bits 到 64bits 来划分子网。
➢ 主机：主机部分使用每个节点的接口标识符。

可聚合全球单播地址格式如图 5-41 所示。

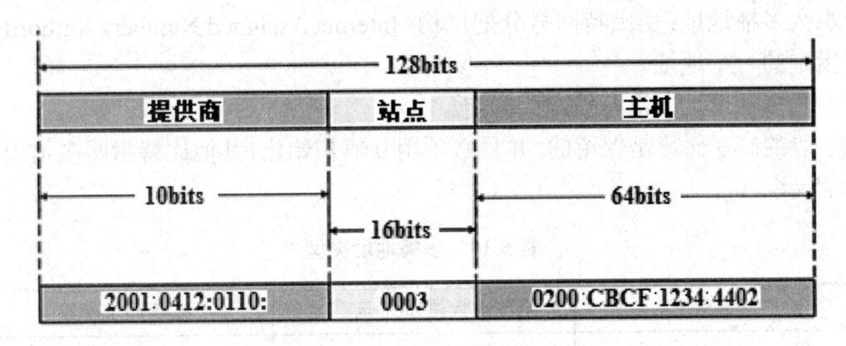

图 5-41　可聚合全球单播地址格式

6．多播地址

多播的主要目标是通过优化节点间交换的数据包数量，使高效网络节省链路带宽。但是，网络上的节点和路由器必须使用特定范围内的 IP 地址，以获取多播的好处。在 IPv4 中，该范围是 224.0.0.0/3，其中 IPv4 地址的高 3 比特设为 111。在 IPv6 中多播地址由 IPv6 前缀来定义，其首选格式为 FF00:0000:0000:0000:0000:0000:0000:0000/8，压缩表示为 FF00::/8。

在 IPv4 中，存活时间(TTL)用来限制多播流量，IPv6 多播没 TTL，因为在多播地址内定义了范围。在协议机制中，IPv6 多处用到多播地址，如 IPv4 中地址解析协议 ARP 的替代协议、前缀通告、重复地址检测(DAD)和前缀重新编制。

在 IPv6 中，本地链路上的所有节点监听多播，能够发送多播数据包以交换信息，因此，仅靠监听本地链路上的多播数据，IPv6 节点就能够知道所有的邻居节点和邻居路由器。就获得有关网络邻居的信息而言，这是不同于 IPv4 ARP 的技术。

如图 5-42 所示，使用标志和范围共 4bits 字段，多播地址格式定义了地址的几种范围和类型。这些字段在前缀 FF: :/8 之后，最后，多播地址的低 112 比特是多播组标识符。

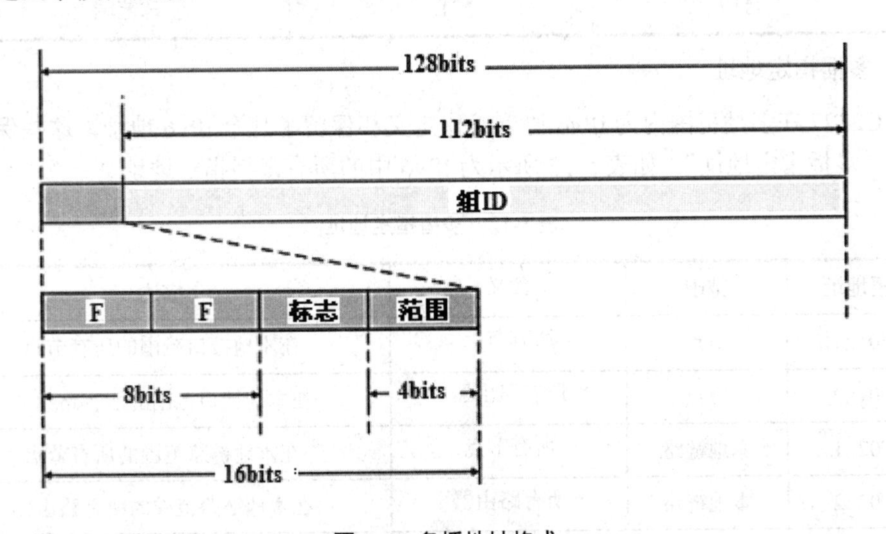

图 5-42 多播地址格式

标志字段指明多播地址类型，其中，两种多播地址定义如下。

➢ 永久多播地址：由因特网号分配机构（Internet Assigned Numbers Authority，IANA）指定的一个地址。

➢ 临时多播地址：没有被永久指定。

标志字段的高 3 比特是保留的，并且必须用 0 值初始化；其他比特指明多播地址类型，如表 5-10 所示。

表 5-10 多播地址类型

二进制表示	十六进制表示	多播地址类型
0000	0	永久多播地址
0001	1	临时多播地址

下一个 4 比特字段被称为“范围”，定义多播地址的范围。表 5-11 给出了多播范围字段的可能值和类型。

表 5-11 多播地址的范围

二进制表示	十六进制表示	范围类型
0001	1	本地接口范围
0010	2	本地链路范围
0011	3	本地子网范围
0100	4	本地管理范围
0101	5	本地站点范围
1000	8	组织结构范围
1110	E	全球范围

7. 多播指定地址

RFC2327 在多播范围内为 IPv6 协议操作定义和保留了几个 IPv6 地址，这些保留地址被称为“多播指定地址”。如表 5-12 所示为 IPv6 中的所有多播指定地址。

表 5-12 多播指定地址

多播地址	范围	含义	描述
FF01::1	节点	所有节点	在本地接口范围的所有节点
FF01::2	节点	所有路由器	在本地接口范围的所有路由器
FF02::1	本地链路	所有节点	在本地链路范围的所有节点
FF02::2	本地链路	所有路由器	在本地链路范围的所有路由器
FF05::2	站点	所有路由器	在一个站点范围内的所有路由器

8．被请求节点多播地址

对于在节点或路由器的接口上配置的每个单播和任意播地址，都会自动启用一个对应的被请求节点多播地址，被请求节点多播地址受限于本地链路。

被请求节点多播地址是特定类型的地址，用于两个基本的 IPv6 机制。

（1）替代 IPv4 中的 ARP：因为 IPv6 中不使用 ARP，被请求节点多播地址被节点和路由器用来获得本地链路上邻居节点和路由器的链路层地址。

（2）重复地址检测（DAD）：DAD 是邻居发现协议（Neighbor Discovery Protocol，NDP）的组成部分。节点利用 DAD 验证在其本地链路上该 IPv6 地址是否被使用。

被请求节点多播地址由前缀 FF02: :1:FF00:0000/104 和单播或任意播地址的低 24 位比特组成，如图 5-43 所示。单播或任意播地址的低 24 比特附加在前缀 FF02:1:FF 后面。

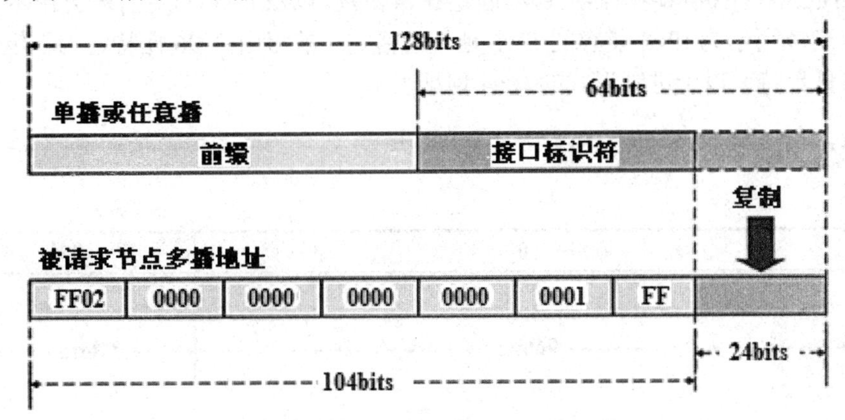

图 5-43 被请求节点多播地址格式

9．任意播地址

在 IPv6 中，任意播地址是加入 IP 的唯一一种新地址类型。IPv6 的实现基于 RFC1546“主机任播服务”的内容，任意播地址可以被看作是单播和多播寻址在概念上的交叉。其中，单播为“发往一个地址”，多播为“发往本组的每个成员”，任意播为“发往本组的任何一个成员”。在选择向哪个成员发送数据时，出于效率的考虑，通常发往最近的那个，即选路最近，因此，也可认为任意播的意思是“发往本组中最近的成员”。

任意播的基本想法是提供 TCP/IP 以前很难实现的功能。任意播具体倾向于在如下场合提供灵活性：需要的服务可由许多不同的服务器或路由器提供，但并不关心是哪个提供的服务。选路时，任意播允许数据报发往一组等价路由器中最近的一个，允许在路由器之间分担负载并在某些特定的路由器推出服务时提供动态的灵活性，发往任意播地址的数据报将自动传递给最容易到达的设备。

任意播没有专门的寻址方案，任意播地址和单播地址相同，当一个单播地址被分给多个接口时，全自动创建一个任意播地址。

10．回环地址

类似于 IPv4 协议，每个设备都有一个回环地址，由节点自己使用，回环地址表示为 0000:0000:0000:0000:0000:0000:0000:0001 和压缩格式: :1。

11．未指定地址

未指定地址是没有指定给任何接口的单播地址，这表明少了一个地址，用于特殊目的。未指定地址表示为0000:0000:0000:0000:0000:0000:0000:0000或压缩格式: :。

12．IPv4/ IPv6地址嵌入

只有使用特殊的技术，IPv6才可以向后兼容IPv4。例如，采用隧道技术，为了支持IPv4/IPv6兼容，可设计一种在IPv6地址结构中嵌入IPv4地址的方案。这种方案把变通的IPv4地址放到一种特殊的IPv6格式中，使特定的IPv6设备把它们作为IPv4地址看待。

有两种不同的嵌入格式来指示使用嵌入地址的设备能力。

（1）IPv4兼容的IPv6地址。IPv4兼容的IPv6地址是由过渡机制使用的特殊IPv6单播地址，目的是在主机和路由器上自动创建IPv4隧道，以在IPv4网络上传送IPv6数据包。

如图5-44所示为IPv4兼容的IPv6地址的格式，前缀由高96比特设为0组成，其他32比特（低比特）以十进制形式的IPv4地址表示。

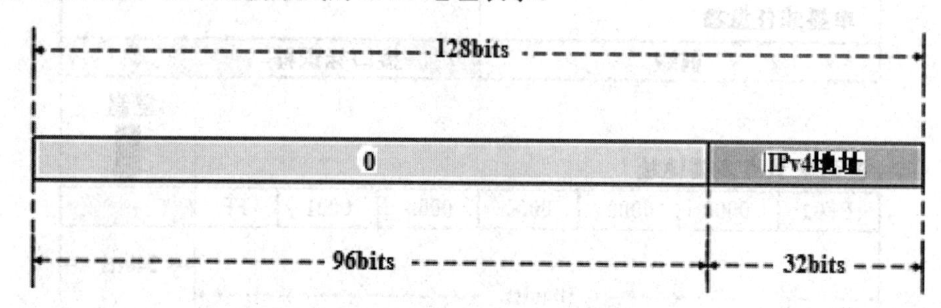

图5-44　IPv4兼容的IPv6地址的格式

过渡机制在两个节点之间使用目的IPv6地址中的IPv4目的地址自动建立IPv4上的一条IPv6-over-IPv4隧道，应用动态NAT-PT，将目的IPv4地址映射成IPv6地址。

（2）IPv4映射的IPv6地址。把普通的IPv4地址映射到IPv6地址空间，仅用于具有IPv4能力的设备。地址前缀由80bits设为0组成，然后是16bits设为1，最后32bits以十进制的IPv4地址表示。如图5-45所示。

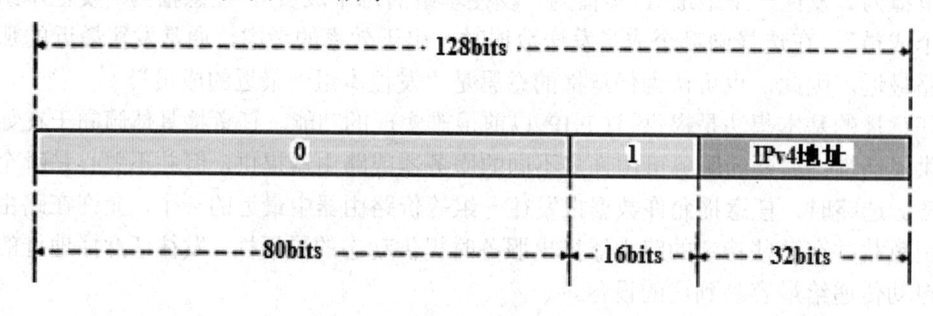

图5-45　IPv4映射的IPv6地址

13．以太网之上的多播映射

IPv6协议在本地链路范围的若干机制中依赖多播的使用，因此，IPv6有一个多播地址到以太网链路层地址的特殊映射。多播地址的低32比特附加在前缀33:33的后面，该前缀

被定义为 IPv6 多播以太网前缀。如图 5-46 所示，所有节点多播地址 FF02: :1 的低 32 比特 00:00:00:01 附加在多播以太网前缀 33:33 之后。

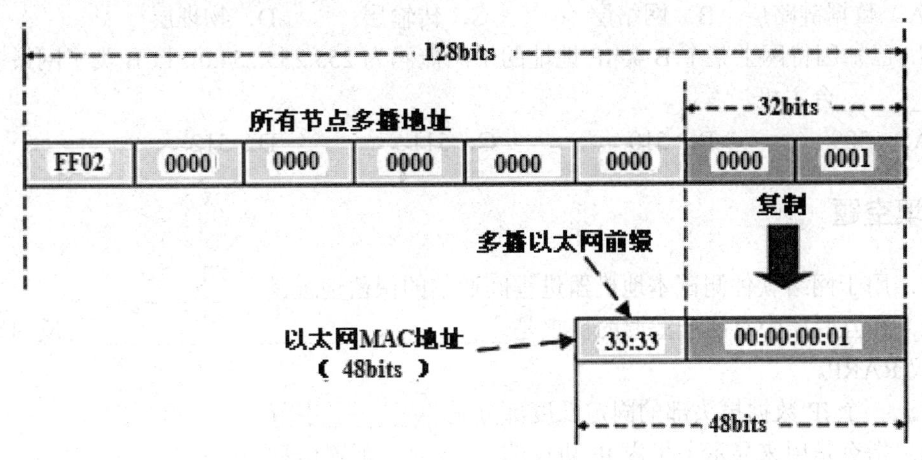

图 5-46　以太网之上的多播映射

48bits 地址 33:33:00:00:00:01 表示发送一个数据包到 IPv6 目的地 FF02: :1 的以太网帧中用作目的地的以太网 MAC 地址。所有其他多播指定地址都采用了相同的方式。

本章小结

世界上存在着各种各样的网络，而每种网络都有其与众不同的技术特点。网络互连是 OSI 参考模型的网络层和 TCP/IP 体系结构的网际层需要解决的问题。

本章介绍了 IP 地址的表示方法，划分子网以及可变长子网掩码和无类别域间路由选择的概念，这些内容是本章的重点内容；对于因特网中的网络层协议（IP 协议）及新一代 IP 协议（IPv6），也需要重点理解；本章最后介绍了在网络层互联的设备，根据实际情况应该进行有关路由器内容的实训。

思考与练习

一、选择题

1．IP 地址由一组________的二进制数字组成。

A．8 位　　B．16 位　　C．32 位　　D．64 位

2．ARP 协议的主要功能是________。

A．将 IP 地址解析为物理地址　　B．将物理地址解析为 IP 地址

C．将主机域名解析为 IP 地址　　D．将 IP 地址解析为主机域名

3．Ping 实用程序使用的是________协议。

A．TCP/IP　　B．ICMP　　C．PPP　　D．SLIP

4．路由器运行于 OSI 参考模型的________。

A．数据链路层　B．网络层　C．传输层　D．物理层

5．已知因特网上某个 B 类 IP 地址的子网掩码为 255.255.254.0，该 B 类子网最多可支持________台主机。

A．509　　B．510　　C．511　　D．512

二、填空题

1．用于网络软件测试本地机器进程间通信的保留地址是________。

2．在互联层中有四个重要的协议是________、________、________、反向地址解析协议 RARP。

3．一个 IP 数据报头部的固定长度部分是________字节。

4．指令是用来显示主机内 IP 协议的________配置信息。

5．IPv6 基本首部包含________、________及每个数据报都需要的重要信息。

三、简答题

1．什么是特殊 IP 地址？什么是专用 IP 地址？它们各有什么用途？

2．试简单说明 IP 、ARP 、RARP 和 ICMP 协议的作用。

3．IP 分为几类？各如何表示？ IP 地址的主要特点是什么？

4．说明 IP 地址与物理地址的区别，网络中为什么要使用这两种不同的地址？

5．某单位申请到一个 B 类 IP 地址，其网络号为 136.53.0.0，现进行子网划分，若选用的子网掩码为 255.255.224.0，则可将其划分为多少个子网？每个子网的主机数最多为多少？请列出全部子网地址。

6. IPv6 有哪些特点？如何理解 IPv6 数据报中的扩展首部？IPv6 地址是怎样表示的？

7．假设一家公司中目前有五个部门 A 至 E，其中：A 部门有 50 台个人计算机，B 部门有 20 台个人计算机，C 部门有 30 台个人计算机，D 部门有 15 台个人计算机，E 部门有 20 台个人计算机，企业信息经理分配了一个总的网络地址 192.168.2.0/24 给网络管理员。作为网络管理员，任务是为每个部门划分单独的子网段，要求写出一个 IP 子网规划报告，该怎样做？

第6章　传输层

【本章导读】

传输层是整个协议层次结构的核心，其功能是从源主机到目的主机提供可靠的、价格低廉的数据传输，而与当前网络或使用的网关无关。

本章将主要介绍传输层的基本概念，传输层的两种连接方式，特别应明确传输层的寻址与网络层的寻址的区别。另外，着重介绍因特网中的两种传输层协议 TCP 和 UDP。

【本章学习目标】

➢ 理解传输层协议。
➢ 掌握 TCP 的滑动窗口控制。
➢ 理解 TCP 数据重传策略和拥塞控制。
➢ 掌握 TCP、UDP 的功能、报文格式。
➢ 了解 TCP、UDP 的常用端口号。

6.1　传输层的基本概念

传输层与数据链路层的主要区别是：传输层需要寻址，建立连接的过程复杂，对数据缓冲区与流量控制有方法上的区别。

6.1.1　寻址

当一个应用程序与另一个应用程序传输数据时，如果是面向连接的传输服务，在建立连接时必须指定是与哪个应用程序相连；如果是面向非连接的传输服务，也需要指明数据发送给哪个应用程序。

（1）传输地址。寻址一般采用定义传输地址。因特网传输地址由 IP 地址和主机端口号组成。首先按照 IP 地址找到目标主机，再根据主机端口号确定该进程的端口。

（2）两种编址方式。在传输层有分级结构和平面结构两种编址方式。分级结构编址也被称为“层次型地址”，由一系列字段组成，这些字段将地址分为不相交的分区。例如，分级结构编址有可能具有以下结构：地址＝国家/网络/主机/端口。分级结构易于进行路径选择，但当用户或进程迁移时，必须重新分配地址。平面结构编址，其地址随机分配，不含任何路径信息。

6.1.2 建立连接

如何保证建立起可靠的连接？如何确认可靠的连接已经建立起来？在实际网络中，采用三次握手算法来建立、确认链路的连接。

三次握手算法的工作原理是：发送方向接收方发送建立连接的请求报文，接收方向发送方回应一个对建立连接请求报文的确认报文，发送方再向接收方发送一个对确认报文的确认报文。在三次握手算法的基础上增加条件，就可以建立可靠的连接。

增加的条件是：所发送的报文都要有递增的序列号；对每个报文都设立一个计时器，以设定一个最大的时延，对那些超过最大时延仍没有收到确认信息的报文就认为已经丢失。

6.1.3 释放连接

释放连接采用和建立连接相类似的四次握手算法，但释放连接有对称释放和非对称释放两种方式。

（1）对称释放方式。对称释放方式在两个方向上分别释放连接，一方释放连接后，只是不能发送数据，但可以继续接收数据。这种方式适合于每个进程有固定数量的数据需要发送并确切知道何时发送完毕的情况。

（2）非对称释放方式。非对称释放方式是当一方释放连接时，两个方向的连接都会被释放。如电话系统，当一方挂机后，连接即被中断。非对称释放很突然，可能会导致数据丢失，不适于在传输层使用。

6.2 传输控制协议

传输控制协议（TCP）是用于在不可靠的因特网上提供可靠的、端到端的字节流通信的协议。TCP 提供的服务具有以下主要特征。

（1）面向连接的传输，在传输数据前需要先建立连接，数据传输完毕要释放连接。

（2）端到端通信，不支持广播通信。

（3）高可靠性，确保数据传输的准确性，不出现丢失或乱序。

（4）全双工方法传输。

（5）采用字节流方法，即以字节为单位传输字节序列。如字节流太长，则将其分段。

（6）提供紧急数据传输功能，即，当有紧急数据需要发送时，发送进程会立即发送，接收方收到数据后会暂停当前工作，读取紧急数据并作相应处理。

6.2.1 TCP 数据的段结构

1．段结构

TCP 被应用于大数据量传输的情况，所以需要将长的数据流分段。TCP 的段结构如图 6-1 所示。

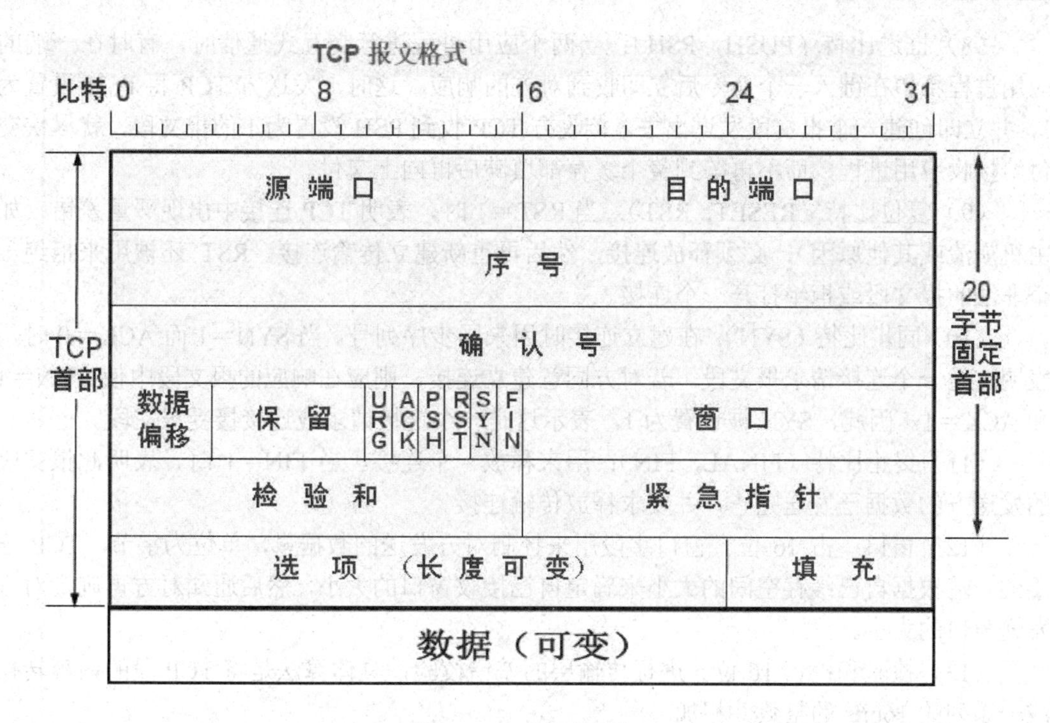

图 6-1　TCP 的段结构

TCP 地址与 IP 地址不同：IP 地址是字节地址，一个节点可以运行多个程序；TCP 地址是节点的某个应用地址，这种应用在计算机内部是进程，多个进程的数据传输通过不同的端口完成，因此，在 TCP 的段结构中是以“端口”表示地址的。

（1）源端口、目的端口：各占 16 位，是源节点和目的节点的进程端口。

（2）序列号：占 32 位，TCP 对字节流中的每个字节都编号。TCP 传送的报文可被看成是连续的数据流，其中每一个字节都对应一个序列号。首部中的“序列号”指的是本报文段所发送的数据中第一个字节的序列号。

（3）确认号：占 4 位，是期望收到的对方下一个报文段数据的第一个字节的序列号，也就是期望收到的下一个报文段首部的序列号字段的值。例如，正确收到了一个报文段，其序号字段的值是 501，而数据长度是 200Bytes，这就表明序号在 501～700 之间的数据均已正确收到，因此，在响应的报文段中应将确认序列号设置为 701。

（4）数据偏移：占 4 位，它指出数据开始的地方离 TCP 报文段的起始处有多远，实际上是 TCP 报文段首部的长度。数据偏移的单位不是字节而是 32bits（即 4Bytes）。由于 4bits 能够表示的最大十进制数字是 15，因此，数据偏移的最大值是 60Bytes，这也是 TCP 首部的最大长度。

（5）保留：占 6 位，保留为今后使用，但目前应设置为 0。

（6）紧急比特（URGENT，URG）：当 URG＝1 时，表示紧急数据指针字段有效。当使用 URG 并将 URG 设置为 1 时，发送应用进程应告诉发送 TCP 这是紧急数据。紧急数据指针指出在本报文段中的紧急数据的最后一个字节的序列号。

（7）确认比特（ACK）：只有当 ACK＝1 时，确认号字段才有效；当 ACK＝0 时，确认号字段无效。

（8）推送比特（PUSH，PSH）：当两个应用进程进行交互式通信时，有时在一端的应用进程希望在键入一个命令后立即收到对方的响应。这时，发送方 TCP 将 PSH 设置为 1，并立即创建一个报文段发送出去。接收方 TCP 收到 PSH 设置为 1 的报文段，就尽快交付给接收应用进程，而不再等到整个缓存都填满后再向上交付。

（9）复位比特（RESET，RST）：当 RST＝1 时，表明 TCP 连接中出现严重差错（如主机崩溃或其他原因），必须释放连接，然后再重新建立传输连接。RST 还被用来拒绝一个非法的报文段或拒绝打开一个连接。

（10）同步比特（SYN）：在建立连接时用来同步序列号。当 SYN＝1 而 ACK＝0 时，表明这是一个连接请求报文段。若对方同意建立连接，则应在响应的报文段中使 SYN＝1 和 ACK＝1。因此，SYN 被设置为 1，表示这是一个连接请求或连接接受报文段。

（11）终止比特（FINAL，FIN）：用来释放一个连接。当 FIN＝1 时，表明此报文段的发送方的数据已发送完毕，并要求释放传输连接。

（12）窗口：占 16 位。窗口字段用来控制对方发送的数据量，单位为字节。TCP 连接的一端根据自己缓存空间的大小来确定自己接收窗口的大小，然后通知对方再确定对方发送窗口的大小。

（13）检验和：占 16 位。进行传输层的差错校验，具体算法是将 TCP 段的内容转换成一系列的 16bits 的整数并相加。

（14）紧急数据指针：占 16 位，当标志字段中的值为 URG 时，表示有紧急数据，紧急数据位于段的开始，紧急数据指针指向紧挨着紧急数据后的第一个字节，以区分紧急数据和非紧急数据。对于紧急数据，接收方必须尽快送给高层应用。

（15）选项：长度可变。TCP 只规定了一种选项，最大报文段长度和窗口是否用 16bits 来代替 32bits。需要注意的是，利用填充选项字段以保证 TCP 段的头尺寸是 4Bytes 的整数倍。

（16）数据：可变大小，为用户提供的数据。

2．端口号

TCP 段结构中的端口地址是 16bits，端口号在 0～65535 范围内。常用于 TCP 的端口号如表 6-1 所示。

表 6-1　常用于 TCP 的端口号

协议名称	协议内容	所使用的端口号
FTP（控制）	文件传输服务	21
FTP（数据）		20
Telnet	远程登录	23
HTTP	超文本传输协议	80
SMTP	简单邮件传输协议	25
POP3	邮局协议（接收邮件与 SMTP 对应）	110

对于这 65 536 个端口，有以下的使用规定。

（1）端口号小于 256 的被定义为常用端口，服务器一般是通过常用端口号来识别的。任何 TCP/IP 实现所提供的服务都使用 1～1023 之间的端口号。这些端口号由 IANA 来管理。

（2）客户端通常对它所使用的端口号并不关心，只需保证该端口号在本机上是唯一的就可以了。客户端端口号又被称作“临时端口号”（即存在时间很短暂），这是因为它通常只是在用户运行该客户程序时才存在，而服务器则只要主机开着，其服务就运行。

（3）大多数 TCP/IP 实现给临时端口分配 1024～5000 之间的端口号。大于 5000 的端口号是为其他服务器预留的（因特网上并不常用的服务）。

6.2.2　TCP 连接管理

TCP 是面向连接的控制协议，即，在数据传输前先建立逻辑连接，数据传输结束释放连接。这种建立、维护和释放连接的过程，就是连接管理。

1．建立连接

TCP 连接的建立采用三次握手算法。三次握手的具体过程是：A 向 B 发送连接请求，B 回应对连接请求的确认段，A 再发送对 B 确认段的确认。这个过程如图 6-2 所示。

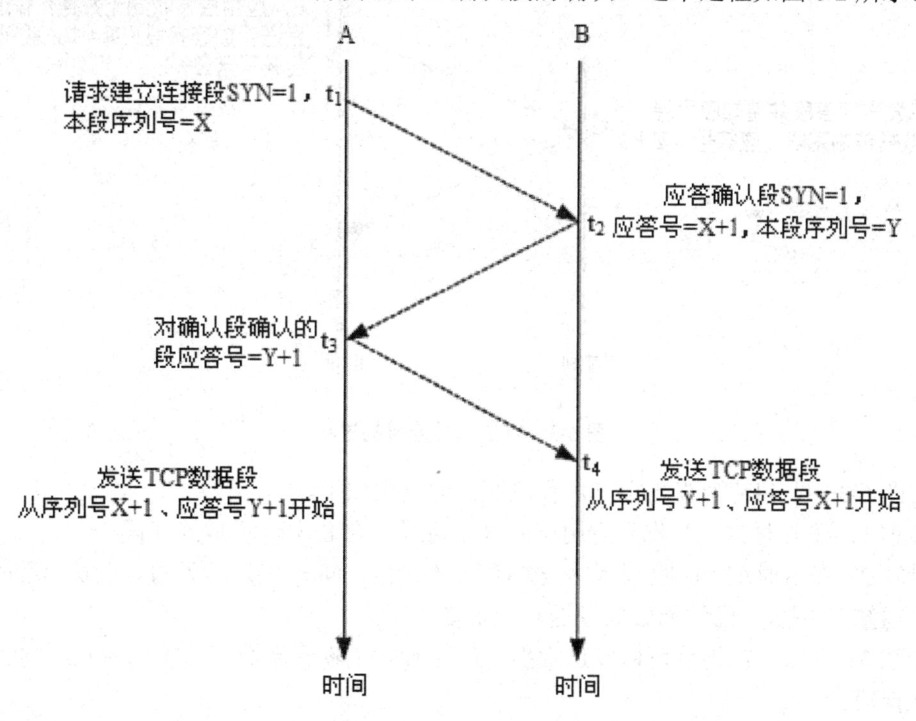

图 6-2　TCP 建立连接的过程

图 6-2 中，SYN 为请求建立连接的标志，三次握手过程如下。

步骤 1：在 t_1 时刻，A 向 B 发送建立连接段请求，序列号为 X。

步骤 2：在 t_2 时刻，B 发送应答 A 的 X 序列号的请求建立连接的段，应答号为 X+1，并发送该应答段的序列号 Y。

步骤 3：在 t_3 时刻，A 发送对 B 的应答段的应答，应答号为 Y+1，表明应答号为 Y 的段已经被接收。

步骤 4：至此，连接建立成功，A、B 分别发送数据段，序列号分别是 X、Y，应答号分别是 X+1、Y+1。

2．**释放连接**

因为 TCP 是双工通信，一方的数据段发送完毕要终止连接时，另一方的数据段不一定也发送完毕，因此，TCP 释放连接的四次握手的过程示意图如图 6-3 所示。

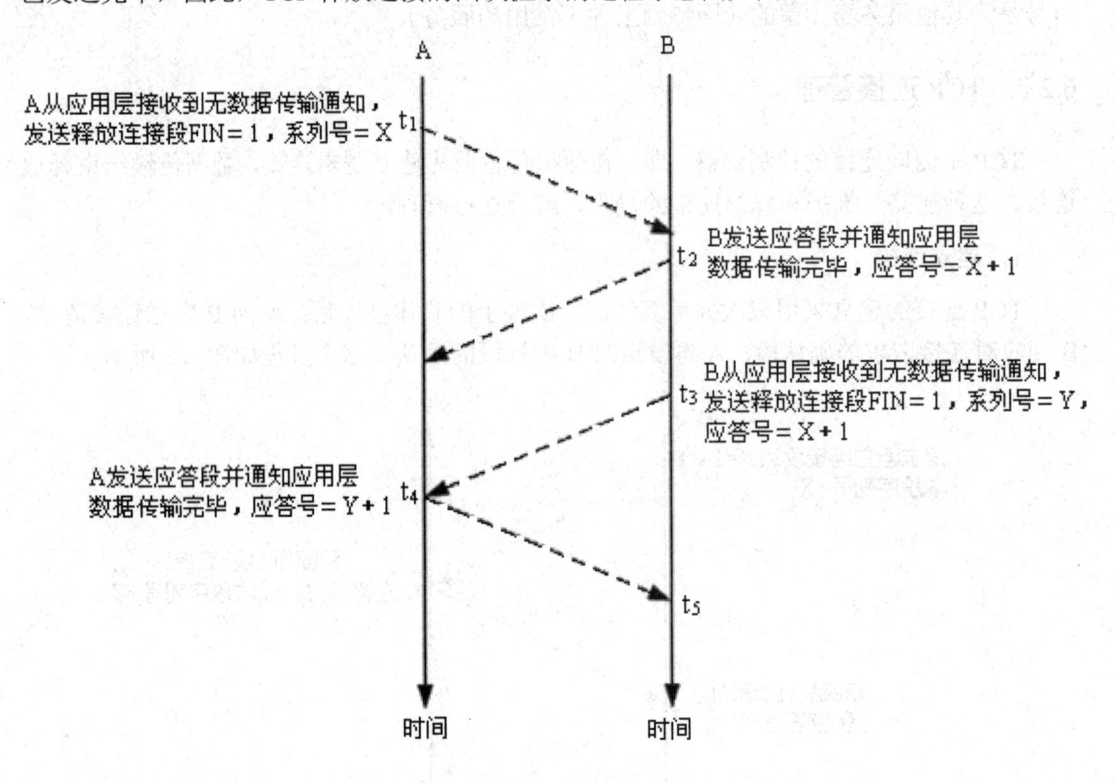

图 6-3　TCP 释放连接的过程

在图 6-3 中，FIN 为终止标志，释放连接的过程如下。

步骤 1：在 t_1 时刻，A 收到应用层的终止请求，向 B 发送释放连接段。

步骤 2：在 t_2 时刻，B 收到 A 发送的释放连接段，向 A 发送应答段，确认已经收到该段，并通知应用层 A 已经无数据发送，请求释放连接。

步骤 3：此时，B 仍然可以发送数据，但在 t_3 时刻收到无数据传输的通知，向 A 发送释放连接段。

步骤 4：在 t_4 时刻，A 收到 B 的释放连接段，向 B 发送应答段，确认已经收到该段，并中断连接。

步骤 5：在 t_5 时刻，B 收到 A 的确认，也中断连接。

6.2.3　TCP 数据控制

1．TCP 滑动窗口控制

TCP 中的滑动窗口控制并不直接受制于确认信息。发送方不需要当应用层的数据一到就马上发送，可以等数据达到一定数量后一起发送。接受方也不用一接收到数据立即发送确认，可以等待接收的数据达到一定数量后一起发送确认。

TCP 的滑动窗口协议中接收窗口的大小是随着已经接收的数据量而变化的。TCP 滑动窗口控制如图 6-4 所示。

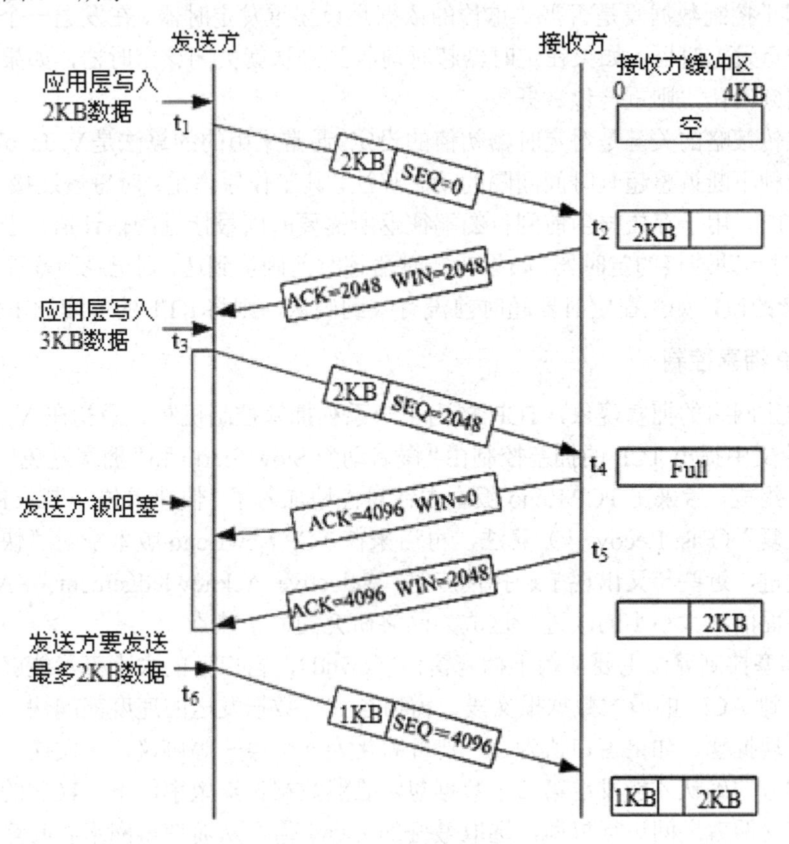

图 6-4　TCP 滑动窗口控制

在图 6-4 中，假定接收方有 4 096Bytes 的缓冲区；ACK 为将要确认的字节号，即在此前的字节已经被正确接收；WIN 为接收窗口的大小；SEQ 为定序器，即发送数据段的起始字节号。该例的运行步骤如下。

步骤 1：在 t_1 时刻，发送方的应用层写入 2 048Bytes 的数据，发送数据段的起始字节号为 0。

步骤 2：在 t_2 时刻，接收方接收到发送方的数据段后，在没有交给应用层前，缓冲区被占用 2KB，还剩下 2KB，接收方向发送方发送确认段，ACK＝2048，WIN＝2048。

步骤 3：在 t_3 时刻，发送方收到应用层写入的 3KB 数据，但因接收方的缓冲区只剩下 2KB，因此，发送方发送 2KB 的数据段，SEQ＝2048。

步骤 4：在 t_4 时刻，接收方接收到发送方的数据段后，在没有交给应用层前，缓冲区被占用 2KB，缓冲区满，接收方向发送方发送确认段，ACK＝4096，WIN＝0，此时发送方被阻塞。

步骤 5：在 t_5 时刻，接收方向应用层上传一个数据段，缓冲区释放 2KB，接收方向发送方发送确认段，通知发送方有 2 048Bytes 缓冲区，即 WIN＝2048。

步骤 6：在 t_6 时刻，发送方发送余下的 1KB 数据段，SEQ＝4096，此时，接收方的缓冲区还剩下 1KB。

2．TCP 数据重传策略

TCP 用于控制数据段是否需要重传的依据是设立重发定时器。在发送一个数据段的同时启动一个重发定时器，如果在定时器超时前收到确认就关闭该定时器，如果在定时器超时前没有收到确认，则重传该数据段。

这种重传策略的关键是对定时器初值的设定。通常采用的的算法是 V. Jacobson 于 1988 年提出的一种不断调整超时时间间隔的动态算法，其工作原理是：对每条连接 TCP 都保持一个变量 RTT，用于存放与当前到目的端往返所需要时间最接近的估计值。当发送一个数据段时，同时启动连接的定时器，如果在定时器超时前确认到达，则记录所需要的时间（M），并修正 RTT 的值，如果在定时器超时前没有收到确认，则将 RTT 的值增加 1 倍。

3．TCP 拥塞控制

为了防止网络的拥塞现象，TCP 提出了一系列拥塞控制机制。最初在 V. Jacobson 于 1988 年的论文中提出 TCP 的拥塞控制由“慢启动”（Slow Start）和“拥塞避免”（Congestion Avoidance）组成，后来在 TCP Reno 版本中针对性地加入了“快速重传”（Fast Retransmit）和“快速恢复”（Fast Recovery）算法，再后来在 TCP NewReno 版本中对“快速恢复”算法进行了改进，近些年又出现了选择性应答（Selective Acknowledgement，SACK）算法，还有其他方面的大大小小的改进，这成为网络研究的一个热点。

TCP 拥塞控制算法主要依赖于拥塞窗口（cwnd），窗口值的大小表示能够发送出去的但还没有收到 ACK 的最大数据报文段，窗口越大，数据发送的速度就越快，但是也有可能使网络出现拥塞。如果窗口值为 1，则可简化为一个停—等协议，每发送一个数据包，都要等到对方的确认才能发送第二个数据包，显然数据传输效率低下。TCP 的拥塞控制算法就是要在这两者之间进行权衡，选取最好的 cwnd 值，从而使得网络吞吐量最大化且不产生拥塞。

（1）慢启动。最初的 TCP 在连接建立成功后会向网络中发送大量的数据包，这样很容易导致网络中路由器的缓存空间耗尽，从而发生拥塞。因此，新建立的连接不能够一开始就大量发送数据包，而只能根据网络的情况逐步增加每次发送的数据量，以避免上述现象的发生。具体来说，在新建连接时，cwnd 初始化为一个最大报文段（MSS）大小，发送方开始按照 cwnd 的大小发送数据，每当有一个报文段被确认时，cwnd 就增加一个 MSS 大小。这样，cwnd 值随着网络往返时间（Round Trip Time，RTT）呈指数级增长，事实上，慢启动的速度一点也不慢，只是它的起点比较低一点而已。

（2）拥塞避免。从慢启动可以看出，cwnd 值可以很快增长，从而最大程度地利用网络带宽资源，但是 cwnd 值不能一直这样无限增长下去，一定需要某个限制。TCP 使用了一个被称为“慢启动门限”（ssthresh）的变量，当 cwnd 值超过该值后，慢启动过程结束，进入拥塞避免阶段。拥塞避免的主要思路是加法增大，也就是 cwnd 值不再呈指数级增长，而开始加法增大。此时当窗口中所有的报文段都被确认后，cwnd 大小加 1，cwnd 值随着 RTT 开始线性增加，这样就可以避免 cwnd 值增长过快导致网络拥塞，从而使 cwnd 值慢慢地增加调整到网络的最佳值。

6.3　用户数据报协议

用户数据报协议（User Datagram Protocol，UDP）是 OSI 参考模型中一种无连接的传输层协议，提供面向事务的简单不可靠信息传输服务，IETF RFC 768 是 UDP 的正式规范。

UDP 提供的服务具有以下主要特征。

（1）传输数据前无需建立连接，一个应用进程如果有数据报要发送就直接发送，该服务属于一种无连接的数据传输服务。

（2）不对数据报进行检查与修改。

（3）无需等待对方的应答。

（4）具有较好的实时性，效率高。

UDP 传输会出现分组丢失、重复、乱序的现象，应用程序需要负责传输可靠性方面的所有工作。因此，UDP 传输适用于无需应答且通常一次只传输少量数据的情况。对于只有一个响应的情况，采用 UDP 可以避免建立和释放连接段的麻烦。

6.3.1　UDP 数据的段结构

1．段结构

UDP 的功能简单，段结构也简单。UDP 的段结构如图 6-5 所示。

源端口	目的端口
长度	校验和
数据	

图 6-5　UDP 的段结构

图 6-5 中 UDP 各字段的含义如下。

（1）源端口：占 16 位，表示发送端地址。

（2）目的端口：占 16 位，表示接收端地址。

（3）长度：占 16 位，指明包括 UDP 的头在内的数据段的总长度。

（4）校验和：占 16 位，该字段是可选项，当不用时可设置为全“0”。

2．端口号

UDP 端口号的规定与 TCP 相同，常用于 UDP 的端口号如表 6-2 所示。

表 6-2 常用于 UDP 的端口号

协议名称	协议内容	所使用的端口号
DNS	域名解析服务	53
SNMP	简单网络管理协议	161
TFTP	简单文件传输协议	69

6.3.2 UDP 的应用

在选择使用 UDP 的时候必须要谨慎。在网络质量令人十分不满意的环境下，UDP 数据包的丢失会比较严重。但是由于 UDP 在传输数据前无需建立连接的特征，使其具有资源消耗小、处理速度快的优点。通常音频、视频和普通数据在传输时使用 UDP 较多，因为它们即使偶尔丢失一两个数据包，也不会对接收结果产生太大影响，如人们线上聊天用的 QQ 使用的就是 UDP。

本章小结

传输层介于网络层与高层之间，它使用网络层的服务并为应用层提供服务。传输层协议的复杂程度取决于网络传输的质量和网络层服务的水平。针对不同的网络质量，传输层协议分为 4 类。传输层功能的实质是最终完成端到端的可靠连接，在此要特别明确“端”是指用户应用程序的“端口”，即传输层的“地址”要落实到端口号。

本章首先介绍了传输层的一些基本概念，然后着重讲解了 TCP 和 UDP 的相关知识。

思考与练习

一、选择题

1．在 TCP/IP 体系结构中，传输层的主要作用是在互联网络的源主机和目的主机的对等实体之间建立用于会话的________。

A．点到点连接　　B．操作连接　　C．端到端连接　　D．控制连接

2．________是 TCP/IP 体系结构传输层中的无连接协议。

A．TCP　　B．IP　　C．UDP　　D．ICMP

3．TCP 连接的建立过程和释放过程分别包括________个步骤。

A．2，3　　B．3，3　　C．3，4　　D．4，3

4．下列关于 TCP 的叙述中，正确的是________。

A．TCP 是一个点到点的通信协议

B．TCP 提供了无连接的可靠数据传输

C．TCP 将来自上层的字节流组织成数据报，然后交给 IP

D．TCP 将收到的报文段组成字节流交给上层

5．一个 TCP 连接的数据传输阶段，如果发送端的发送窗口值由 2 000 变为 3 000，表示发送端_________。

A．在收到一个确认之前可以发送 3 000 个 TCP 报文段

B．在收到一个确认之前可以发送 1 000Bytes

C．在收到一个确认之前可以发送 3 000Bytes

D．在收到一个确认之前可以发送 2 000 个 TCP 报文段

二、填空题

1．传输层为_________之间提供逻辑通信。

2．在 TCP/IP 体系结构中，与 OSI 参考模型的第四层相对应的主要协议有________和________，其中后者提供无连接的不可靠传输服务。

3．在传输层与应用层的接口上所设置的_________端口是一个位的地址。

4．UDP 的首部字段由_________、_________、_________、_________四部分组成。

5．TCP 报文的首部的最小长度是_______________。

三、简答题

1．试述 TCP 的主要特点及端口号分配。

2．试述 UDP 的传输过程、端口号分配及应用场合。

3．TCP 的连接建立与释放分别采用几次握手？具体步骤是什么？

4．TCP 的数据重传策略是什么？

5．TCP 与 UDP 各有什么特点？各用在什么情况下？

6．简述 TCP 如何实现端到端的可靠通信服务。

第 7 章　应用层

【本章导读】

应用层包括各种满足用户需要的应用程序，应用层协议是网络和用户之间的接口，即网络用户是通过不同的应用协议来使用网络的。应用层协议向用户提供各种实际的网络应用服务，使得用户更方便地使用网络上的资源。

本章将主要介绍几个在因特网上使用较广泛的应用层协议：域名系统（DNS）、动态主机配置协议（DHCP）、超文本传输协议（HTTP）、文件传输协议（FTP）等。

【本章学习目标】

- 了解 DNS 原理。
- 熟悉 DNS 服务器配置。
- 熟悉 DHCP 服务器配置。
- 理解 WWW 服务的基本概念。
- 掌握 Web 服务器的搭建。
- 熟悉 FTP 服务器配置。

7.1　应用层 C/S 架构

应用层是 OSI 参考模型的最高层，负责为用户的应用程序提供网络服务。它与用户的应用程序直接接触，提供了大量通信协议。例如，网络虚拟终端、电子邮件、文件传输、文件管理、远程访问和打印服务等。

与 OSI 参考模型的其他层不同的是，应用层不为任何其他层提供服务，而是直接为应用程序提供服务，包括建立连接、同步控制、错误纠正和重传协商等。为了让各种应用程序能有效地使用 OSI 网络环境，应用层的各种协议都必须提供方便的接口和运行程序，并形成一定的规范，确保任何遵循此规范的用户都能够相互通信。

应用软件之间最常用、最重要的交互模型是客户—服务器交互模型（C/S 模型）。因特网提供的 Web 服务、E-mail 服务、FTP 服务等都是以该模型为基础的。客户—服务器交互模型如图 7-1 所示。

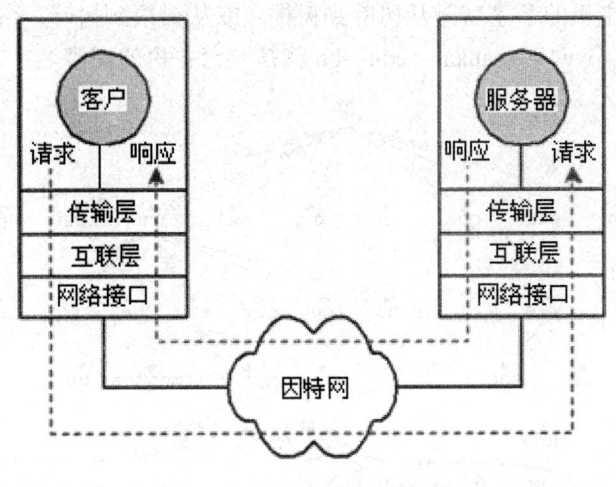

图 7-1　客户—服务器交互模型

7.2　域名服务

在 TCP/IP 网络中，可以使用 IP 地址来识别主机；但是对一般用户而言，IP 地址太抽象了，用户更愿意利用易读、易记的字符串为主机指派名字。于是，域名系统（Domain Name System，DNS）诞生了。实质上，主机名是一种比 IP 地址更高级的地址形式，主机名的管理、主机名—IP 地址映射等是域名系统要解决的重要问题。

7.2.1　因特网的命名机制

因特网提供主机名的主要目的是为了让用户更方便地使用因特网。一种优秀的命名机制应能很好地解决以下三个问题。

（1）全局唯一性。一个特定的主机名在整个因特网中是唯一的，能在整个因特网中通用。不管用户在哪里，只要指定这个名字，就可以唯一地找到这台主机。

（2）名字便于管理。优秀的命名机制应能方便地分配名字、确认名字及回收名字。

（3）高效地进行映射。用户级的名字不能为使用 IP 地址的协议软件所接受，而 IP 地址也不能为一般用户所理解，因此，二者之间存在映射需求。优秀的命名机制可以使域名系统高效地进行映射。

7.2.2　层次型命名机制

所谓的“层次型命名机制”（hierarchy naming），就是在名字中加入结构，而这种结构是层次型的。具体地说，在层次型命名机制中，主机的名字被划分成几个部分，而每一部分之间存在层次关系。实际上，在现实生活中经常应用层次型命名。为了给朋友寄信，需要写明收信人地址，如“北京市海淀区双清路”，这种地址就具有一定的结构和层次。

层次型命名机制将名字空间划分成一个树状结构，如图 7-2 所示。每一个节点都有一个相应的标识符，主机的名字就是从树叶到树根（或从树根到树叶）路径上各节点标识符的有序序列。例如，www→nankai→edu→cn 就是一台主机的完整名字。

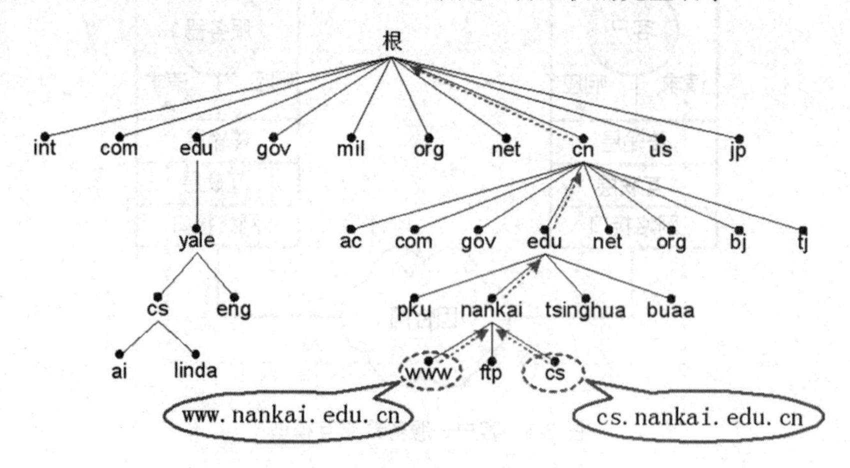

图 7-2　层次型命名机制的树状结构

层次型命名机制的这种特性对名字的管理非常有利。一棵名字树可以被划分成几棵子树，每棵子树分配一个管理机构。只要这个管理机构能够保证自己分配的节点名字不冲突，完整的主机名就不会冲突。实际上，每个管理机构都可以将自己管理的子树再次划分成若干部分，并将每一部分指定给一个子部门负责管理。这样，对整个因特网名字的管理也就形成了一个树状的层次化结构。

在图 7-2 所示的名字树中，尽管相同的 edu 出现了两次，但由于它们出现在不同的节点之下（一个在根节点下，一个在 cn 节点下），完整的主机名就不会因此而产生冲突。

TCP/IP 的域名语法只是一种抽象的标准，其中各标号值可任意填写，只要原则上符合层次型命名机制的要求即可。因此，任何组织均可根据域名语法构造本组织内部的域名，但这些域名的使用当然也仅限于组织内部。

作为国际性的大型互联网，因特网规定了一组正式的通用标准标号，形成了国际通用的顶级域名，如表 7-1 所示。顶级域的划分采用了两种模式，即组织模式和地理模式，前七个域对应于组织模式，其余的域对应于地理模式。地理模式的顶级域是按国家进行划分的，每个申请加入因特网的国家都可以作为一个顶级域，并向因特网域名管理机构（NIC）注册一个顶级域名，如“cn”代表中国，“us”代表美国，“uk”代表英国，“jp”代表日本等。

表 7-1　因特网顶级域名分配

顶级域名	分配给	顶级域名	分配给
com	商业组织	net	主要网络支持中心
edu	教育机构	org	上述以外的组织
gov	政府部门	int	国际组织
mil	军事部门	国家代码	各个国家

NIC 将顶级域的管理权分派给指定的子管理机构，各子管理机构对其管理的域进行继续划分，即划分二级域，并将各二级域的管理权授予其下属的管理机构。如此下去，便形成了层次型域名结构。因为管理机构是逐级授权的，所以最终的域名都得到了 NIC 的承认，成为因特网中的正式名字。

图 7-2 列举了因特网域名结构中的一部分。顶级域名 cn 由中国互联网中心（CNNIC）管理，它将 cn 域划分成多个子域，包括 ac、com、gov、edu、net、org、bj 和 tj 等，并将二级域名 edu 的管理权授予 CERNET 网络中心。CERNET 网络中心将 edu 域划分成多个子域，即三级域，各大学和教育机构均可以在 edu 下向 CERNET 网络中心注册三级域名，如 edu 下的 tsinghua 代表清华大学、nankai 代表南开大学，这两个域名的管理权又被分别授予清华大学和南开大学。南开大学可以继续对三级域 nankai 进行划分，将四级域名分配给下属部门或主机，如 nankai 下的 cs 代表南开大学计算机系，而 www 和 ftp 代表两台主机等。

7.2.3　域名解析

域名系统的提出为 TCP/IP 网络用户提供了极大的方便。通常构成域名的各个部分（各级域名）都具有一定的含义，相对于主机的 IP 地址来说更容易记忆。但域名只是为用户提供一种方便记忆的手段，主机之间不能直接使用域名进行通信，仍然要使用 IP 地址来完成数据的传输。当应用程序接收到用户输入的域名时，域名系统必须提供一种机制，该机制负责将域名映射为对应的 IP 地址，然后利用该 IP 地址将数据送往目的主机。

域名到 IP 地址的映射是由若干个域名服务器程序组成的。域名服务器程序在专设的节点上运行，而运行该程序的计算机通常被称为“域名服务器”。

当应用程序需要将一个主机域名映射为 IP 地址时，就调用域名解析函数 Resolve，域名解析函数将待转换的域名放在 DNS 请求中，以 UDP 报文方式发给本地域名服务器；本地域名服务器在查找域名后，将对应的 IP 地址放在应答报文中返回；应用程序获得目的主机的 IP 地址后即可进行通信。若域名服务器不能回答该请求，则此域名服务器就暂时成为 DNS 中的另一个客户，直到找到能回答该请求的域名服务器为止。

每一个域名服务器都管理着一个 DNS 数据库，保存着一些域名到 IP 地址的映射关系。同时，域名服务器还必须具有连向其他域名服务器的信息，这样当遇到本地不能解析的域名时，就会向其他服务器转发该解析请求。

因特网上的域名服务器系统也是按照域名的层次来安排的。每一个域名服务器都只对域名体系中的一部分进行管辖。因特网中共有以下三种不同类型的域名服务器。

1．本地域名服务器（Local Name Server）

在因特网域名空间的任何一个子域都可以拥有一个本地域名服务器，本地域名服务器中通常只保存属于本子域的域名—IP 地址对。一个子域中的主机一般都将本地域名服务器配置为默认域名服务器。

当一台主机发出域名解析请求时，这个请求首先被送往默认的域名服务器。本地域名服务器通常距离用户比较近，一般不超过几个路由的距离。当所要解析的域名属于同一个本地子域时，本地域名服务器立即就能将解析到的 IP 地址返回给请求的主机，而不需要再去查询其他的域名服务器。

2．根域名服务器（Root Name Server）

目前在因特网上有十几台根域名服务器，大部分在北美。当一台本地域名服务器不能基于本地DNS数据库响应某台主机的解析请求查询时，就以DNS客户的身份向某一根域名服务器查询。若根域名服务器有被查询主机的信息，就发送DNS应答报文给本地域名服务器，然后本地域名服务器再应答发出解析请求的主机。

可能根域名服务器中也没有所查询的域名信息，但它一定知道某个保存有被查询主机名字映射的授权域名服务器的IP地址。通常根域名服务器被用来管辖顶级域，它并不直接对顶级域下面所属的所有域名进行转换，但它一定能够找到下面的所有二级域名的授权域名服务器，以此类推，一直向下解析，直到查询到所请求的域名。

3．授权域名服务器（Authoritative Name Server）

每一台主机都必须在授权域名服务器处登记，通常一台主机的授权域名服务器就是它所在子域的一台本地域名服务器。为了更可靠地工作，一台主机应该至少有两台授权域名服务器。许多域名服务器同时充当本地域名服务器和授权域名服务器。授权域名服务器总是能够将其管辖的主机名转换为该主机的IP地址。

因特网允许各个单位根据其具体情况将本单位的域名划分为若干域名服务器管辖区（Zone），并在各管辖区中设置相应的授权域名服务器，管辖区是域的子集。

实际上，在域名解析过程中，只要域名解析软件知道如何访问任意一台域名服务器，而每一台域名服务器都至少知道根域名服务器的IP地址及其父节点域名服务器的IP地址，域名解析就可以顺序地进行。

域名解析有两种方式，第一种被称为“递归解析”（recursive resolution），要求域名服务器系统一次性完成全部名字—地址的转换；第二种被称为“迭代解析”（iterative resolution），每次请求一台域名服务器，不行再请求别的域名服务器。两种域名解析方式如图7-3所示。

（a）

图7-3　递归解析与迭代解析示意图

（b）

图 7-3 递归解析与迭代解析示意图（续）

（a）递归解析；（b）迭代解析

7.2.4 域名解析示例

假设一台主机（域名为 m.xyz.com）想知道另一台主机（域名为 y.abc.com）的 IP 地址。例如，主机 m.xyz.com 打算发送邮件给主机 y.abc.com，这时就必须知道主机 y.abc.com 的 IP 地址。下面是几个查询步骤。

步骤 1：主机 m.xyz.com 先向其本地域名服务器 dns.xyz.com 进行递归查询。

步骤 2：本地域名服务器 dns.xyz.com 采用迭代查询，先向一台根域名服务器查询。

步骤 3：根域名服务器告诉本地域名服务器 dns.xyz.com，下一次应查询的顶级域名服务器 dns.com 的 IP 地址。

步骤 4：本地域名服务器 dns.xyz.com 向顶级域名服务器 dns.com 进行查询。

步骤 5：顶级域名服务器 dns.com 告诉本地域名服务器 dns.xyz.com，下一次应查询的授权域名服务器 dns.abc.com 的 IP 地址。

步骤 6：本地域名服务器 dns.xyz.com 向授权域名服务器 dns.abc.com 进行查询。

步骤 7：授权域名服务器 dns.abc.com 告诉本地域名服务器 dns.xyz.com 所查询的主机的 IP 地址。

步骤 8：本地域名服务器 dns.xyz.com 最后把查询结果告诉主机 m.xyz.com。

7.2.5 域名服务器配置

当使用另外一台主机的 DNS 域名称（如 pc1.abc.com）与其沟通时，主机必须想办法通过此 DNS 域名称找到该主机的 IP 地址，然后才可以与之通信。这种由 DNS 域名称找出 IP 地址的操作被称为“域名解析”，而目前在因特网上广泛被用于域名解析的方法是“域名系统”（Domain Name System，DNS）。负责域名解析工作的服务器被称为“域名服务器”。众多的域名服务器按树型结构组织成一个完整的域名系统。DNS 是有层次的，并非整个因特网的域名解析任务都由某一台域名服务器承担。实际上，在通过 DNS 名称查询对应的 IP 地址时，有两种正向查询模式和一种反向查询模式，正向查询模式包括递归查询和迭代查询。

（1）递归查询：当 DNS 客户向 DNS 服务器送出查询 IP 地址的要求后，如果 DNS 服务器内没有需要的数据，则 DNS 服务器会代替客户端向其他的 DNS 服务器查询。一般由 DNS 客户提出的查询要求属于递归查询。

（2）迭代查询：一般 DNS 服务器与 DNS 服务器之间的查询属于这种查询方式。当第一台 DNS 服务器向第二台 DNS 服务器提出查询要求后，如果第二台 DNS 服务器内没有所需要的数据，则第二台 DNS 服务器会提供第三台 DNS 服务器的 IP 地址给第一台 DNS 服务器，让第一台 DNS 服务器向第三台 DNS 服务器查询。

（3）反向查询：反向查询可以让 DNS 客户利用 IP 地址查询其主机的名称。

7.2.6 服务器配置过程

步骤 1：查看“程序”→“管理工具”中是否有“DNS”菜单项，如果有，则直接启动该菜单项；如果没有，则通过“设置”→“控制面板”→“添加/删除程序”→“添加删除 Windows 组件”→“网络服务”→“详细信息”→“域名系统（DNS）”一系列操作，完成组件的添加，如图 7-4～图 7-7 所示。如果启动时出现图 7-8 中的错误，请运行 services.msc，启动 DNS Server，如图 7-9 所示。

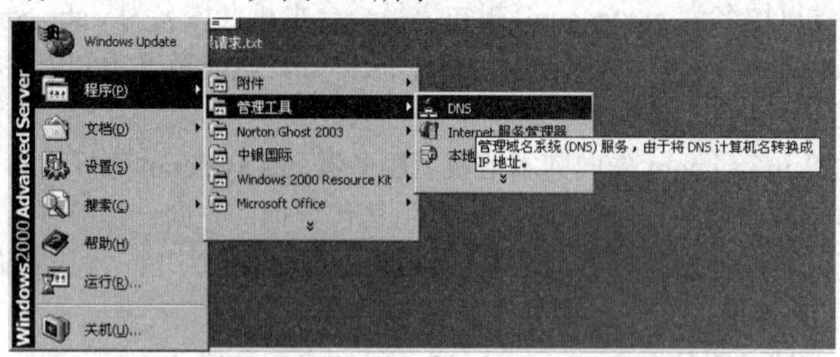

图 7-4 确认有无“DNS”菜单项

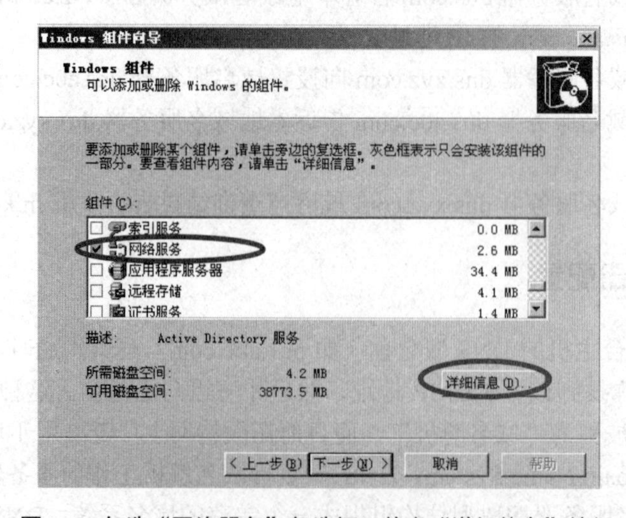

图 7-5 勾选“网络服务”复选框，单击“详细信息”按钮

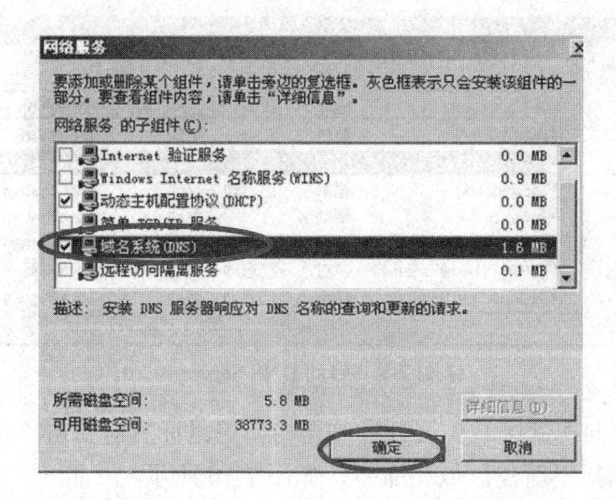

图 7-6　勾选“域名系统（DNS)”复选框，单击“确定”按钮返回

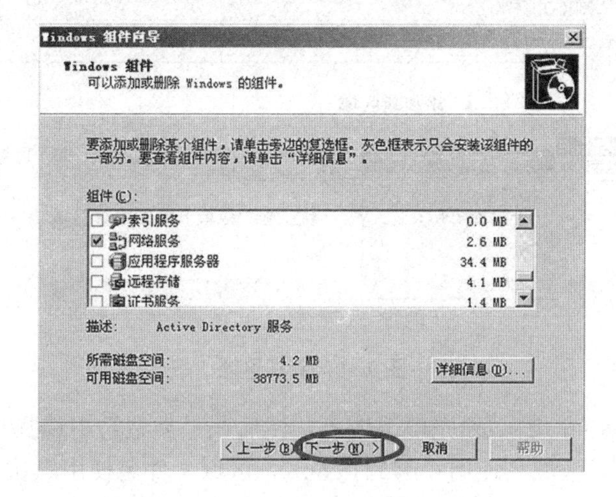

图 7-7　单击“下一步”按钮进行安装

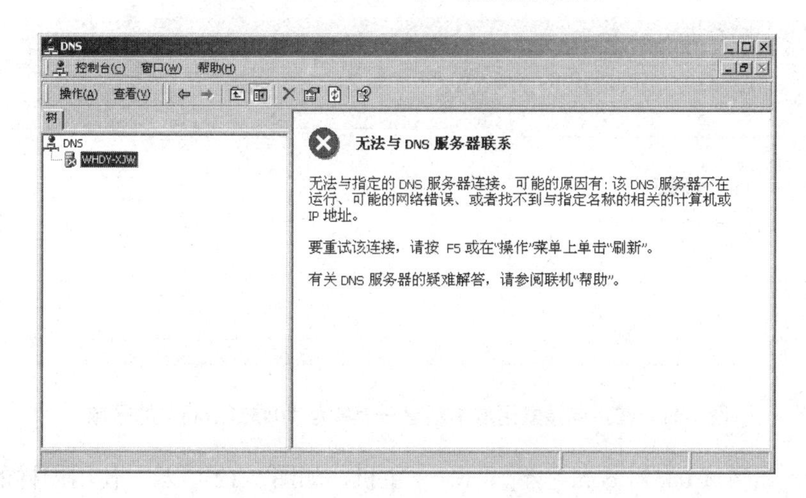

图 7-8　启动失败，无法与 DNS 服务器联系

图 7-9 启动 DNS Server

步骤 2：创建正向搜索区域。展开控制台树，用鼠标右键单击“正向搜索区域”，在弹出的快捷菜单中选择“新建区域”命令，如图 7-10 所示。

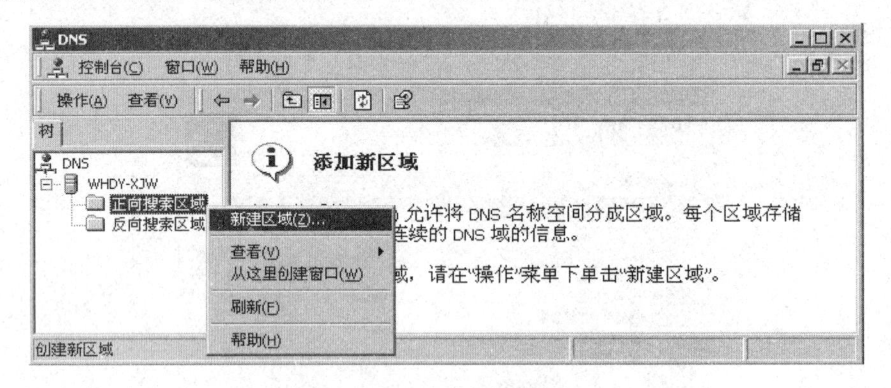

图 7-10 新建区域

如果是在因特网上，则必须先申请域名，然后在“类型”中选择“标准主机”，再选择“正向搜索区域”，区域名使用“04521.com”，区域文件名使用默认文件名，如图 7-11 所示，直到创建完成。

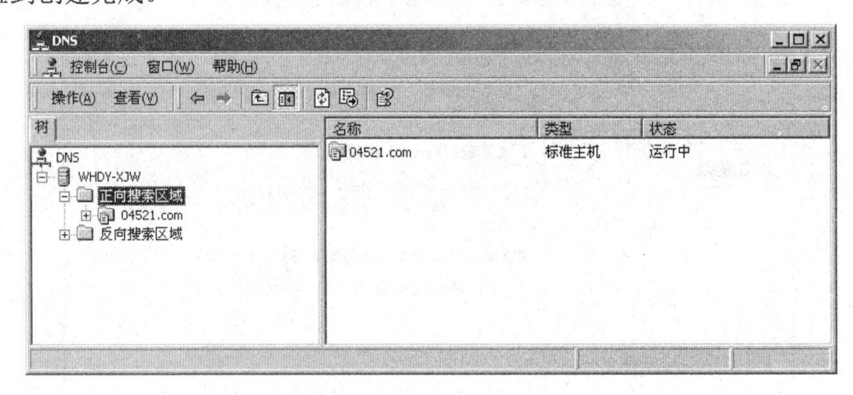

图 7-11 在正向搜索区域中新建一个名为“04521.com”的区域

步骤 3：在区域 04521.com 中新建 www 主机，如图 7-12 所示。使用同样的方法，新建 ftp 主机。

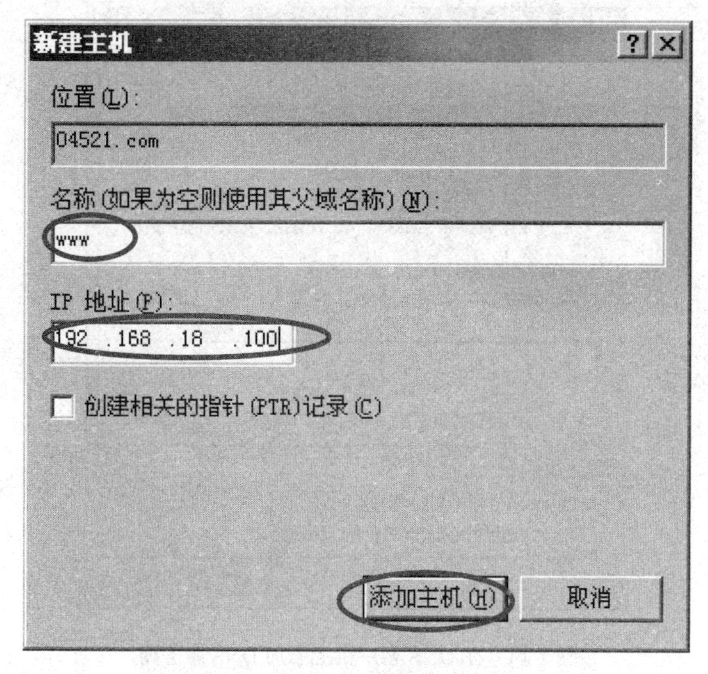

图 7-12　在 04521.com 中新建 www 主机

步骤 4：新建 www 主机和 ftp 主机后的结果，如图 7-13 所示。

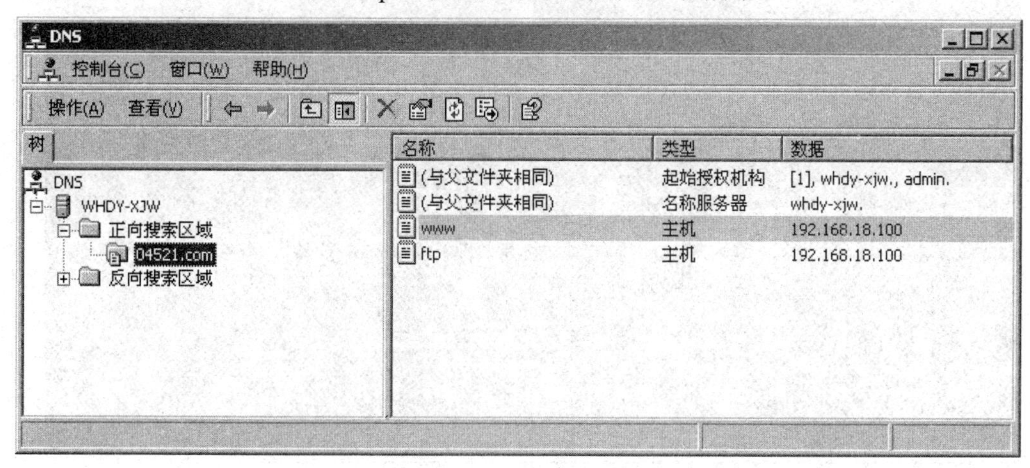

图 7-13　新建 www 主机和 ftp 主机后的结果

步骤 5：在 DNS 客户机上添加 DNS 服务器，使该服务器能为 DNS 客户机提供域名解析服务。

【注意】如果有多台 DNS 服务器，一般将小范围（小区域）内的 DNS 服务器放在最前面。在 DNS 客户机上添加 DNS 服务器，如图 7-14 所示。

高级 TCP/IP 设置
IP 设置
DNS
WINS
选项
DNS 服务器地址(按使用顺序排列)(N):
192.168.18.100
211.161.159.3
211.161.159.5
添加(A)...
编辑(E)...
删除(V)
下列三个设置应用于所有启用 TCP/IP 的连接。要解析不合格的名称:
附加主要的和连接特定的 DNS 后缀(P)
附加主 DNS 后缀的父后缀(X)
附加这些 DNS 后缀(按顺序)(H):
添加(D)...
编辑(T)...
删除(M)
此连接的 DNS 后缀(S):
在 DNS 中注册此连接的地址(R)
在 DNS 注册中使用此连接的 DNS 后缀(U)
确定
取消

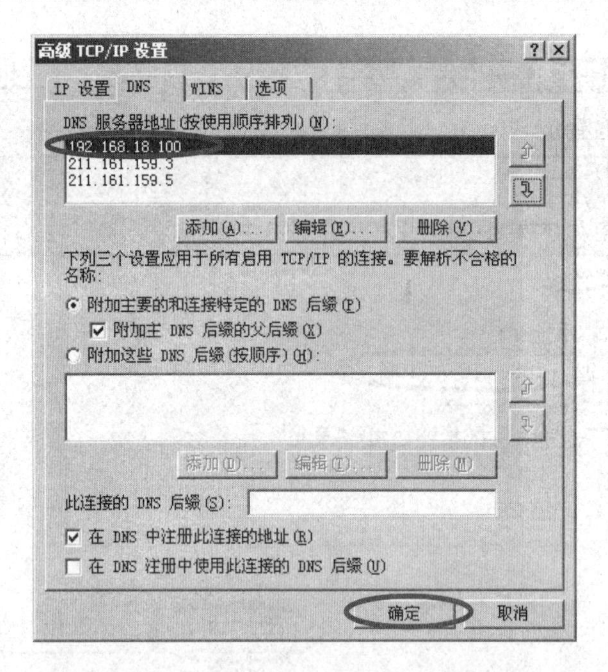

图 7-14　在 DNS 客户机上添加 DNS 服务器

步骤 6：测试 DNS 服务器是否能正确解析域名，如图 7-15 所示。

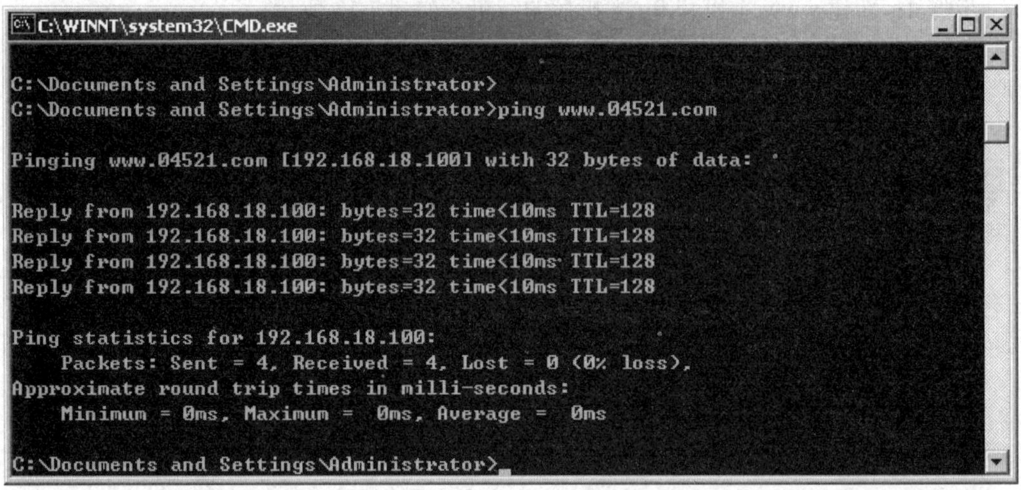

C:\WINNT\system32\CMD.exe
C:\Documents and Settings\Administrator>
C:\Documents and Settings\Administrator>ping www.04521.com
Pinging www.04521.com [192.168.18.100] with 32 bytes of data:
Reply from 192.168.18.100: bytes=32 time<10ms TTL=128
Reply from 192.168.18.100: bytes=32 time<10ms TTL=128
Reply from 192.168.18.100: bytes=32 time<10ms TTL=128
Reply from 192.168.18.100: bytes=32 time<10ms TTL=128
Ping statistics for 192.168.18.100:
Packets: Sent = 4, Received = 4, Lost = 0 (0% loss),
Approximate round trip times in milli-seconds:
Minimum = 0ms, Maximum = 0ms, Average = 0ms
C:\Documents and Settings\Administrator>

图 7-15　客户机测试结果表明域名解析正确

步骤 7：如果在域 04521.com 中有一邮件主机 mail，其 IP 地址为 192.168.18.107，则可以在该区域建立一条被称为“邮件交换器”（MX）的资源记录，以帮助电子邮件应用程序定位邮件服务器。对应主机的资源记录类型为 A 记录，用于将机器的域名映射为 IP 地址，如图 7-16 所示。

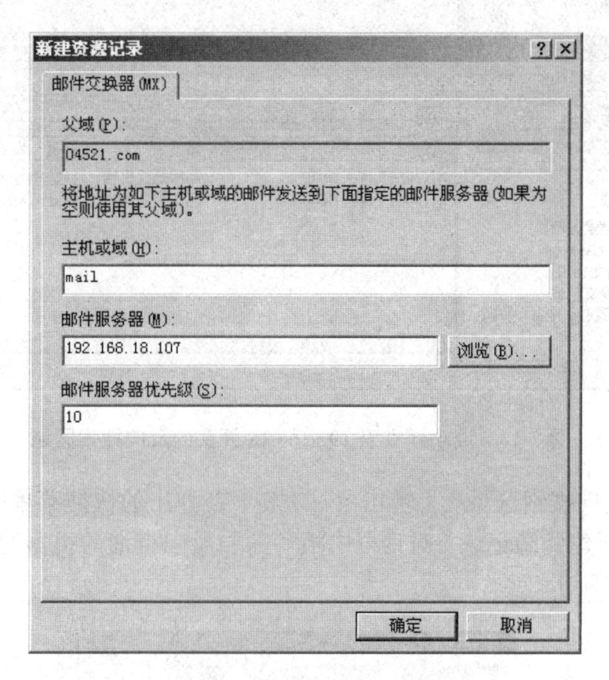

图 7-16　添加邮件交换器

步骤 8：创建反向搜索区域进行逆向 DNS 解析。有些情况下，逆向查询也是很有用处的。例如，邮件服务器为了拒收垃圾邮件，最简单有效的方法是对发送者的 IP 地址进行逆向解析，即通过 DNS 查询来判断发送者的 IP 地址与其声称的名字是否一致，如，IP 地址声称的名字为 pc.sina.com 而其连接的地址为 120.20.96.68，与其 DNS 记录不符，则予以拒收。这种方法可以有效地过滤掉来自动态 IP 地址的垃圾邮件。DNS 服务器提供逆向解析的具体方法是，建立反向搜索区域，通过在反向搜索区域中建立指针类型的资源记录，将某 IP 地址指向某一域名。如图 7-17、图 7-18 所示。

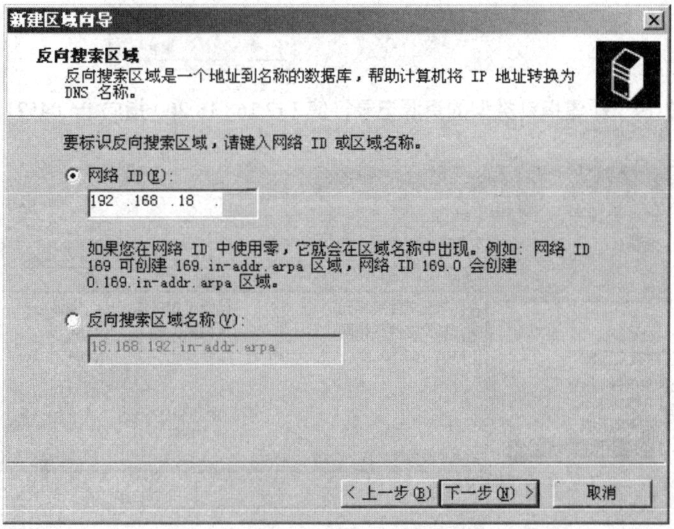

图 7-17　新建反向搜索区域

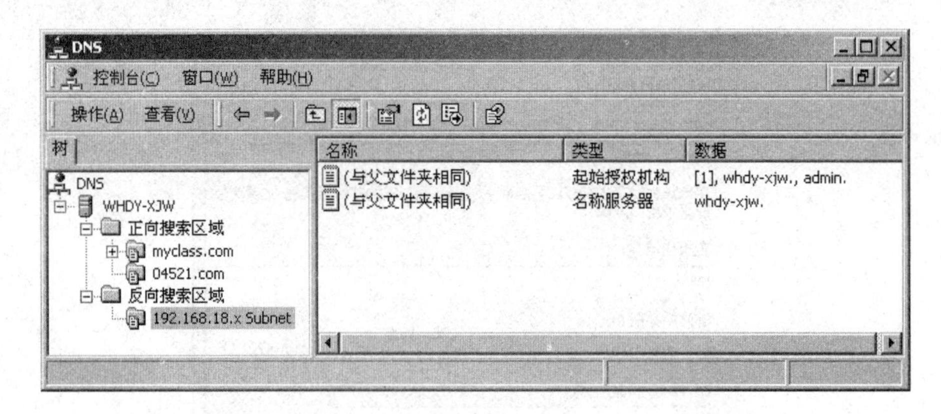

图 7-18　成功建立以 192.168.18 开头的反向搜索区域

步骤 9：在“反向搜索区域”上单击鼠标右键，在弹出的快捷菜单中选择“新建指针”命令，在弹出的“新建资源记录”对话框中填写需要反向查询的机器的 IP 地址及其域名，如图 7-19、图 7-20 所示。

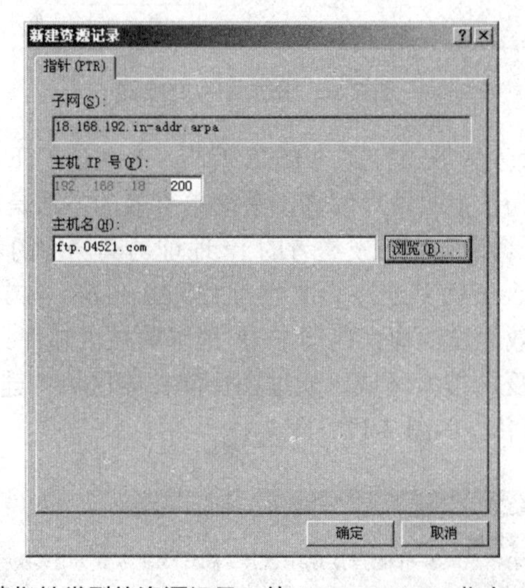

图 7-19　新建指针类型的资源记录，使 192.168.18.200 指向 ftp.04521.com

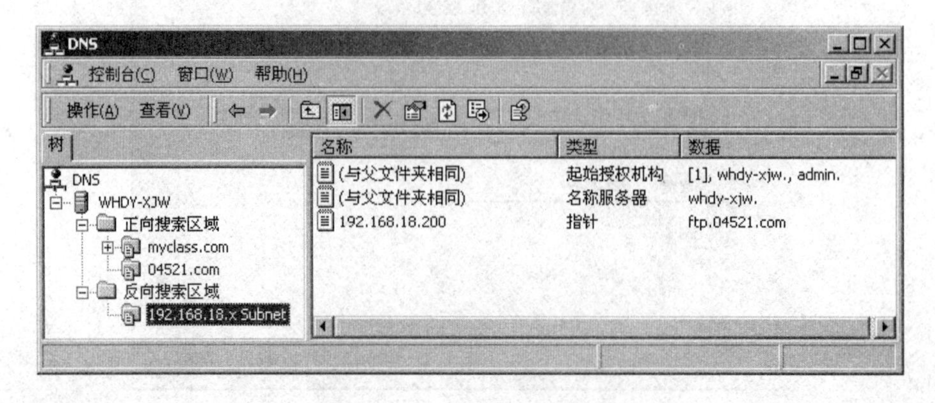

图 7-20　显示成功添加指针记录

步骤 10：验证指针记录的反向解析作用。在命令行中输入“ns lookup 192.168.18.200”，执行结果如图 7-21 所示。

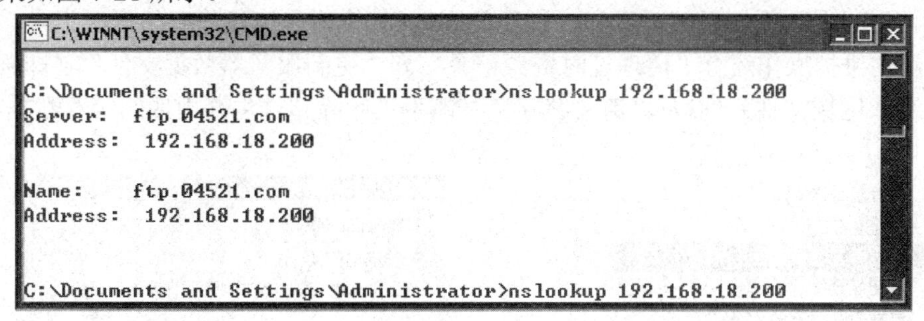

图 7-21 NSLOOKUP 命令执行结果表明逆向解析成功

步骤 11：将创建的指针删除，在命令行中输入“ns lookup 192.168.18.200”，如图 7-22 所示。

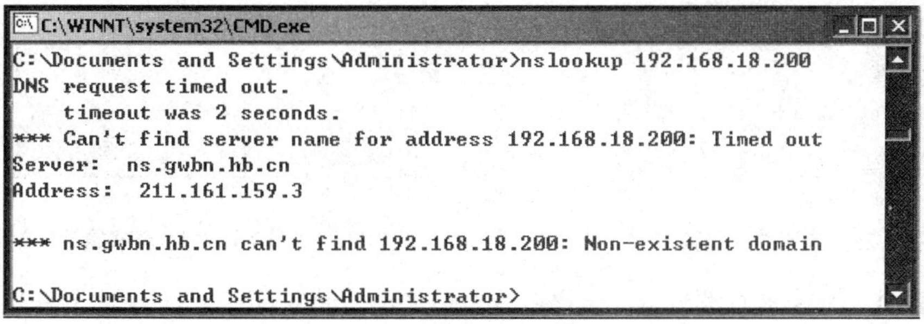

```
C:\WINNT\system32\CMD.exe
C:\Documents and Settings\Administrator>nslookup 192.168.18.200
DNS request timed out.
    timeout was 2 seconds.
*** Can't find server name for address 192.168.18.200: Timed out
Server:  ns.gwbn.hb.cn
Address:  211.161.159.3

*** ns.gwbn.hb.cn can't find 192.168.18.200: Non-existent domain

C:\Documents and Settings\Administrator>
```

图 7-22 NSLOOKUP 命令执行结果表明逆向解析失败

步骤 12：在“域名服务器”上单击鼠标右键，在弹出的快捷菜单中选择“属性”命令，弹出如图 7-23 所示的对话框，在这里可以设置侦听查询的接口、是否启用转发器及转发器的地址、服务器选项，监视简单查询和递归查询是否正常，如图 7-24 所示。

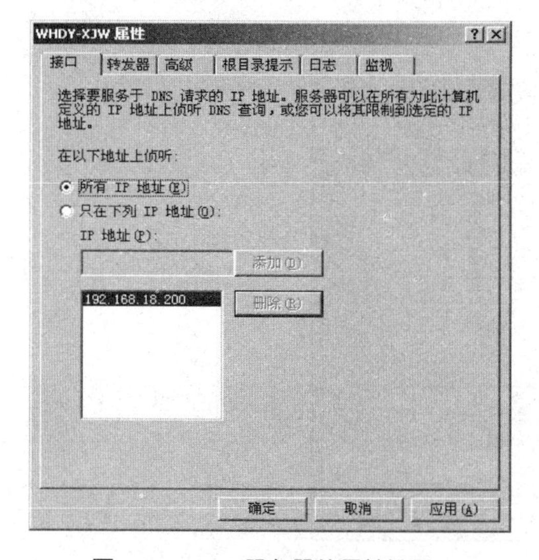

图 7-23 DNS 服务器的属性设置

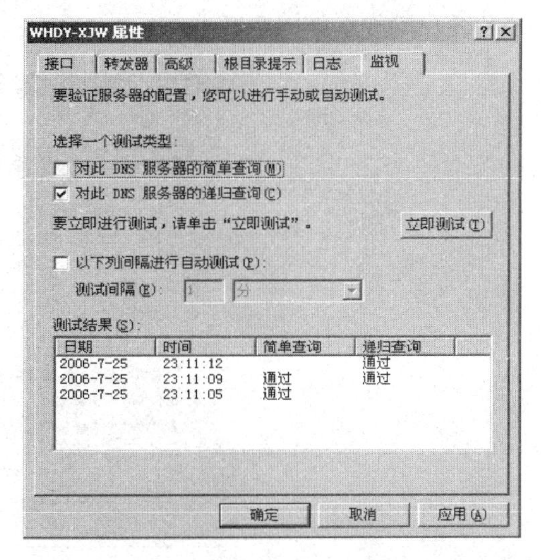

图 7-24 测试表明简单查询和递归查询均通过

步骤 13：简单维护 DNS 服务器。在“域名服务器”上单击鼠标右键，弹出的快捷菜单如图 7-25 所示，选择“为所有区域设置老化/清理”命令，弹出如图 7-26 所示的对话框，在这里可以设置“无刷新间隔”和“刷新间隔”，其作用是清除陈旧的资源记录。除此之外，常用的维护操作还有“清理过时资源记录”和“更新服务器数据文件”（即强制将内存改动写入区域文件），以及“清除缓存”（即手工删除超过生存周期的缓存数据）。

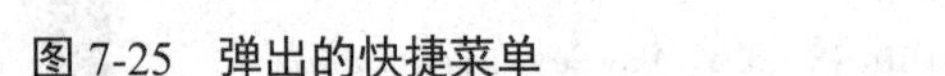

图 7-25　弹出的快捷菜单

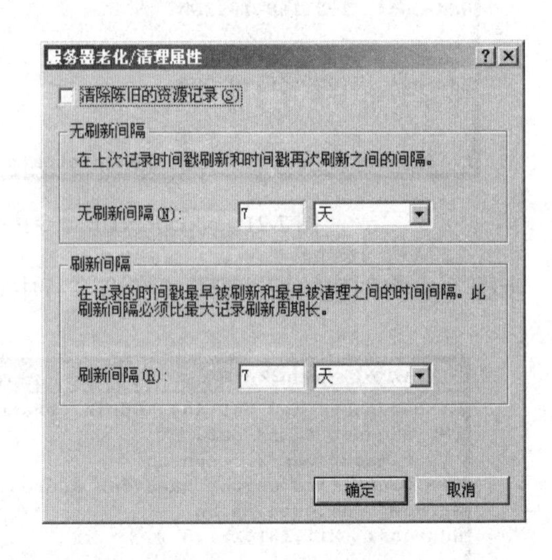

图 7-26　“服务器老化/清理属性”对话框

步骤 14：DNS 客户端设置。客户机若希望使用前面配置好的 DNS 服务器进行域名解析，则必须在“Internet 协议（TCP/IP）属性”对话框中将域名服务器的 IP 地址添加到正确的位置。单击“高级”按钮，在新的对话框界面中有更多的设置项，可以对不合格的 DNS 域名通过设置 DNS 域名后缀进行扩展查询。

【注意】如果有多台 DNS 服务器，它们的 IP 地址列表顺序应尽量遵循“近的在前，远的在后”的原则，例如，本地的 DNS 服务器放在最前面，远程的 DNS 服务器放在后面。DNS 客户端设置如图 7-27 所示。

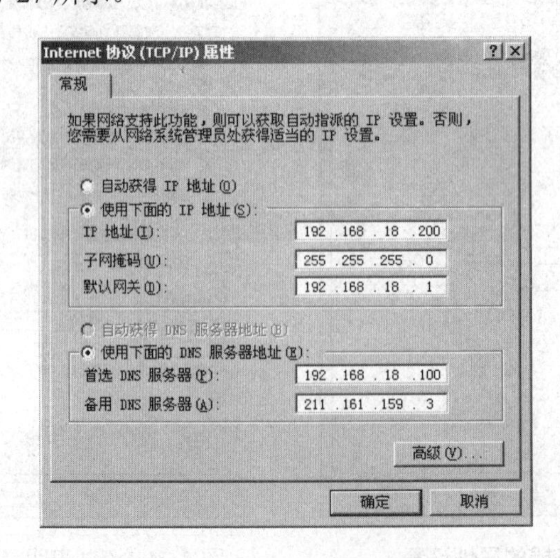

图 7-27　DNS 客户端设置

7.3　DHCP 服务器配置

在一个使用 TCP/IP 的网络中，每一台计算机都必须至少有一个 IP 地址，才能与其他计算机连接通信。为了便于统一规划和管理网络中的 IP 地址，动态主机配置协议（Dynamic Host Configure Protocol，DHCP）应运而生。它可以为客户机动态地配置 IP 地址，可以完成其他相关环境的配置工作（如 Default Gateway、DNS、WINS 等参数设置），也可以为某个 IP 地址预留固定的 IP ，还可以与其他类型的服务器交换信息。DHCP 使网络管理和维护的压力大为减轻。

7.3.1　DHCP 常用术语

作用域是一个网络中所有可分配的 IP 地址的连续范围。它主要被用来定义网络中单一的物理子网的 IP 地址范围。作用域是服务器用来管理分配给网络客户的 IP 地址的主要手段。

- **超级作用域**：超级作用域是一组作用域的集合，它被用来实现在同一个物理子网中包含多个逻辑 IP 子网。在超级作用域中只包含一个成员作用域或子作用域的列表，然而超级作用域并不被用于设置具体的范围。子作用域的各种属性需要单独设置。
- **排除范围**：排除范围是不被用于分配的 IP 地址序列。它保证在这个序列中的 IP 地址不会被 DHCP 服务器分配给客户机。
- **地址池**：在用户定义了 DHCP 范围及排除范围后，剩余的地址就构成了一个地址池，地址池中的地址可以被动态地分配给网络中的客户机使用。
- **租约**：租约是 DHCP 服务器指定的时间范围。在这个时间范围内，客户机可以使用所获得的 IP 地址，当客户机获得 IP 地址时租约被激活；在租约到期前，客户机需要更新 IP 地址的租约；当租约过期或从服务器上删除时，则租约停止。
- **保留地址**：用户可以利用保留地址创建一个永久的地址租约。保留地址保证子网中的指定硬件设备始终使用同一个 IP 地址。
- **选项类型**：选项类型是 DHCP 服务器给 DHCP 工作站分配服务租约时分配的其他客户配置参数。经常使用的选项包括默认网关的 IP 地址（routers）、WINS 服务器及 DNS 服务器。DHCP 服务器允许设置应用于服务器上所有范围的默认选项。大多数选项都是通过 RFC 2132 预先设定好的，但用户可以根据需要利用 DHCP 服务器定义及添加自定义选项类型。
- **选项类**：选项类是服务器进一步分级管理并提供给客户的选项类型。当在服务器上添加一个选项类后，该选项类的客户可以在配置时使用特殊的选项类型。早期的 DHCP 客户机不支持类 ID。选项类包括两种类型，即服务商类、客户类。

7.3.2 DHCP 的运作

1．客户机的 IP 自动设置

如果 DHCP 的 Windows 客户启动登录网络时无法与 DHCP 服务器通信，将自动给自己配置一个 IP 地址和子网掩码，此方式成为 IP auto_configuration。DHCP 会使用 DHCP Client 服务通过两步来完成 IP 及其他参数的配置。

步骤 1：DHCP 客户机试图与 DHCP 服务器建立联系以获取配置信息，若失败，从保留的 B 类地址段 169.254.0.0 中挑选一个作为自己的 IP 地址，子网掩码为 255.255.0.0，然后利用 ARP 广播来确定该地址是否被使用。若被使用，DHCP 客户机继续尝试其他地址（最多十次）；若不被使用，则使用该地址（可以将其理解为临时地址）。

步骤 2：使用临时地址的 DHCP 客户机每隔 5 分钟尝试与 DHCP 服务器联系一次，一旦联系上，并且 DHCP 服务器能分配给其一个有效的 IP 地址，则 DHCP 客户机立即用有效配置替换临时配置。如果 DHCP 客户机已经从服务器上获得了一个租约，在其重新启动登录网络时将进行以下操作。若租约依然有效，DHCP 客户机将联系更新事宜（类似与图书馆联系续借事宜）。若联系不上 DHCP 服务器，它就 ping 原租约中的网关。若成功，则表示 DHCP 客户机还在原来网络，继续使用原来的租约，租期过半时再尝试与 DHCP 服务器联系；若失败，则 DHCP 客户机认为自己被移到一个没有 DHCP 服务器的网络，于是采用步骤 1 中所述方法使用 169 开头的 IP 地址。

2．客户机如何获得配置信息

DHCP 客户机启动登录网络时通过以下步骤从 DHCP 服务器获得租约。

步骤 1：DHCP 客户机在本地子网中先发送 DHCP discover 信息，此信息以广播的形式发送，因为客户机现在不知道 DHCP 服务器的 IP 地址。

步骤 2：DHCP 服务器在收到 DHCP 客户机广播的 DHCP discover 信息后，向 DHCP 客户机发送 DHCP offer 信息，其中包括一个可租用的 IP 地址。

步骤 3：如果没有 DHCP 服务器对客户机的请求作出反应，可能发生以下两种情况。

如果客户机使用的是 Windows 操作系统且自动设置 IP 地址的功能处于激活状态，那么客户机会自动给自己分配一个 IP 地址。

如果使用其他的操作系统或自动设置 IP 地址的功能被禁止，则客户机无法获得 IP 地址，初始化失败。但客户机在后台每隔 5 分钟会发送四次 DHCP discover 信息，直到它收到 DHCP offer 信息。

步骤 4：一旦客户机收到 DHCP offer 信息，会发送 DHCP request 信息到 DHCP 服务器，表示它将使用 DHCP 服务器所提供的 IP 地址。

步骤 5：DHCP 服务器在收到 DHCP request 信息后，即发送 DHCP positive 确认信息以确定此租约成立，且此信息中还包含其他 DHCP 选项信息。

步骤 6：客户机收到确认信息后，利用其中信息配置 TCP/IP 属性并加入到网络中。

如图 7-28 所示是 DHCP 客户机从 DHCP 服务器获得租约的过程。

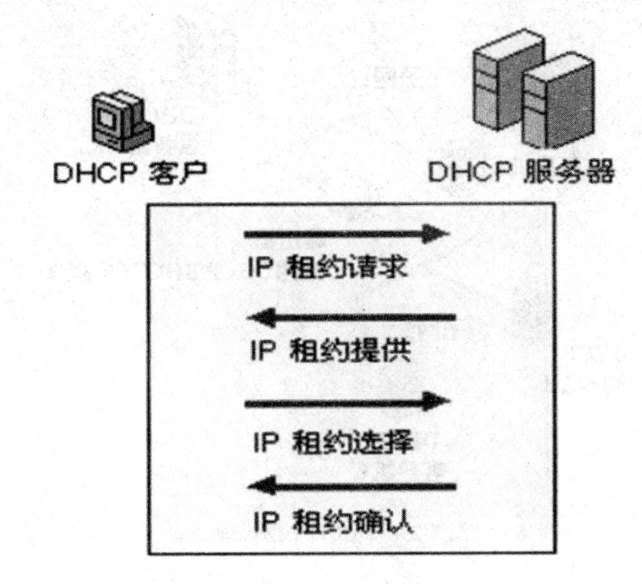

图 7-28　DHCP 客户获取租约的过程

客户机收到 DHCP negative 确认信息，初始化失败。在客户机重新启动或租期达到 50%时，就需要更新租约。DHCP 客户机更新租约的过程如下。

步骤 1：客户机直接向提供租约的服务器发送请求，要求更新及延长现有地址的租约。

步骤 2：如果 DHCP 服务器收到请求，将发送 DHCP 确认信息给客户机，更新客户机的租约。

步骤 3：如果客户机无法与提供租约的服务器取得联系，则客户机一直等到租期达到 87.5%时，进入到一种重新申请的状态，向网络上所有的 DHCP 服务器广播 DHCP discover 请求以更新现有的地址租约。

步骤 4：如有服务器响应客户机的请求，那么客户机使用该服务器提供的地址信息更新现有的租约。

步骤 5：如果租约过期或无法与其他服务器通信，客户机将无法使用现有的地址租约。

步骤 6：客户机返回到初始启动状态，利用前面所述的步骤重新获取 IP 地址租约。

7.3.3　DHCP/BOOTP Relay Agents

DHCP 服务器与客户机分别位于不同的网段，则用户的 IP Router 必须符合 RFC1542 的规定，即必须具备 DHCP/ BOOTP Relay Agent 的功能。

Relay Agent 是一个把某种类型的信息从一个网段转播到另一个网段的小程序。DHCP Relay Agent 是一个硬件或程序，它能够把 DHCP/BOOTP 广播信息从一个网段转播到另一个网段。

DHCP 中继代理如图 7-29 所示。

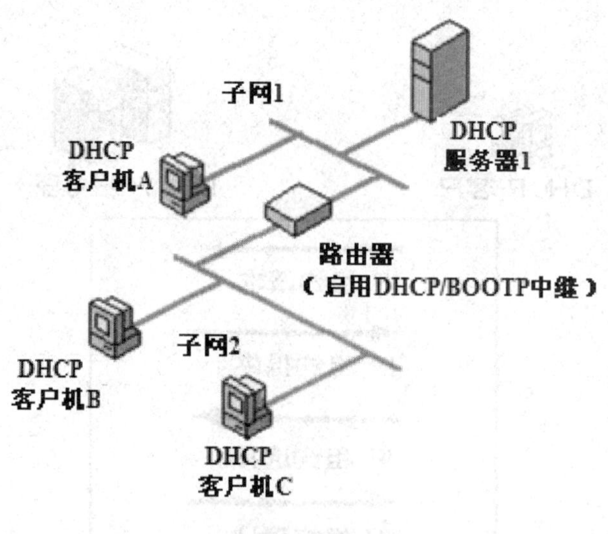

图 7-29　DHCP 中继代理

7.3.4　实验步骤

1．安装

步骤 1：打开“添加/删除程序”窗口，单击“添加/删除 Windows 组件”按钮，弹出“Windows 组件向导”对话框，在“Windows 组件”界面的“组件”列表中勾选“网络服务”复选框后，单击“详细信息”按钮，如图 7-30 所示。

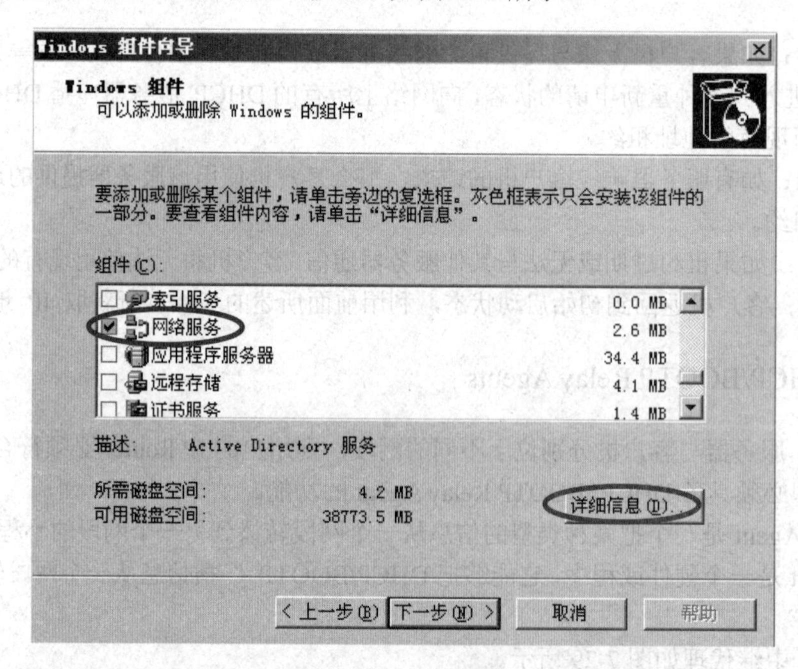

图 7-30　勾选“网络服务”复选框，单击“详细信息”按钮

步骤 2：在“网络服务”对话框的列表中勾选“动态主机配置协议（DHCP）”复选框，如图 7-31 所示，单击“确定”按钮。回到原来的对话框，单击“下一步”按钮，输入

Windows Server 的安装源文件的路径，安装完毕单击“确定”按钮，开始安装 DHCP 服务。安装完毕单击“完成”按钮，在管理工具中多了一个“DHCP”管理器。如果在管理菜单中已经存在“DHCP”菜单项，则以上安装过程可以省略。但如果以前安装的 DHCP 组件已经有了配置，请清除以前的配置后重新配置。

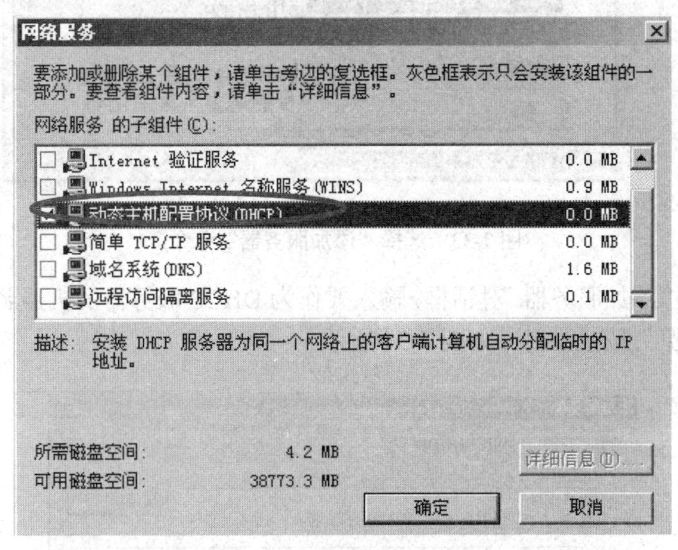

图 7-31　勾选“动态主机配置协议（DHCP）”复选框

2．添加服务器并进行授权

步骤 1：安装完成，启动 DHCP 管理控制台，界面如图 7-32 所示。如果以前尚未配置过 DHCP，在控制台界面中除了欢迎信息外，没有其他信息，此时需要添加 DHCP 服务器。

【注意】如果不在域环境，就不需要授权的步骤。

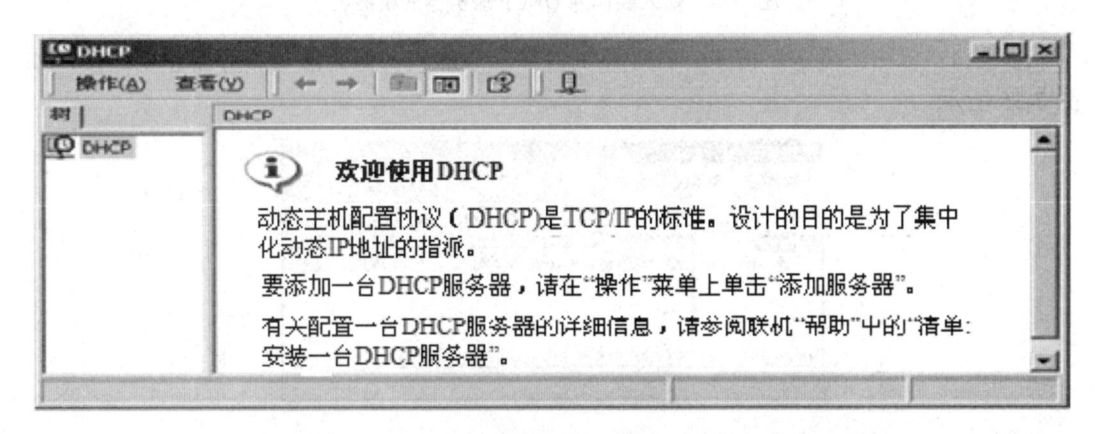

图 7-32　首次启动 DHCP 控制台的界面

步骤 2：单击鼠标右键，在弹出的快捷菜单中选择“添加服务器”命令，如图 7-33 所示。

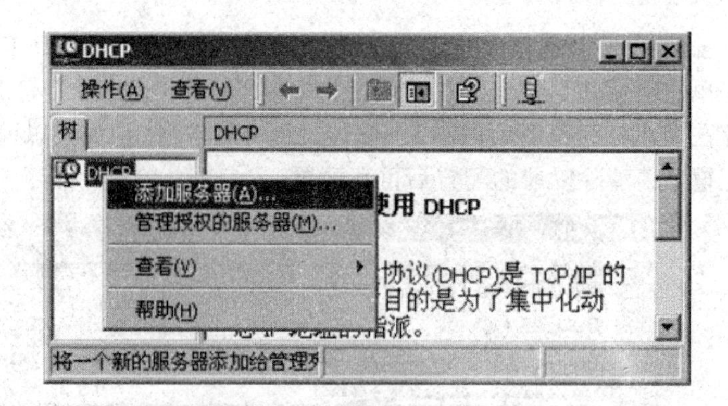

图 7-33　选择“添加服务器”命令

步骤 3：弹出“添加服务器”对话框，输入要作为 DHCP 服务器的机器名（或 IP 地址），也可以通过“浏览”按钮添加，如图 7-34 所示。

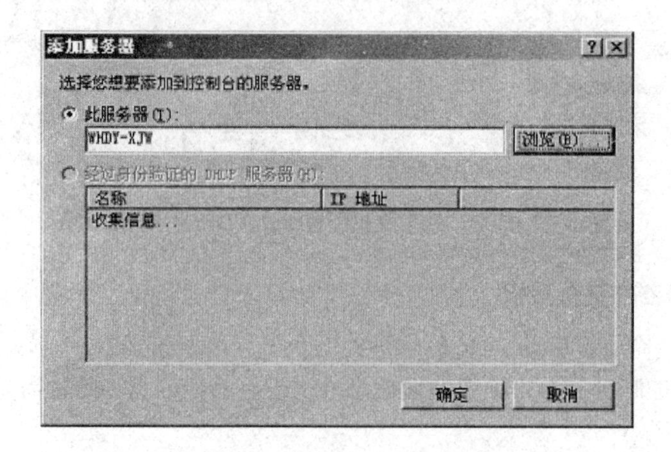

图 7-34　输入要作为 DHCP 服务器的机器名

步骤 4：单击“确定”按钮，管理控制台显示添加成功但无法与服务器建立连接，如图 7-35 所示。

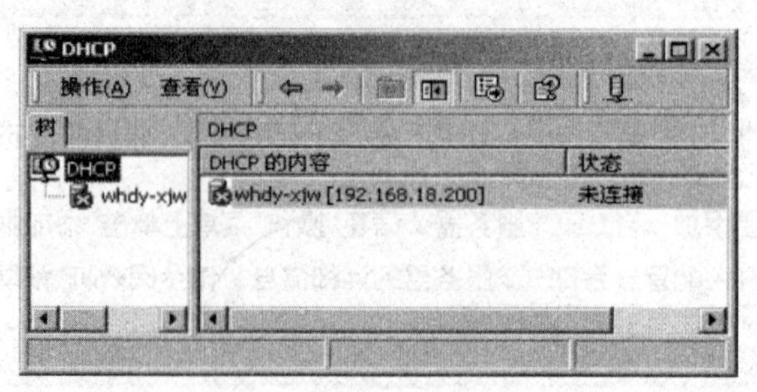

图 7-35　管理控制台无法与服务器建立连接

步骤 5：当出现这种情况时，打开“DHCP Server”服务，并在管理控制台进行刷新操作，直到“状态”显示“运行中”，如图 7-36 所示。

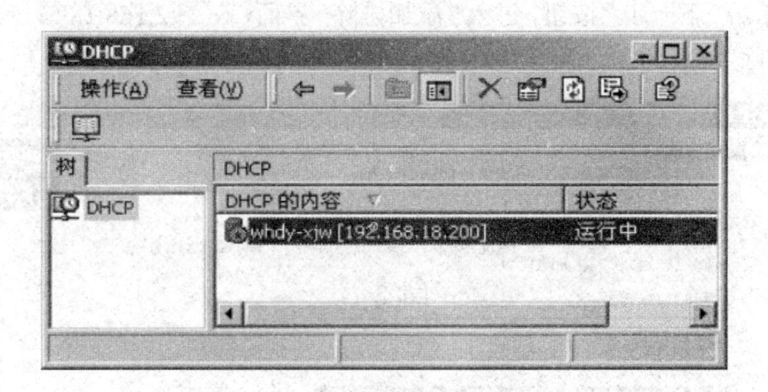

图 7-36　DHCP 服务器可以正常连接

步骤 6：打开“授权 DHCP 服务器”对话框，在“名称或 IP 地址”文本框中添加 IP 地址，即对添加的 DHCP 服务器进行授权，如图 7-37 所示。

图 7-37　对添加的 DHCP 服务器授权

3．在 DHCP 服务器中添加作用域

步骤 1：在 DHCP 管理控制台中，单击要添加作用域的服务器，选择“操作”→“新建”→“作用域”命令，弹出“新建作用域向导”对话框，在“输入作用域名”文本框中输入标识名，单击“下一步”按钮，输入作用域的起始 IP 地址、结束 IP 地址和子网掩码，如图 7-38 所示。

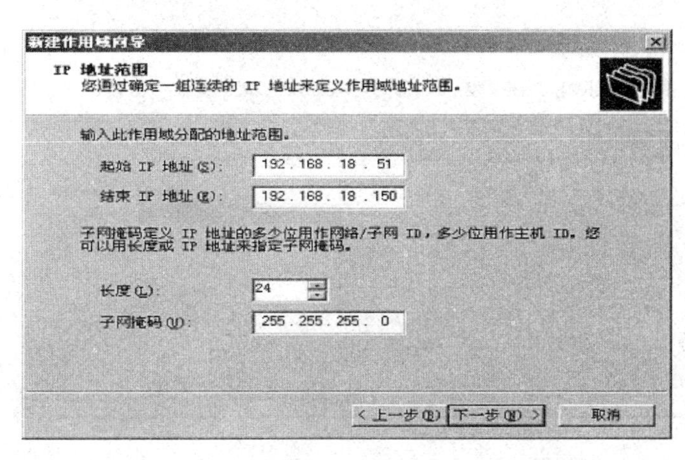

图 7-38　设置作用域的地址范围及子网掩码

步骤 2：单击“下一步”按钮，进入“添加排除”界面，在 192.168.18.51～192.168.18.150 地址段中，排除 192.168.18.100～192.168.18.120 之间的地址，如图 7-39 所示。

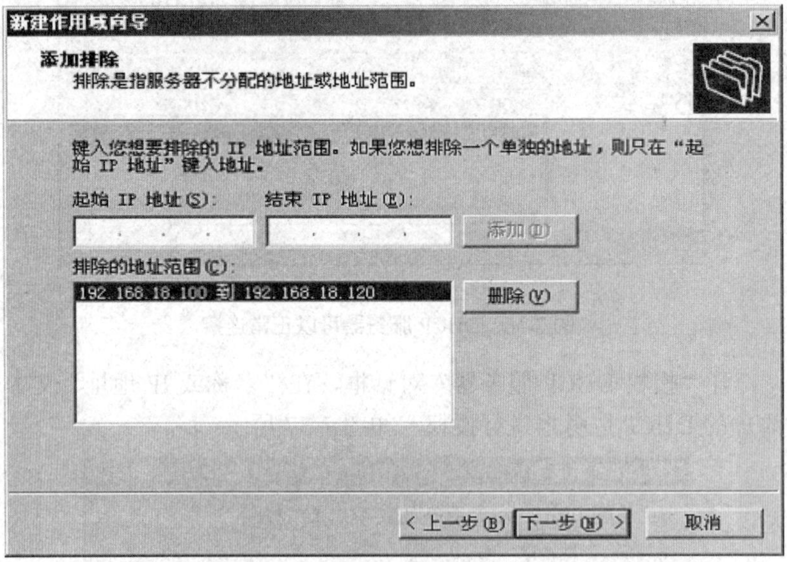

图 7-39　排除不进行分配的地址

步骤 3：单击“下一步”按钮，在租约期限设置中使用默认租期 8 天；单击“下一步”按钮，在询问是否配置 DHCP 选项时回答“是”，进入下一对话框界面，设置默认网关“192.168.18.1”；单击“下一步”按钮，设置域名和 DNS 服务器，假设网内机器的父域名称为“04521.com”，DNS 服务器 IP 地址为“192.168.18.100”，如图 7-40 所示。

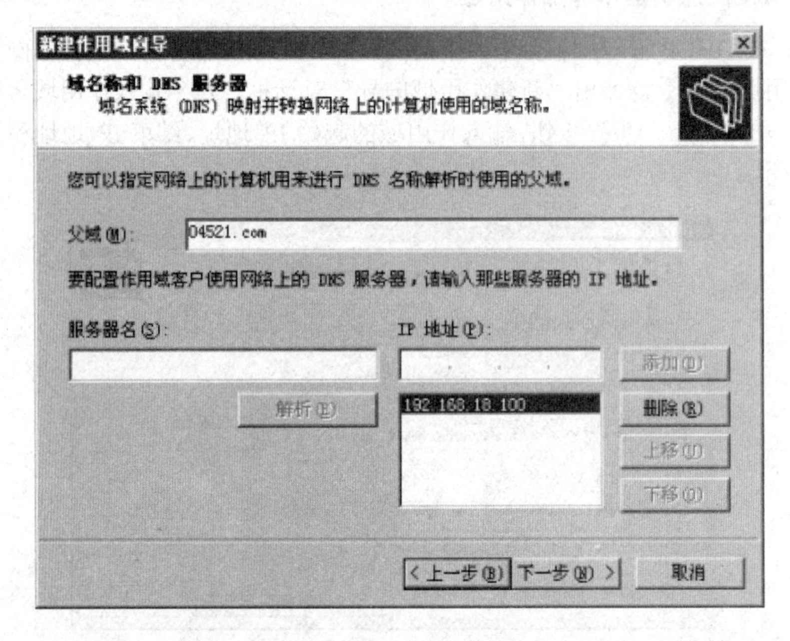

图 7-40　设置父域名称及 DNS 服务器 IP 地址

步骤 4：如果有 WINS 服务器，在下一对话框界面中输入 WINS 服务器的地址；单击

“下一步”按钮，选择激活该作用域，完成作用域的配置。展开 DHCP 管理控制台左边的控制台树，如图 7-41 所示，在地址池中列出可供其分配的 IP 地址段。若配置好客户机，且客户机从本 DHCP 服务器获取了配置，则在“地址租约”中可以看到。

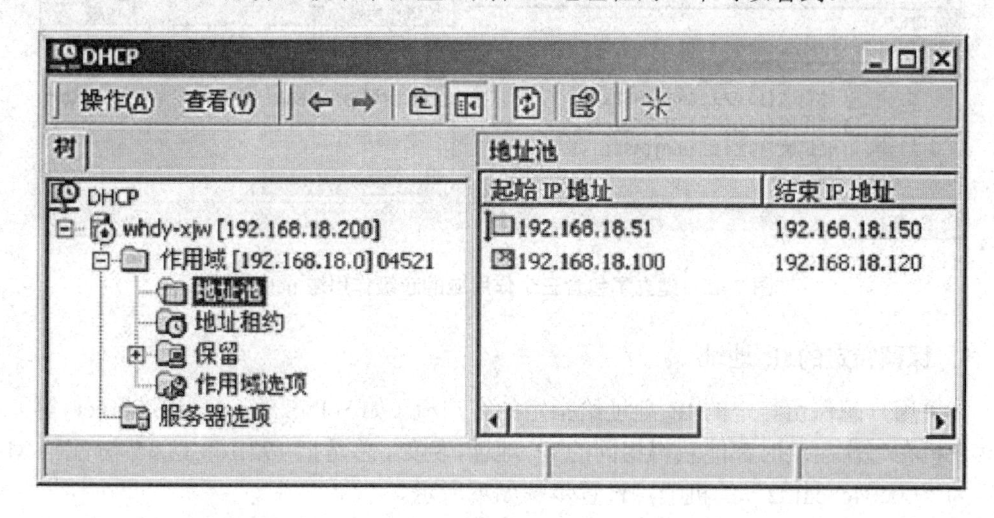

图 7-41　地址池中列出可供分配的 IP 地址段

如果还有其他作用域，可按上述过程继续添加。

4．添加超级作用域

如果需要在局域网的每一个子网中都设立 DHCP 服务器，那么就一定要使用超级作用域。因为每一台 DHCP 客户机在初始启动时都需要在子网中以有限广播的形式发送 DHCP discover 消息。如果网络中有多台 DHCP 服务器，用户将无法预知是哪一台服务器响应客户机的请求。假设网络中有两台服务器，服务器 1 和服务器 2 分别提供不同的地址范围，如果服务器 1 为客户机签订过地址租约，在租期达到 50%时，客户机要与服务器 1 取得通信以便更新租约，如果客户机无法与服务器 1 进行通信，在租期达到 87.5%时，客户机进入重新申请状态，即在子网中发送广播，如果服务器 2 首先响应，由于服务器 2 提供的是不同的 IP 地址范围，它不知道客户机现在所使用的是有效的 IP 地址，因此，它将发送 DHCP NAK（negative acknowledgement）给客户机，则客户机无法获得有效的地址租约。即使服务器 1 处于激活状态，这种情况也仍有可能发生。

综上所述，需要在每个服务器上都配置超级作用域以防止上述问题的发生。超级作用域要包括子网中所有的有效地址范围以将其作为超级作用域的成员范围，在设置成员范围时把子网中其他服务器所提供的地址范围设置成排除。

步骤 1：单击服务器名称→选择“操作”下的“超级作用域”命令→填写超级作用域的域名→选择要添加到超级作用域的作用域→完成。

步骤 2：在每个作用域的地址池中，将其他作用域的地址范围设为排除。如图 7-42 所示，超级作用域 net2004 中集成了三个作用域。

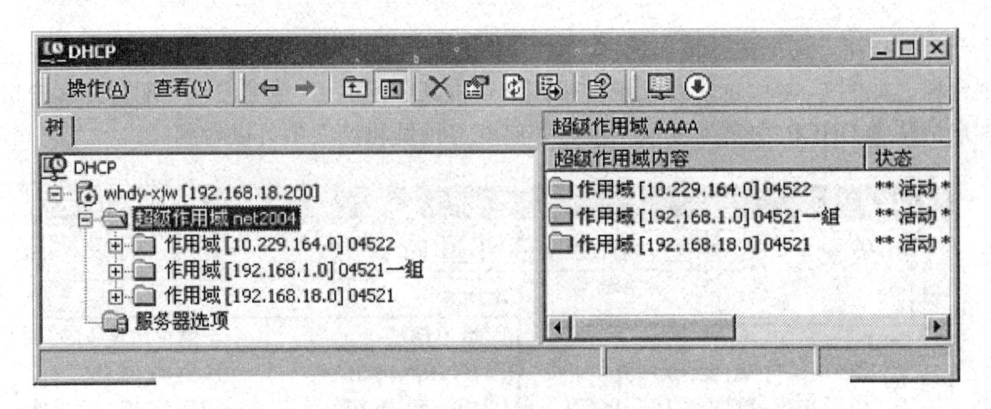

图 7-42 建立了包含三个作用域的超级作用域 net2004

5．保留特定的 IP 地址

如果用户想保留特定的 IP 地址给指定的客户机（如 WINS Server、IIS Server 等），以便客户机在每次启动时都能获得相同的 IP 地址，例如，总是把 192.168.18.55 分配给 MAC 地址为“00e04c8cafd2”的机器，设置步骤如下所示。

步骤 1：启动 DHCP 管理控制台。

步骤 2：出现 DHCP 管理控制台的窗口，在窗口左侧选择作用域 04521 中的保留项。

步骤 3：选择“操作”→“添加”命令，弹出“新建保留”对话框。

步骤 4：输入要保留的 IP 地址及相应的 MAC 地址，如图 7-43 所示。经过这样设置，只有 MAC 地址相符合的机器才可以获取该 IP 地址。

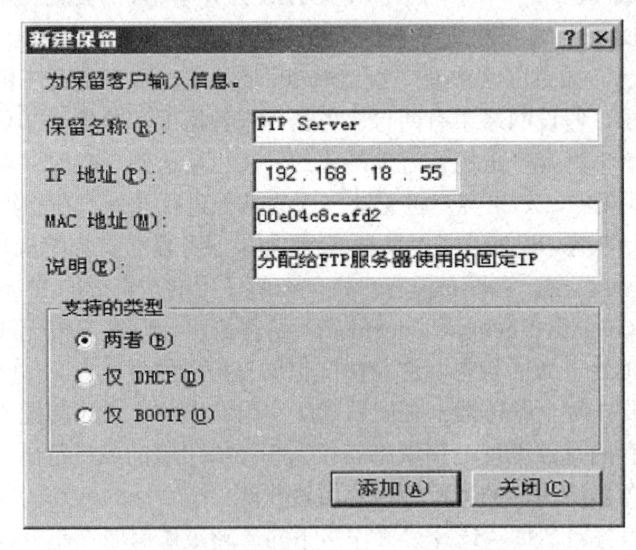

图 7-43 保留特定的 IP 地址给某主机

添加完成，如果该客户机自动获取到的 IP 地址不是预留的，可以在命令行中使用“ipconfig /release” 释放现有 IP 地址和使用“ipconfig /renew ”更新 IP 地址。

【注意】如果在设置保留地址时，网络上有多台 DHCP 服务器存在，用户需要在其他服务器中将此保留地址排除，以便客户机始终可以获得正确的保留地址。

6．DHCP 选项设置

DHCP 服务器除了可为 DHCP 客户机提供 IP 地址外，还可被用来设置 DHCP 客户机启动时的工作环境，如设置客户机登录的域名称、DNS 服务器、WINS 服务器、路由器、默认网关等。在客户机启动或更新租约时，DHCP 服务器可自动设置客户机启动后的 TCP/IP 环境。

DHCP 服务器提供了许多选项类型，但其中只有几项是用户非常关心的，如默认网关、DNS、WINS、路由器，在 DHCP 管理控制台作用域的“作用域选项”对话框中可以显示用户所进行的设置。为了进一步了解选项设置，以用户在作用域中添加 DNS 选项为例进行说明。

步骤 1：启动 DHCP 管理控制台。

步骤 2：在 DHCP 管理控制台的左侧窗口中展开服务器树，用鼠标右键单击作用域 04521 中的“作用域选项”，在弹出的快捷菜单中选择“配置选项”命令，弹出“作用域选项”对话框。

步骤 3：在“可用选项”列表中勾选“006 DNS 服务器”复选框，在“数据输入”选项组中可以对 DHCP 客户机 TCP/IP 环境中的 DNS 参数进行设置或者修改，如图 7-44 所示。如果还有其他选项需要设置，方法同前。

步骤 4：设置完成后，单击“确定”按钮。

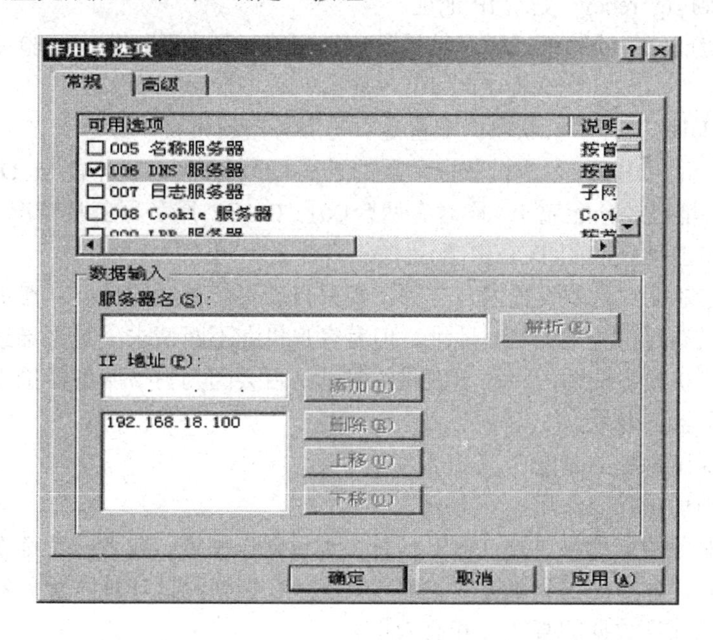

图 7-44　选项设置

在 Windows Server DHCP 服务器中，用户不仅可以针对不同作用域设置选项，还可以针对整个服务器设置选项。一台服务器可能包含多个作用域，如果对每一个作用域进行设置会显得比较烦琐。若所有作用域某一选项的设置相同，则可以在服务器选项中进行设置，该服务器中的各个作用域都能继承这一设置，除非它们另有不同的设置。也就是说，服务器选项的影响范围更大，但是当二者在同一选项上都进行了设置时，范围较小的作用域的选项设置发挥作用。二者之间的关系类似于 C 语言中同名全局变量和局部变量在作用域方面的关系。

7．简单维护 DHCP 服务器

简单维护 DHCP 服务器主要包括以下几个方面。

（1）显示服务器、超级作用域、作用域的统计信息。

（2）新建多播作用域。

（3）查看服务器、超级作用域、作用域的属性。

（4）刷新或者删除服务器、超级作用域、作用域。

（5）将作用域从超级作用域中删除。

（6）停用或激活超级作用域、作用域。

观察地址池中地址的分配情况，并在服务器端强行释放某客户占用的 IP 地址。

8．客户端设置与验证操作

客户端设置与验证的操作步骤如下。

步骤 1：在 TCP/IP 属性中设置客户端为“自动获得 IP 地址”和“自动获得 DNS 服务器地址”。

步骤 2：查看、释放与更新。使用 ipconfig/all 查看，使用 ipconfig/release 释放现有 IP 地址，使用 ipconfig /renew 更新 IP 地址。

步骤 3：验证。每项验证过程及结果都应如实填写到实验报告中，验证环境条件及数据由自己设计。

- 验证 DHCP 客户机获取的配置是否与服务器的设置一致。
- 观察验证 DHCP 客户机获取配置的过程。分别在客户机不能与 DHCP 服务器沟通、地址已经分配完毕、同时有两台以上 DHCP 服务器三种情况下，查看 DHCP 客户机自动获取的 TCP/IP 配置信息有什么不同。
- 将 IP 地址的租期设置为几分钟，观察自动更新租约的情况。在更新租约时如果已经没有可供分配的 IP 地址，但有客户机在不断请求，是否导致此时地址被另一客户机抢占的情况；在更新租约时，是否会因为另一服务器抢先应答而失去与原服务器的联系。
- 验证保留地址的分配。
- 验证地址排除的作用。
- 观察服务器选项只设置 DNS 地址、不设置作用域，或者两者都设置但设置的值不同时，客户机获取该选项的配置情况（在切换测试环境时服务器及客户端的更新，以保证数据的真实性和有效性）。

7.4 万维网（WWW）服务

万维网（World Wide Web，WWW）并非某种特殊的计算机网络，它是一个大规模的、联机式的信息储存所，英文简称为“Web”。万维网用链接的方法能非常方便地从因特网上的一个站点访问另一个站点（即链接到另一个站点），从而主动地按需获取丰富的信息。万维网提供分布式服务，其特点如图 7-45 所示。

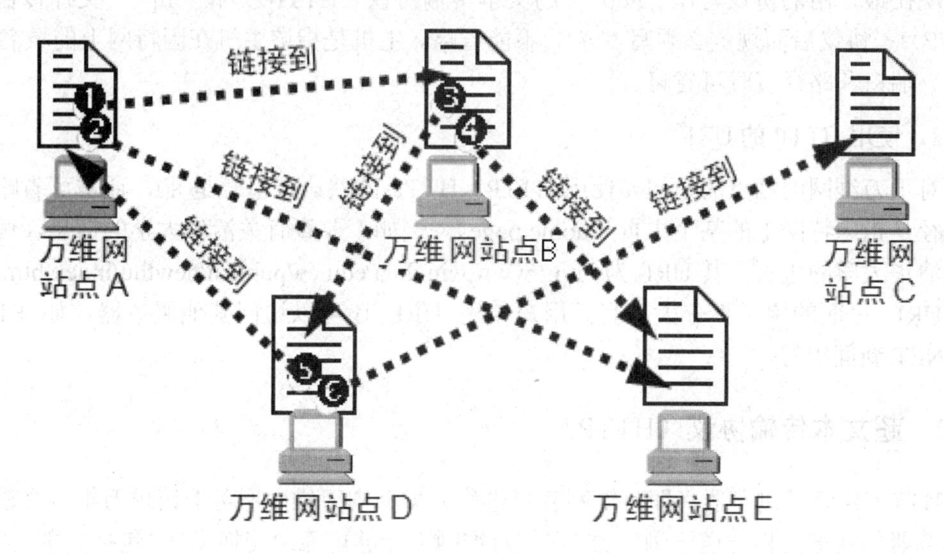

图 7-45　万维网提供分布式服务

图 7-45 中显示了五个万维网上的站点，它们可以相隔数千公里，但都必须连接在因特网上。正是由于万维网的出现，使因特网从仅由少数计算机专家使用变为普通用户也能使用的信息资源。万维网的出现使网站数按指数规律增长，因此，万维网的出现是因特网发展中的一个非常重要的里程碑。

万维网是一个分布式的超媒体（hypermedia）系统，它是超文本（hypertext）系统的扩充。超文本是万维网的基础。超媒体与超文本的区别是文档内容不同：超文本文档仅包含文本信息；而超媒体文档还包含其他表示方式的信息，如图形、图像、声音、动画，甚至活动视频图像。

万维网使用统一资源定位符（Uniform Resourse Locator，URL）标识万维网上的各种文档，并使每一个文档在整个因特网的范围内具有唯一的标识符 URL。

万维网使用超文本标记语言（Hypertext Markup Language，HTML），这使得万维网页面的设计者可以很方便地从本页面的某处链接到因特网上的任何一个万维网页面。

7.4.1　统一资源定位符（URL）

1．URL 的格式

URL 是用来表示从因特网上得到的资源的位置和访问这些资源的方法。URL 给资源的位置提供一种抽象的识别方法，并用这种方法给资源定位。只要能够对资源进行定位，系统就可以对资源进行各种操作，如存取、更新、替换和查找其属性。

这里所说的“资源”，是指在因特网上可以被访问的任何对象，包括文件目录、文件、文档、图像、声音等，以及与因特网相连接的任何形式的数据。

URL 的一般形式由以下四个部分组成。

<协议>://<主机>:<端口>/<路径>

现在最常用的协议写作“http”〔超文本传输协议（HTTP）〕和“ftp”〔文件传输协议（FTP）〕，协议后面规定必须写“://”，不能省略。主机是指该主机在因特网上的域名或 IP 地址。端口和路径有时可省略。

2．使用 HTTP 的 URL

对于万维网的站点的访问要使用 HTTP。HTTP 的默认端口号是 80，通常可省略。访问路径是指因特网上的某个主页（home page）。例如，要查有关清华大学的信息，可先进入到清华大学的主页，其 URL 为 http://www.tsinghua.edu.cn/publish/newthu/index.html。

URL 里面的字母不分大小写。用户使用 URL 还可以访问其他服务器，如 FTP 或 USENET 新闻组等。

7.4.2 超文本传输协议（HTTP）

HTTP 定义了浏览器（即万维网客户进程）如何向万维网服务器请求万维网文档，以及服务器如何把文档传送给浏览器。它是万维网上能够可靠地交换文件（包括文本、声音、图像等各种多媒体文件）的重要基础。万维网的大致工作过程如图 7-46 所示。

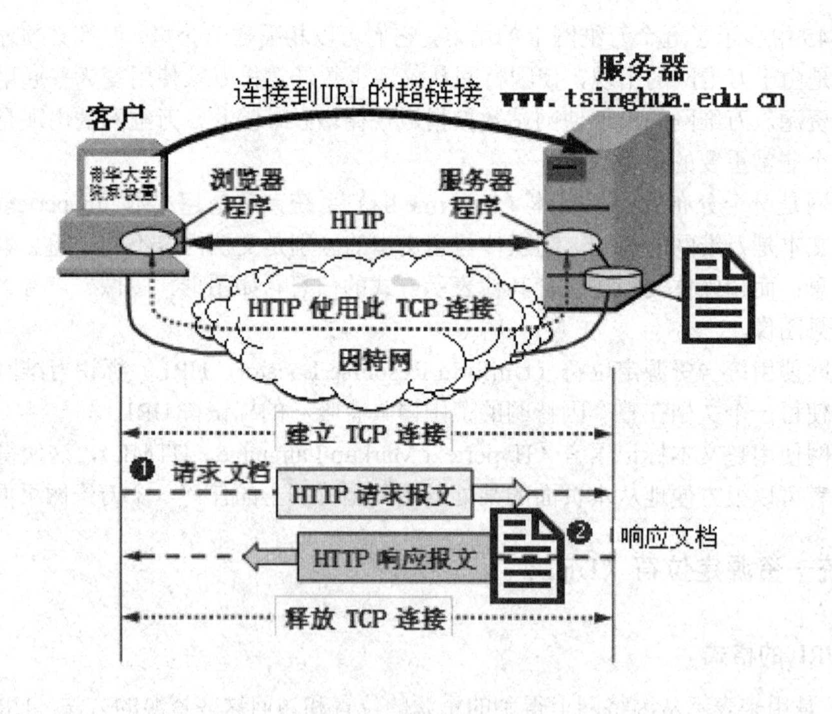

图 7-46 万维网的工作过程

每一个万维网站点都有一个服务器进程，它不断地监听 TCP 的端口 80，以便发现是否有浏览器向它发送连接建立请求；一旦监听到连接建立请求并建立了 TCP 连接之后，浏览器就向万维网服务器发出对浏览器某个页面的请求，服务器则返回所请求的页面作为响应；最后，TCP 连接被释放。在浏览器和服务器之间的请求和响应的交互，必须按照规定

的格式并遵循一定的规则。这些格式和规则就是超文本传输协议（HTTP）。

HTTP 报文通常都使用 TCP 连接传输。

7.4.3　Web 服务器的搭建

步骤 1：安装 IIS。查看管理工具中是否有“Internet 信息服务（IIS）”菜单项。如果没有，通过打开“控制面板”→双击“添加/删除程序”→单击“添加/删除 Windows 组件”按钮→打开“应用程序服务器”对话框→勾选“Internet 信息服务（IIS）”和“ASP.NET”复选框，如图 7-47 所示，单击“确定”按钮开始安装。

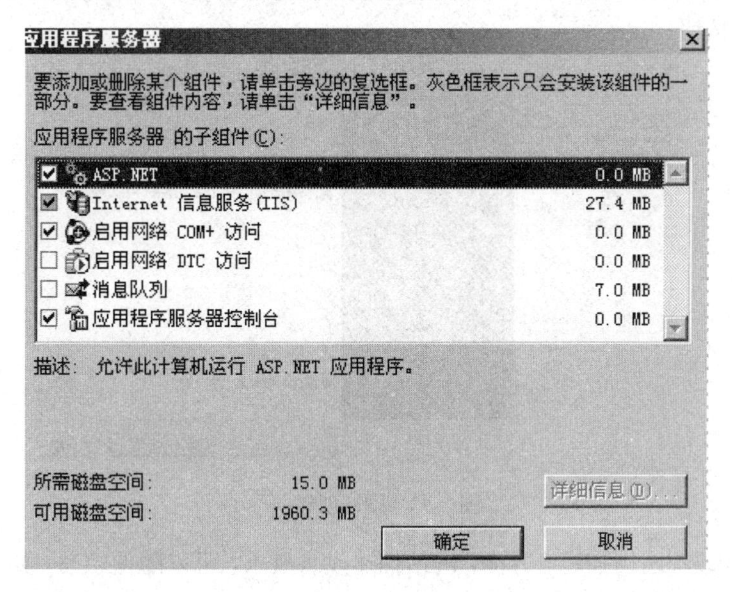

图 7-47　安装 IIS

步骤 2：通过“开始”→“程序”→“管理工具”→“IIS 信息服务”命令，打开“Internet 信息服务（IIS）管理器”窗口，停止默认站点，如图 7-48 所示。

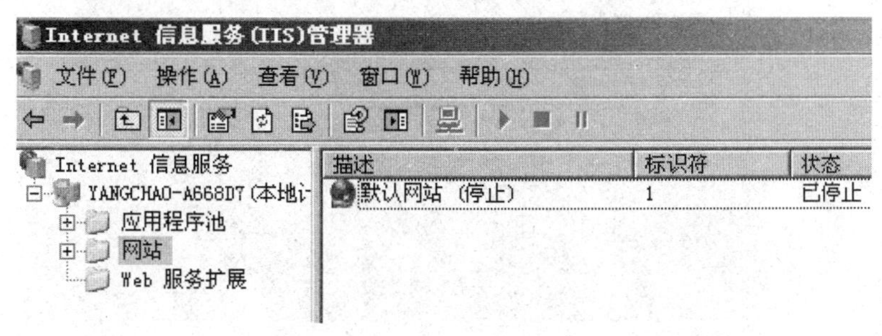

图 7-48　停止默认站点

步骤 3：创建一个文档 iis.txt，输入文字“sky00747 欢迎您的到来”，将文档名后缀“txt”改为“html”，如图 7-49 所示。

图 7-49　建立首页

步骤 4：在"Internet 信息服务（IIS）管理器"窗口右侧用鼠标右键单击"网站"，在弹出的快捷菜单中选择"新建"命令，弹出"网站创建向导"对话框，如图 7-50 所示，单击"下一步"按钮。

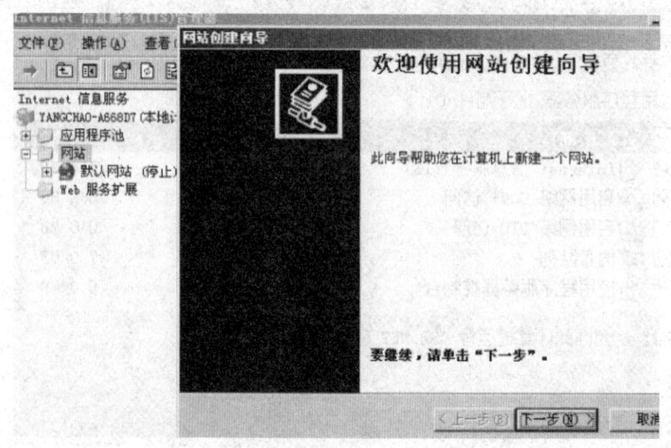

图 7-50　网站创建向导

步骤 5：出现"网站描述"界面，网站描述没有要求，可以随便填写，如图 7-51 所示，单击"下一步"按钮。

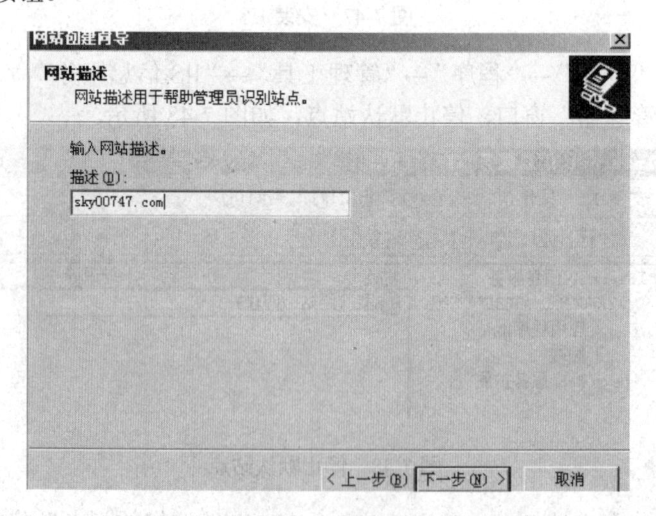

图 7-51　网站描述

步骤 6：在"IP 地址和端口设置"界面中直接选择 IP 地址，端口默认为 80，如图 7-52 所示，单击"下一步"按钮。

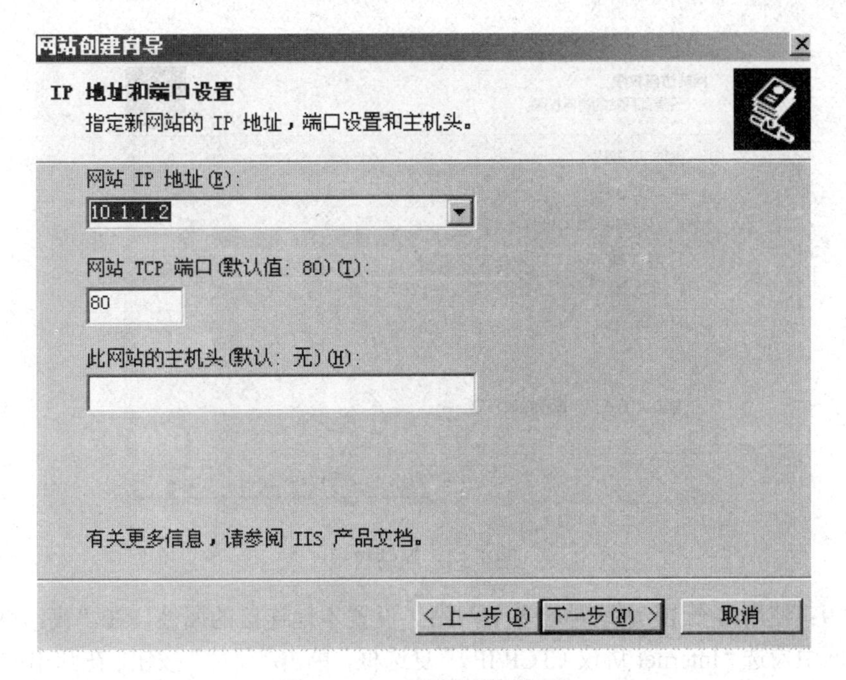

图 7-52　IP 地址和端口设置

步骤 7：在如图 7-53 所示的“网站主目录”界面中选择刚建立的网站地址，单击“下一步”按钮。

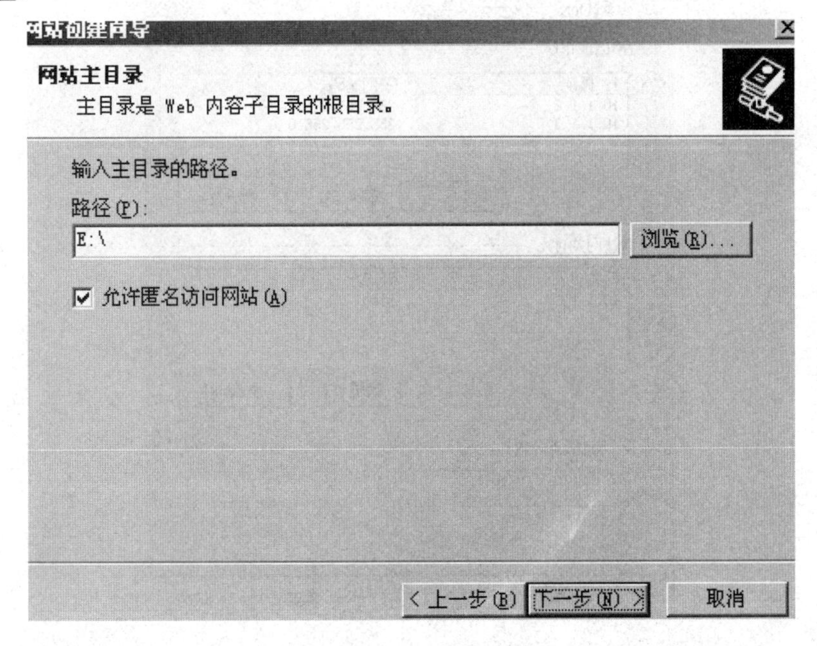

图 7-53　网站主目录

步骤 8：在“网站访问权限”界面中根据个人需要进行设定，如图 7-54 所示，单击“下一步”按钮完成向导。

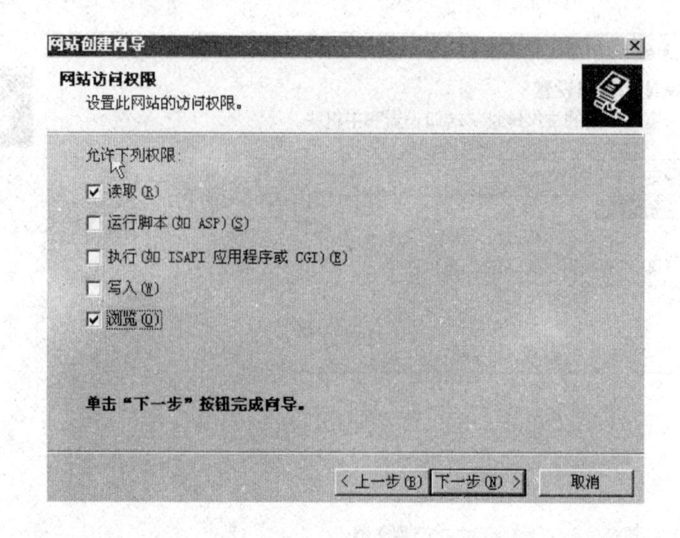

图 7-54　网站权限

步骤 9：使用多个 IP 地址对应多个网站。设置本地连接的属性，在“高级 TCP/IP 设置”对话框中勾选“Internet 协议（TCP/IP）”复选框，单击“属性”按钮，在弹出的“Internet 协议（TCP/IP）属性”对话框中单击“高级”按钮，在弹出的“高级 TCP/IP 设置”对话框中添加 IP 地址，如图 7-55 所示。

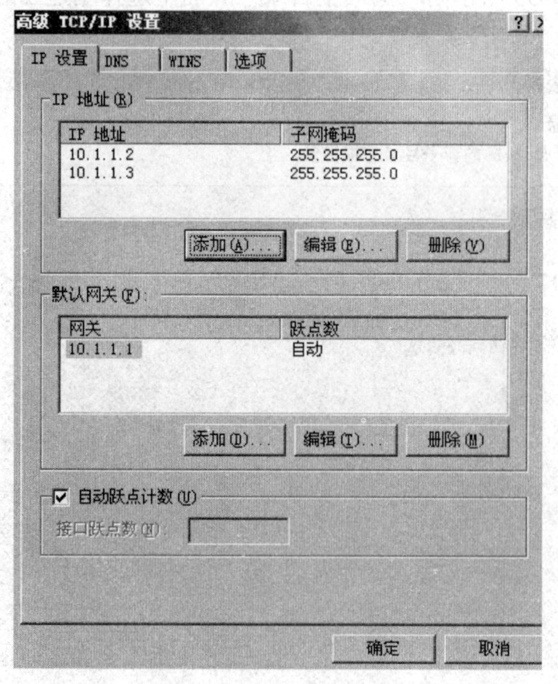

图 7-55　网站地址设置

步骤 10：设置完成后，选择“开始”→“管理工具”→“IIS 信息服务”命令，使用主机头建立多个网站，只是 IP 地址和端口有所不同，安装 DNS 对不同网站分别进行解析。在“此网站的主机头”文本框中输入“www.sky00747.com”，如图 7-56 所示。

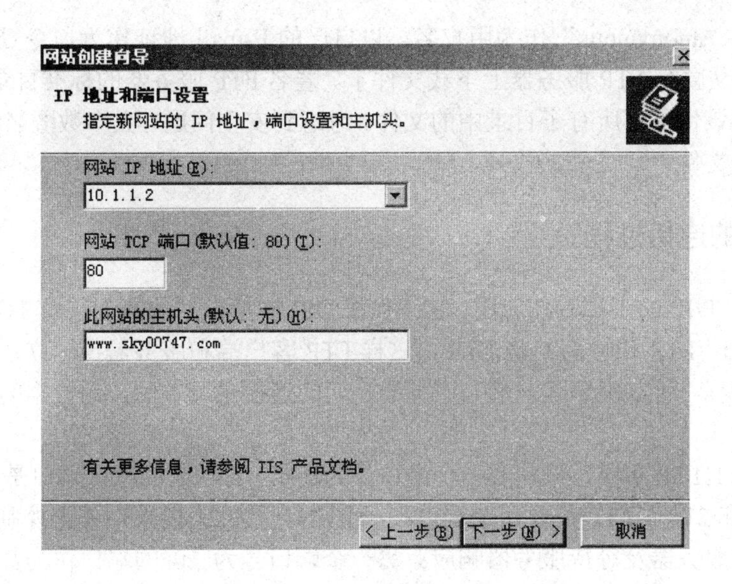

图 7-56 网站创建向导

步骤 11：完成设置后，在 IE 浏览器中输入网址“www.sky00747.com”，结果如图 7-57 所示。

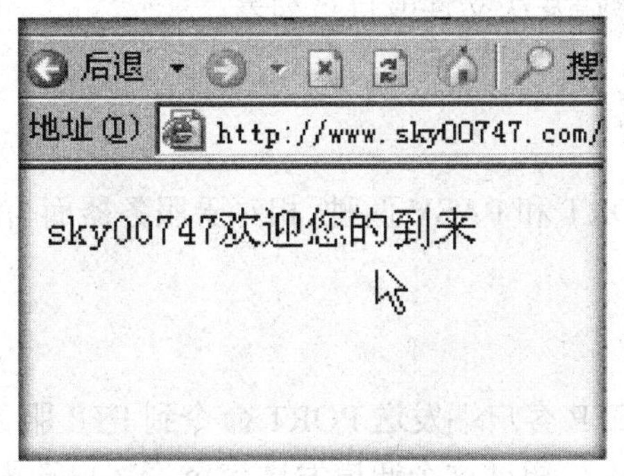

图 7-57 主页

7.5 文件传输协议（FTP）

文件传输协议（File Transfer Protocol，FTP）是因特网上文件传输的基础，通常所说的“FTP”是基于该协议的一种服务。FTP 文件传输服务允许因特网上的用户将一台计算机上的文件传输到另一台计算机上。几乎所有类型的文件，包括文本文件、二进制可执行文件、声音文件、图像文件、数据压缩文件等，都可以用 FTP 传输。

也可以说 FTP 是一套文件传输服务软件，它以文件传输为界面，使用简单的 get 或 put 命令进行文件的下载或上传，如同在因特网上执行文件复制命令一样。大多数 FTP 服务器主机都采用 Unix 操作系统，但普通用户通过 Windows 操作系统也能方便地使用 FTP。

FTP 最大的特点是用户可以使用因特网上众多的匿名 FTP 服务器。所谓“匿名服务器”，指的是不需要专门的用户名和口令就可以进入的系统。用户在连接匿名 FTP 服务器时，都可以使用匿名“anonymous”作为用户名，以自己的 E-mail 地址作为口令登录。登录成功后，用户便可从匿名 FTP 服务器上下载文件了。匿名 FTP 服务器的标准目录为 pub，用户通常可以访问该目录下所有子目录中的文件。考虑到安全问题，大多数匿名 FTP 服务器不允许用户上传文件。

7.5.1 FTP 的连接过程

FTP 是 TCP/IP 的一种具体应用。它工作在 OSI 参考模型的第七层及 TCP/IP 体系结构的第四层，使用 FTP 传输而不是 UDP，这样 FTP 客户端和服务器在建立连接前就要经过三次握手的过程，可以确保客户端与服务器之间的连接是可靠的，为数据的安全传输提供了保证。

FTP 不像 HTTP 那样，只需要一个端口作为连接（HTTP 的默认端口是 80，FTP 的默认端口是 20 和 21）。FTP 需要两个端口：一个端口号为 21 的端口作为控制连接端口，用于发送指令给服务器及等待服务器响应；另一个端口号为 20 的端口作为数据传输端口，用于建立数据传输通道，该端口主要有以下三个作用。

（1）从客户端向服务器发送一个文件。

（2）从服务器向客户端发送一个文件。

（3）从服务器向客户端发送文件或目录列表。

7.5.2 FTP 的连接模式

FTP 的连接模式有 PORT 和 PASV 两种。相对于服务器而言，PORT 模式是主动模式，PASV 模式是被动模式。

1．PORT 模式

“PORT 模式”是指 FTP 客户端发送 PORT 命令到 FTP 服务器。FTP 客户端首先要和 FTP 服务器的 21 端口连接，通过这个通道发送命令，客户端需要接收数据的时候在这个通道上发送包含客户端用什么端口接收数据的 PORT 命令。在传输数据的时候，服务器通过自己的 20 端口发送数据，但是必须和客户端建立一个新的连接用来传输数据。

2．PASV 模式

“PASV 模式”是指 FTP 客户端发送 PASV 命令到 FTP 服务器。它在建立控制通道时和 PORT 模式类似，当客户端通过这个通道发送 PASV 命令的时候，FTP 服务器打开一个随机端口并且通知客户端在这个端口上传输数据，然后 FTP 服务器通过这个端口进行数据的传输，此时 FTP 服务器不再需要与客户端建立新的连接。

7.5.3 实验步骤

1．安装 FTP 服务器

如果在安装 Web 服务器的过程中没有选择 FTP 发布服务，则需要安装 FTP 发布服务，具体方法如下。

步骤 1：选择“开始”→“程序”→“管理工具”→“服务器管理器”命令，打开如图 7-58 所示的“服务器管理器”窗口。

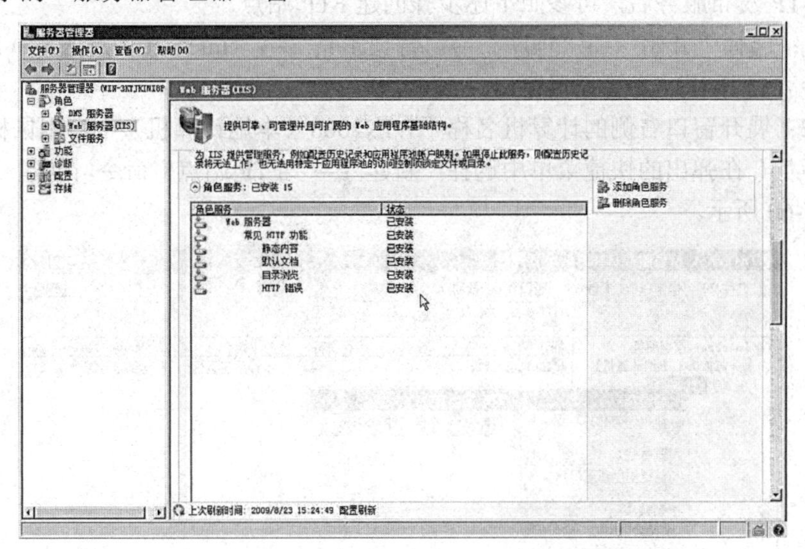

图 7-58　**“服务器管理器”窗口**

步骤 2：展开左侧目录树中的“角色”，然后单击“Web 服务器（IIS）”，再单击窗口右侧的“添加角色服务”，打开如图 7-59 所示的“添加角色服务”对话框，在“角色服务”列表中勾选“FTP 发布服务”复选框（这时可能会出现一个提示框，直接单击“添加必需的角色服务”按钮即可）。

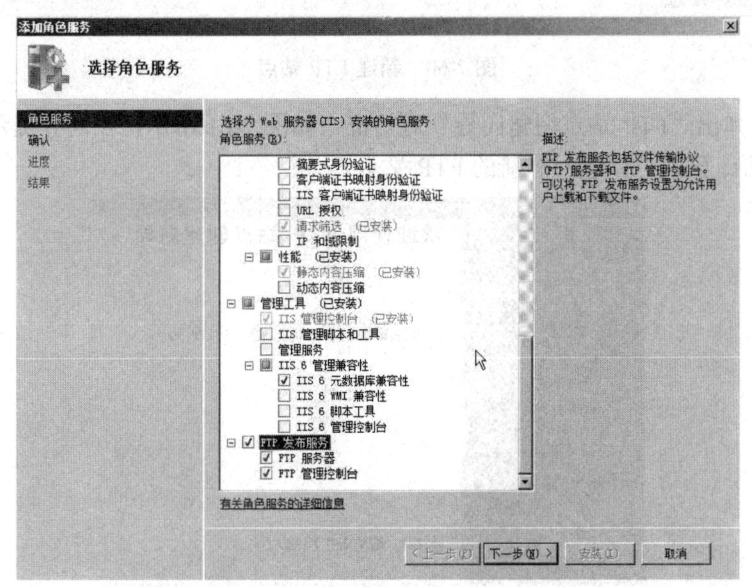

图 7-59　**“添加角色服务”对话框**

步骤 3：单击“下一步”按钮，进入下一个对话框界面，在确认无误后单击“安装”按钮开始安装，安装完成后退出“添加角色服务”对话框即可。

2．创建 FTP 站点

安装 FTP 发布服务后，可参照下述步骤创建 FTP 站点。

步骤 1：选择“开始”→“程序”→“管理工具”→“Internet 信息服务（IIS）6.0 管理器”命令，打开 IIS 6.0 管理器窗口。

步骤 2：展开窗口右侧的计算机名称“WIN2008（本地计算机）”，用鼠标右键单击“FTP 站点”，在弹出的快捷菜单中选择“新建”→“FTP 站点”命令，创建一个 FTP 站点，如图 7-60 所示。

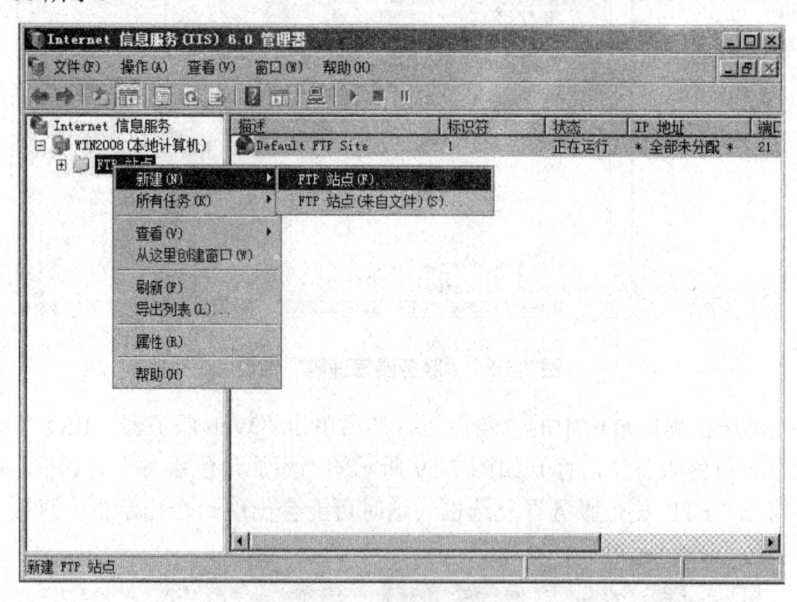

图 7-60　新建 FTP 站点

步骤 3：弹出“FTP 站点创建向导”对话框，如图 7-61 所示，在向导提示下能够很轻松地在用户的计算机中创建一个新的 FTP 站点。

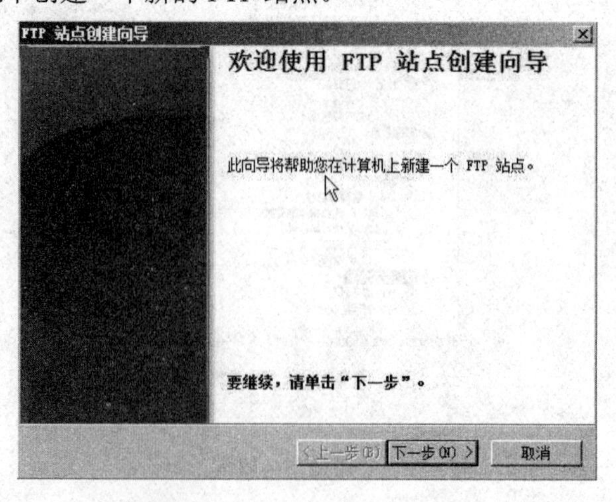

图 7-61　FTP 站点创建向导

步骤 4：单击“下一步”按钮，进入下一个对话框界面，为这个站点输入描述性的内容，如“FTP 站点”，如图 7-62 所示，单击“下一步”按钮，进入下一个对话框界面。

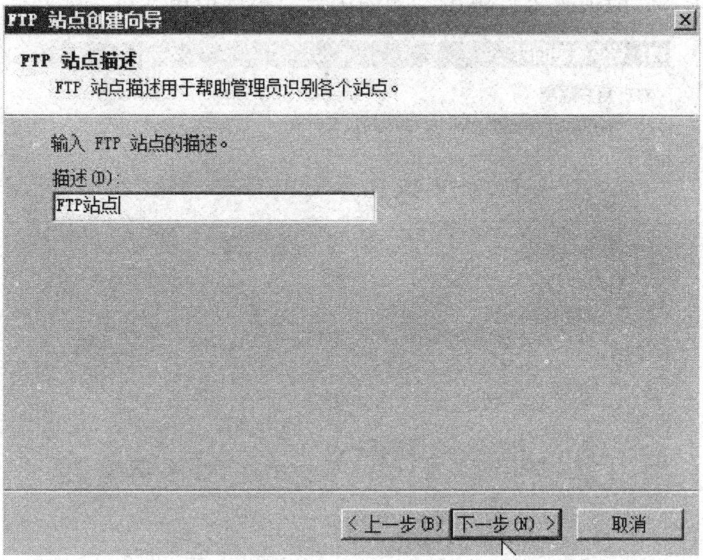

图 7-62　FTP 站点的说明

步骤 5：设置 FTP 服务器的 IP 地址和使用的端口。在设置 IP 地址的时候，可以从下拉列表中查看当前网卡设置的 IP 地址（图中为 192.168.4.20），不需要手工输入，直接选取即可快速完成；另外，Windows Server 2008 默认的 FTP 端口号为 21，一般不需要改动，如图 7-63 所示。

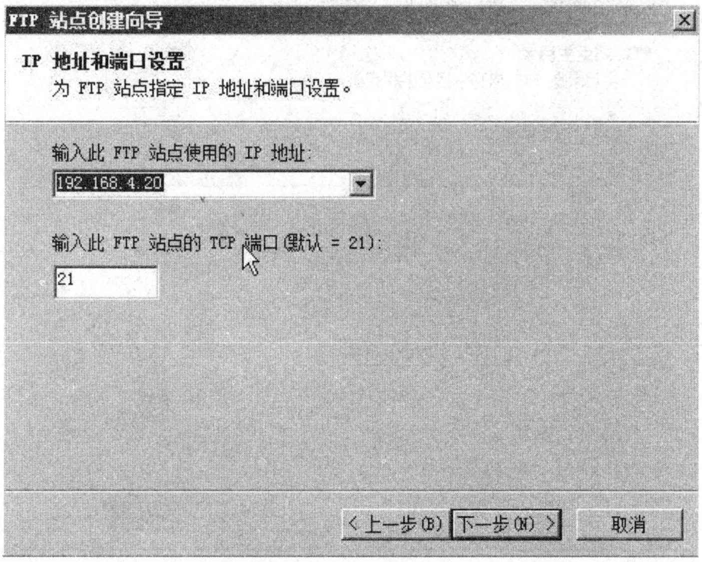

图 7-63　设置 FTP 站点的 IP 地址和端口

步骤 6：单击“下一步”按钮，进入如图 7-64 所示的界面，需要设置隔离以防止用户访问 FTP 站点上其他用户的 FTP 主目录。其中，“不隔离用户”可以让用户访问 FTP 站点上其他用户的 FTP 主目录；“隔离用户”要求用户只能访问当前 FTP 站点设定的主目录；而“用 Active Directory 隔离用户”是为用户指定用自己的 Active Directory 账户确认的 FTP 主目录。一般情况下，单击“隔离用户”单选按钮。

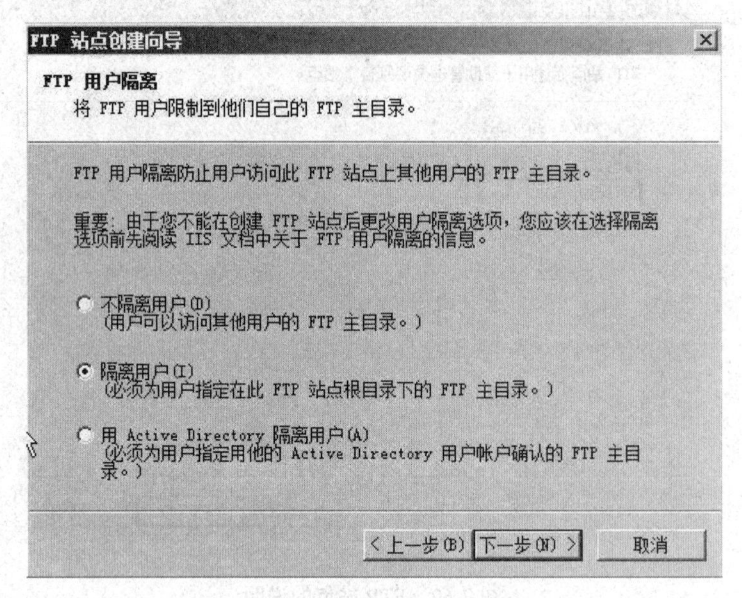

图 7-64　设置用户隔离主目录

步骤 7：单击“下一步”按钮，进入如图 7-65 所示的界面，为 FTP 站点指定一个主目录路径，此时可以单击“浏览”按钮，在弹出的对话框中选择相应的路径，或者手工输入路径。

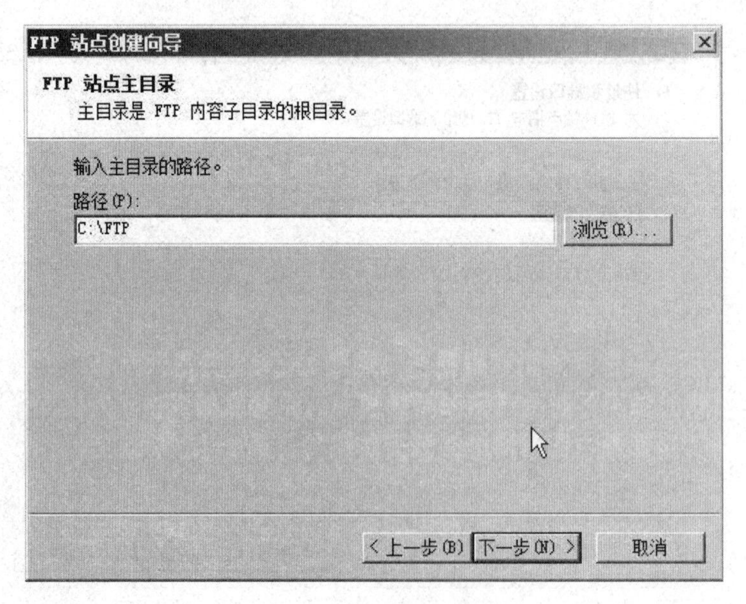

图 7-65　设置 FTP 站点主目录

步骤 8：单击“下一步”按钮，进入如图 7-66 所示的 “FTP 站点访问权限” 设置界面。因为 FTP 站点具有读取和写入的权限，所以可以在此进行设置，例如，勾选“写入”复选框，可以让用户上传文件到服务器中，根据实际需要在此进行选择。

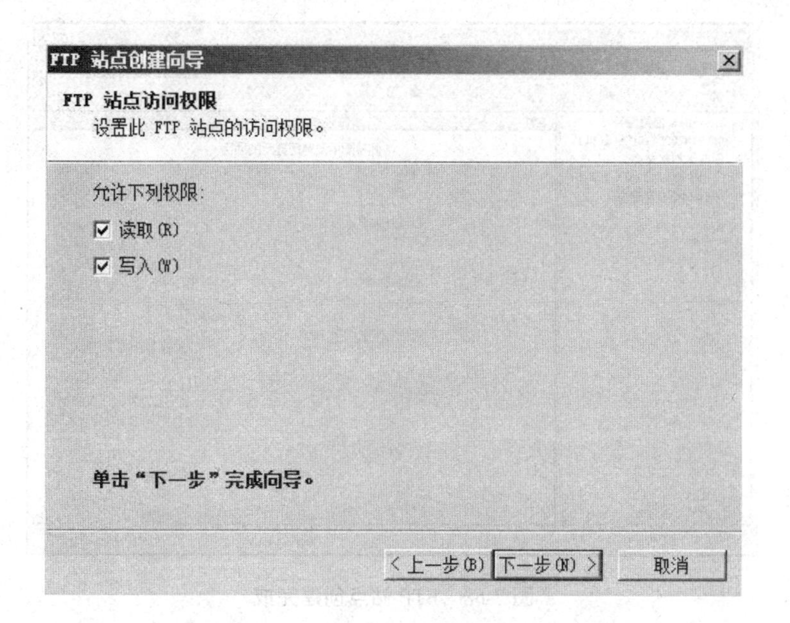

图 7-66　设置 FTP 站点访问权限

步骤 9：单击“下一步”按钮，出现如图 7-67 所示的信息，说明一个 FTP 站点已经创建完成。

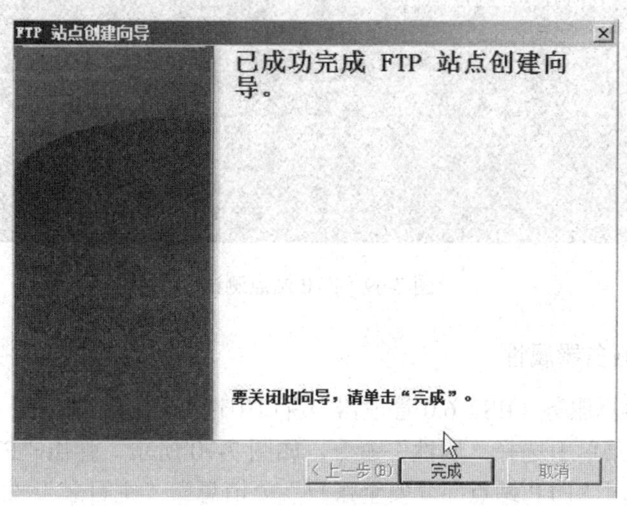

图 7-67　完成 FTP 站点的创建

步骤 10：单击“完成”按钮返回“Internet 信息服务（IIS）6.0 管理器”窗口，可以发现在此已经新增加了一个 FTP 站点，如图 7-68 所示。此时只要在网络中的另外一台计算机中运行“ftp 192.168.4.20”命令，然后再输入正确的用户名和口令，就可以显示如图 7-69 所示的信息，说明 FTP 服务器已经成功创建完成。

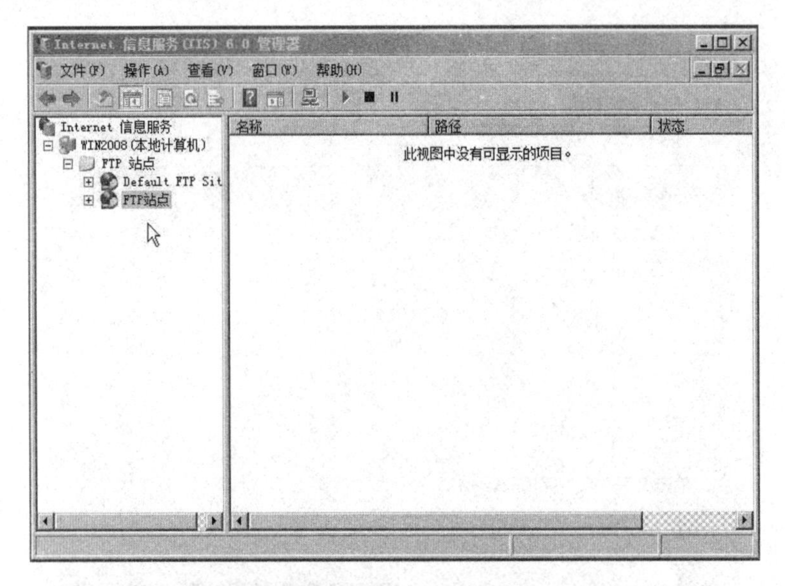

图 7-68　FTP 站点创建完成

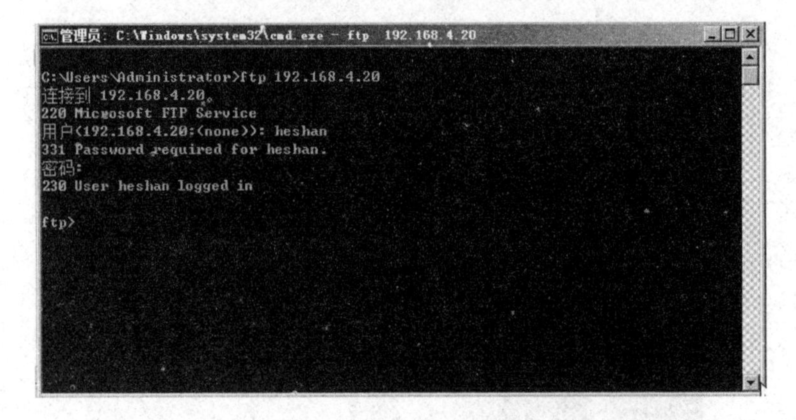

图 7-69　FTP 站点测试

3．配置 FTP 服务器属性

在“Internet 信息服务（IIS）6.0 管理器”窗口中选择刚创建的 FTP 站点，单击鼠标右键，在弹出的快捷菜单中选择“属性”命令，如图 7-70 所示，弹出“FTP 站点 属性”对话框，在这里可以对“FTP 站点”“安全账户”“消息”“主目录”“目录安全性”等进行设置。

（1）FTP 站点设置

如图 7-71 所示，在“FTP 站点”选项卡中可以更改 FTP 站点描述、IP 地址和所使用的端口号。另外，在“FTP 站点连接”选项组中还可以设置连接到这个 FTP 站点的用户数量和连接超时的时间限制。前者不要设置得太大，以防止过多的用户连接到 FTP 服务器，造成系统资源的下降甚至系统崩溃；而后者一般被设置为 90s 或者 120s，这样能够让连接到服务器之后一定时间内没有操作的客户端自动断开，从而使其他客户端能够顺利连接到服务器。

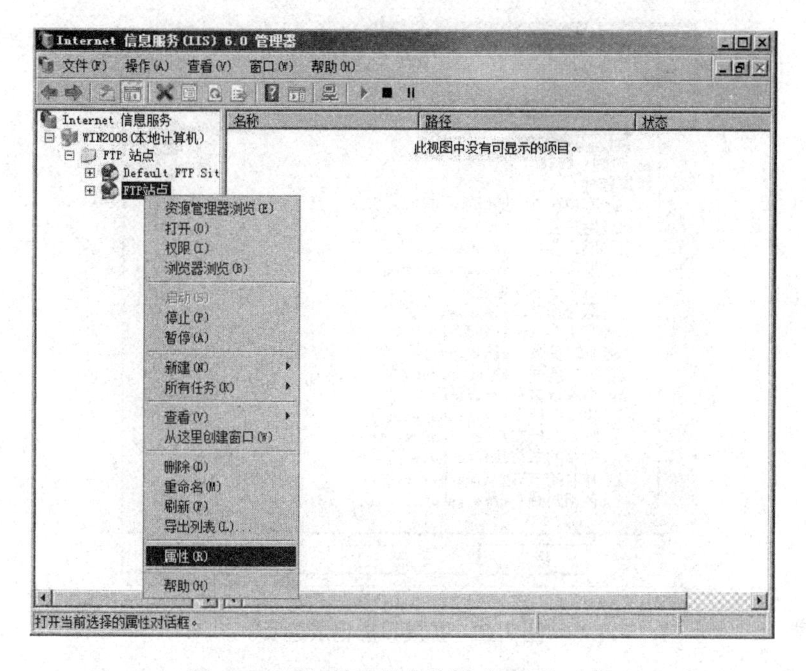

图 7-70　在快捷菜单中选择“属性”命令

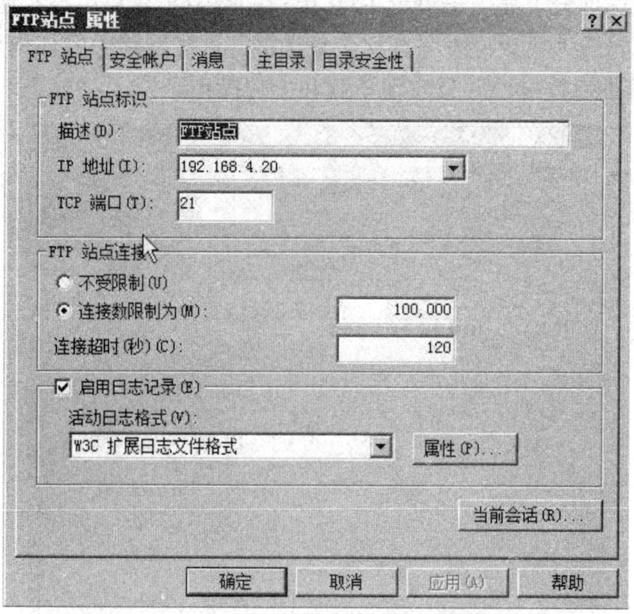

图 7-71　“FTP 站点”选项卡设置

在对话框的下方是“启用日志记录”选项组。当勾选“启用日志记录”复选框后，系统会在网络监视器中对计算机的各种任务和活动进行记录，从而可以凭借记录来分析计算机的故障。单击“属性”按钮，弹出“日志记录属性”对话框，在“常规”选项卡中可以设置日志的记录时间间隔、保存的路径与文件名；在“高级”选项卡中可以设置扩展日志的记录选项，如客户端 IP 地址、用户名、服务器名和服务器 IP 地址等很多内容，根据需要进行选择，如图 7-72 所示。

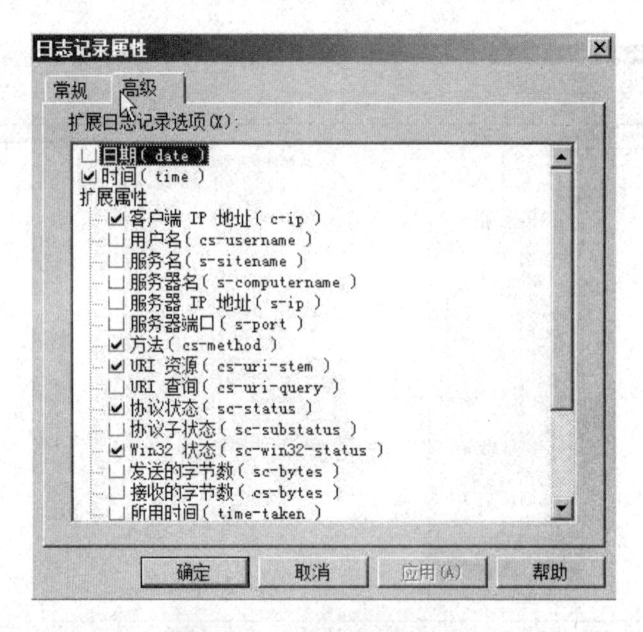

图 7-72 扩展日志记录选项

（2）安全账户设置

“安全账户”选项卡主要用于设置 FTP 用户的登录账号和口令，如图 7-73 所示。如果允许匿名登录则勾选“只允许匿名连接”复选框，这样网络中的任何用户都可以用匿名方式对 FTP 服务器进行登录，并且实现下载和上传操作。

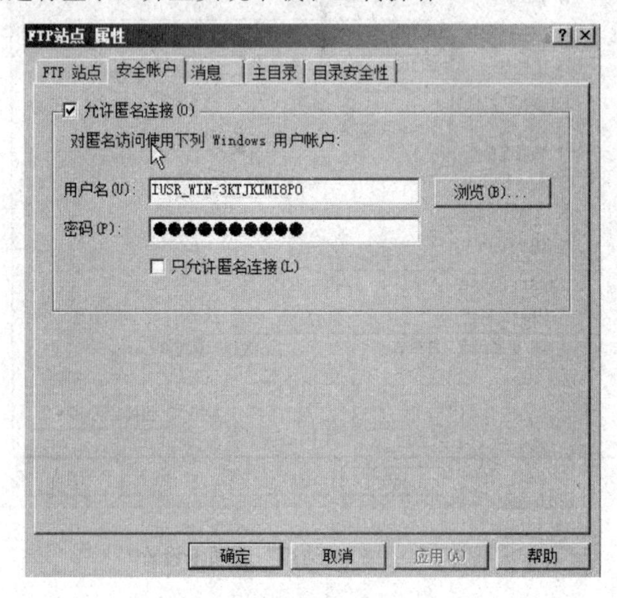

图 7-73 “安全账户”选项卡设置

此外，这里还显示出 FTP 站点操作员的账号名称，表明有权设置 FTP 属性的用户通常是管理级别成员，当然也可以通过单击“添加”按钮来增加管理此项服务的用户，打开的“选择用户”对话框如图 7-74 所示。

图 7-74 添加 FTP 用户

（3）消息设置

如图 7-75 所示，“消息”选项卡可以用来设置 FTP 站点的显示信息。在“欢迎”文本框中输入的信息会在用户登录的时候显示出来；而在“退出”文本框中输入的信息则支持在用户退出 FTP 站点的时候自动显示。很多 FTP 站点的注意事项和相关信息的发布比较麻烦，因此，可以在这里进行设置。

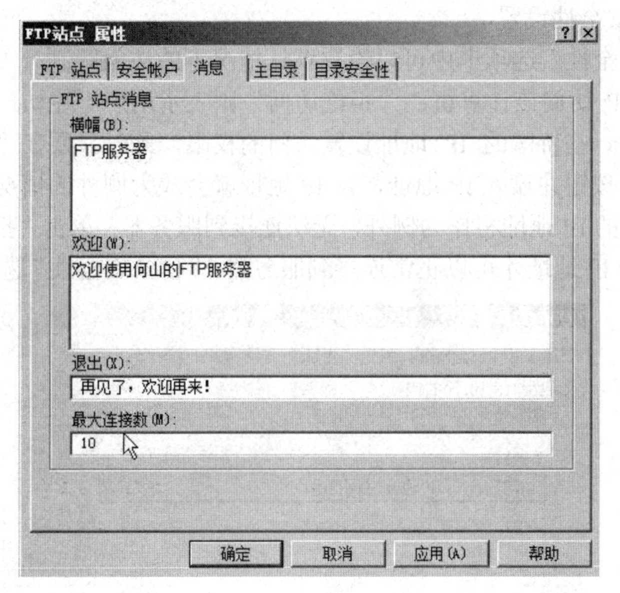

图 7-75 “消息”选项卡设置

在对话框下方的“最大连接数”表示这个 FTP 站点允许同时连接的最大数目，建议不要设置得太大，以防止过多的用户连接到服务器，造成系统资源下降或者系统崩溃。

（4）主目录设置

在“主目录”选项卡中可以设置连接到 FTP 资源的内容是在此计算机的目录中还是网络中另外一台计算机的共享目录中。该设置对于网络资源的充分利用有很大的好处，例如，当一台 FTP 服务器的硬盘空间不足时，可以将部分文件转移到网络中的另外一台计算机中，而通过这里的设置能够让其他用户在登录到该服务器时自动转移到网络中的其他计算机中下载文件。另外，通过这里的“读取”“写入”“记录访问”复选框可以设置 FTP 站点文件的使用权限，如图 7-76 所示。

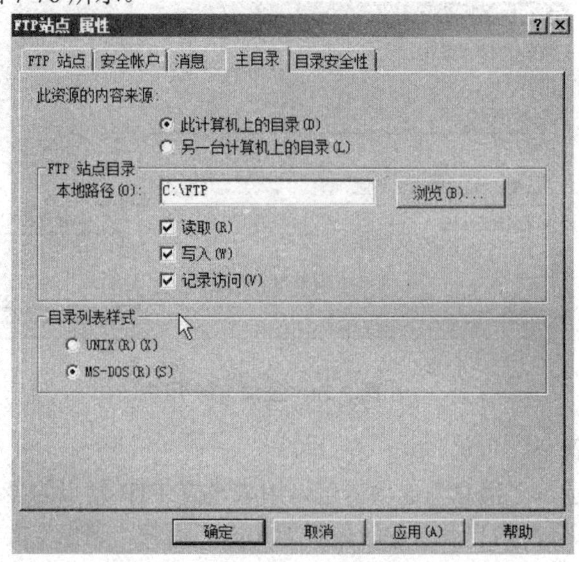

图 7-76 “主目录”选项卡设置

（5）目录安全性设置

在“目录安全性”选项卡中可以设置默认情况下的访问限制。“授权访问”表示用户可以使用 TCP/IP 访问该计算机；“拒绝访问”则表示用户不能访问该计算机。不过用户可以根据需要对一些特殊的 IP 地址设置访问的权限，此时只要在“下列除外”列表框右侧单击“添加”按钮并输入 IP 地址，该 IP 地址就会成为例外的情况。单击“授权访问”单选按钮，添加的 IP 地址将作为例外，无法连接到服务器；单击“拒绝访问”单选按钮，只有列表框中的 IP 地址才可以正常连接到服务器。“目录安全性”选项卡如图 7-77 所示。

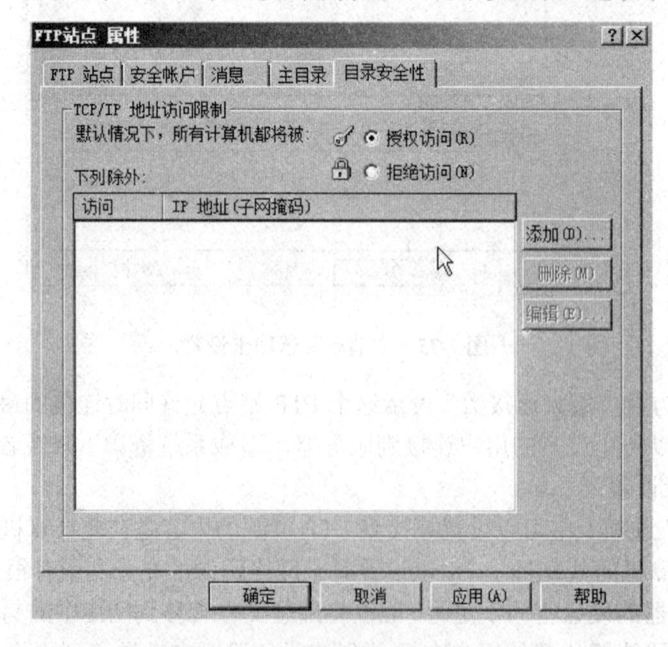

图 7-77 “目录安全性”选项卡设置

单击“拒绝访问”单选按钮，再单击“添加”按钮，弹出如图 7-78 所示的“拒绝访问”对话框，在这里可以单击“一组计算机”单选按钮来设置一组计算机的 IP 地址和子网掩码地址，单击“确定”按钮，这些地址会被加入到“FTP 站点 属性”对话框的“下列除外”列表框中。

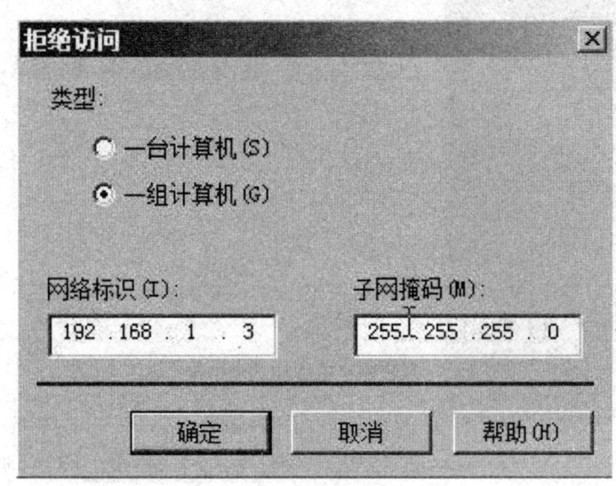

图 7-78　拒绝访问设置

4．创建虚拟目录

使用虚拟目录可以在服务器硬盘中创建多个物理目录或引用其他计算机中的目录，从而为使用上传或下载服务的不同用户提供不同的目录，并且可以为不同的目录分别配置不同的权限，如只读、写入等。在使用 FTP 虚拟目录时，由于用户不知道文件的具体保存位置，从而使文件的存储更加安全。

步骤 1：在“Internet 信息服务（IIS）6.0 管理器”窗口中，展开左侧的目录树，用鼠标右键单击要创建虚拟目录的 FTP 站点，在弹出的快捷菜单中选择“新建”→“虚拟目录”命令，如图 7-79 所示。

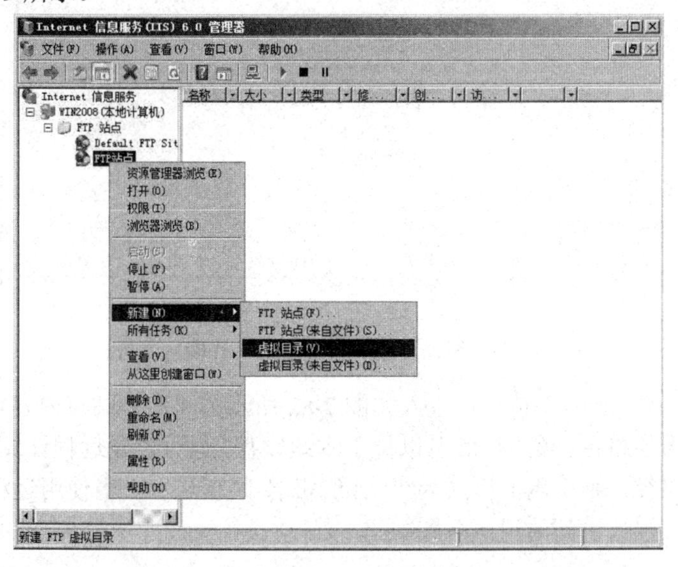

图 7-79　“Internet 信息服务（IIS）6.0 管理器”窗口

步骤 2：弹出如图 7-80 所示的“虚拟目录创建向导”对话框，单击“下一步”按钮。

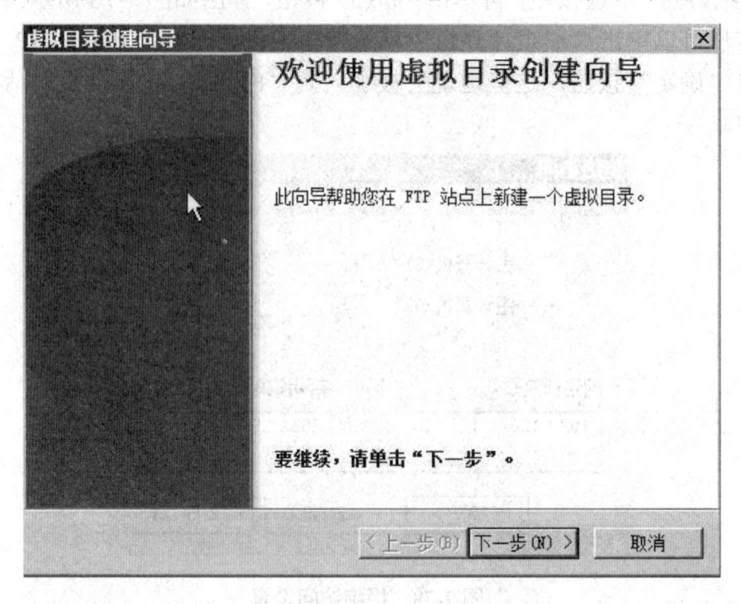

图 7-80　“虚拟目录创建向导”对话框

步骤 3：进入如图 7-81 所示的“虚拟目录别名”界面，设置虚拟目录的别名。

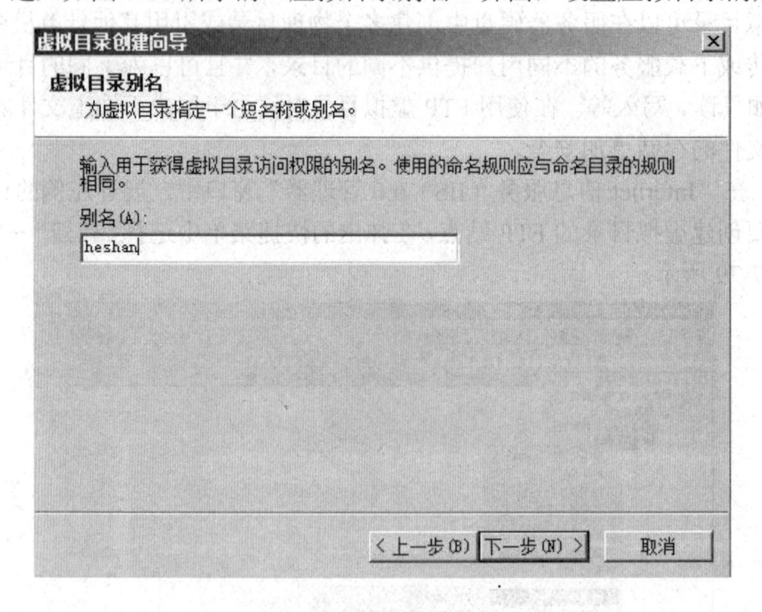

图 7-81　“虚拟目录别名”界面

步骤 4：单击“下一步”按钮，进入如图 7-82 所示的“FTP 站点内容目录”界面，设置虚拟目录要使用的路径。该路径既可以位于本地硬盘，也可以是远程计算机的共享路径。如果是远程共享路径，则引用的格式为“\\计算机名\共享名”。当使用远程计算机中的共享路径时，需输入授权访问的用户名和密码。

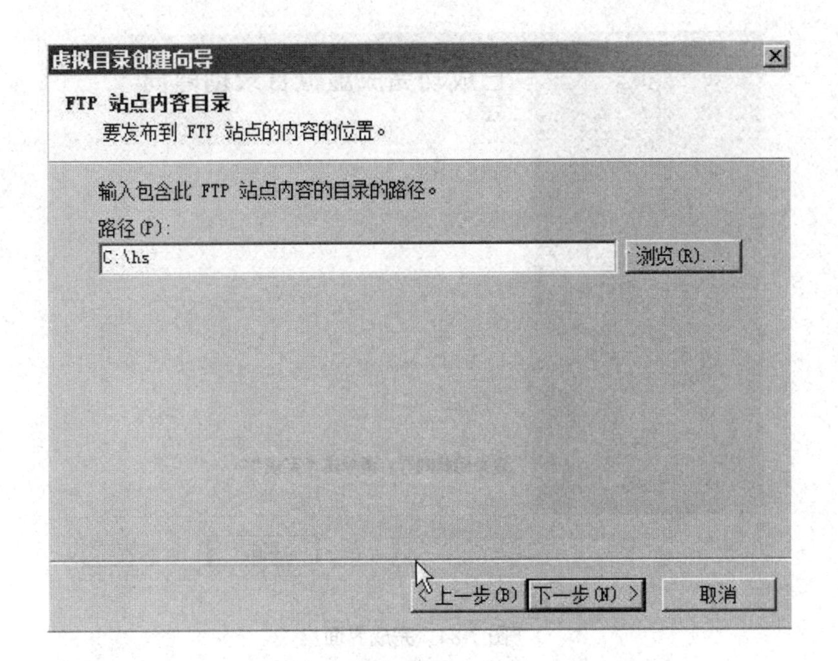

图 7-82 “FTP 站点内容目录”界面

步骤 5：单击“下一步”按钮，进入如图 7-83 所示的“虚拟目录访问权限”界面，在这里设置该虚拟目录的访问权限。

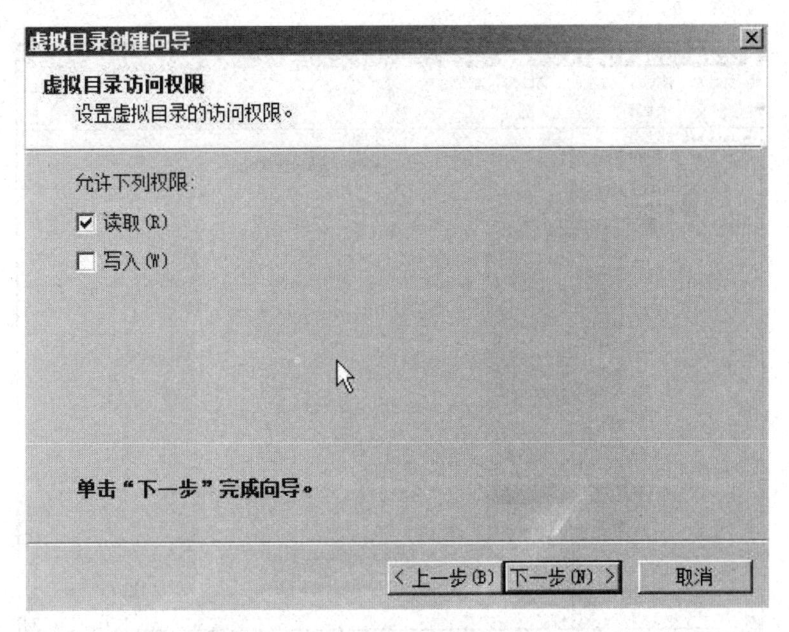

图 7-83 “虚拟目录访问权限”界面

步骤 6：单击“下一步”按钮，进入如图 7-84 所示的界面，显示已成功完成虚拟目录的创建。

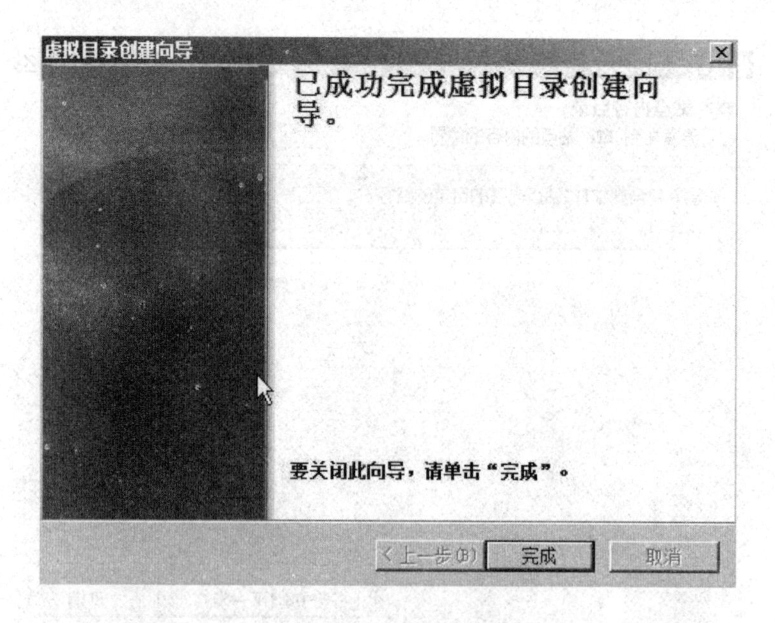

图 7-84 完成界面

步骤 7：单击“完成”按钮，退出“虚拟目录创建向导”对话框。

步骤 8：如果要配置与管理虚拟目录，可以在“Internet 信息服务（IIS）6.0 管理器”窗口中用鼠标右键单击虚拟目录的名称，在弹出的快捷菜单中选择“属性”命令，如图 7-85 所示。

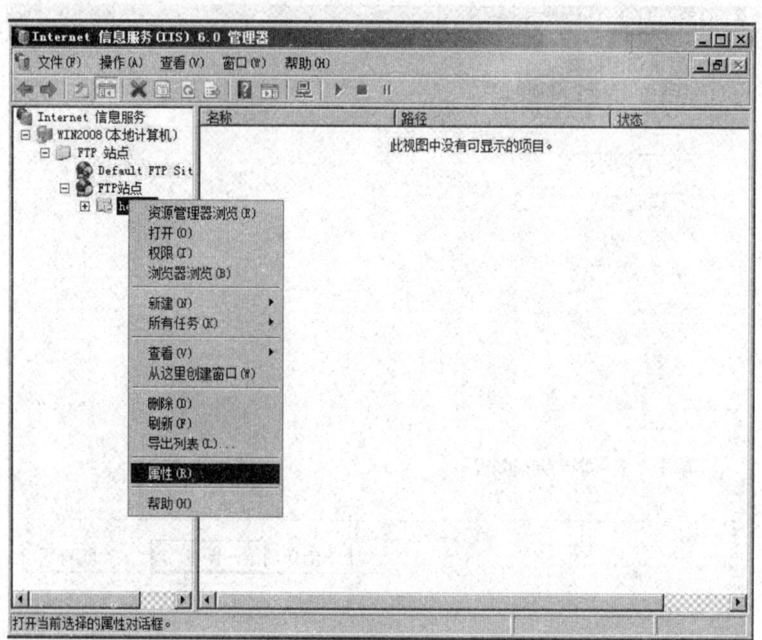

图 7-85 选择“属性”命令

步骤 9：弹出该虚拟目录的“属性”对话框（图中显示为“heshan 属性”对话框），在 “虚拟目录”选项卡中可以设置该虚拟该目录的路径及访问权限等，如图 7-86 所示。

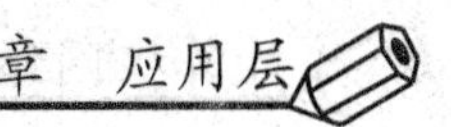

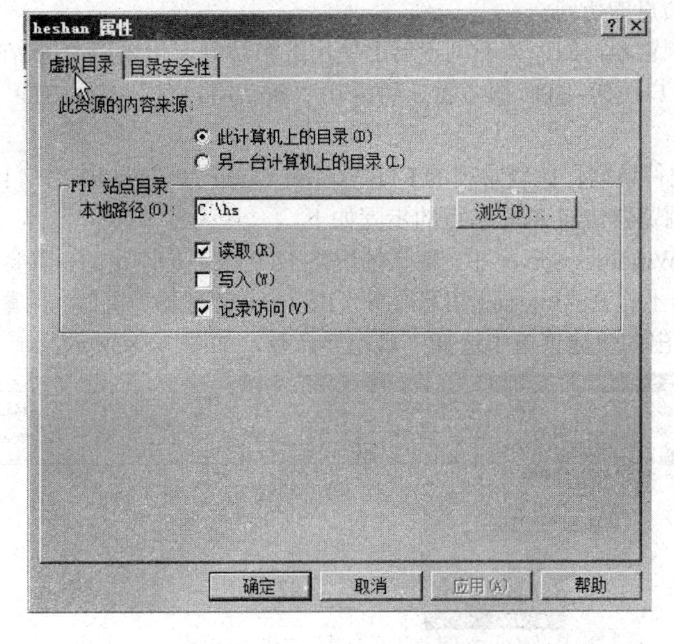

图 7-86　“虚拟目录”选项卡

步骤 10：在“目录安全性”选项卡中可以设置该虚拟目录的安全性，如图 7-87 所示，设置完成单击“确定”按钮。具体的设置方法可参照前文相关的讲解。

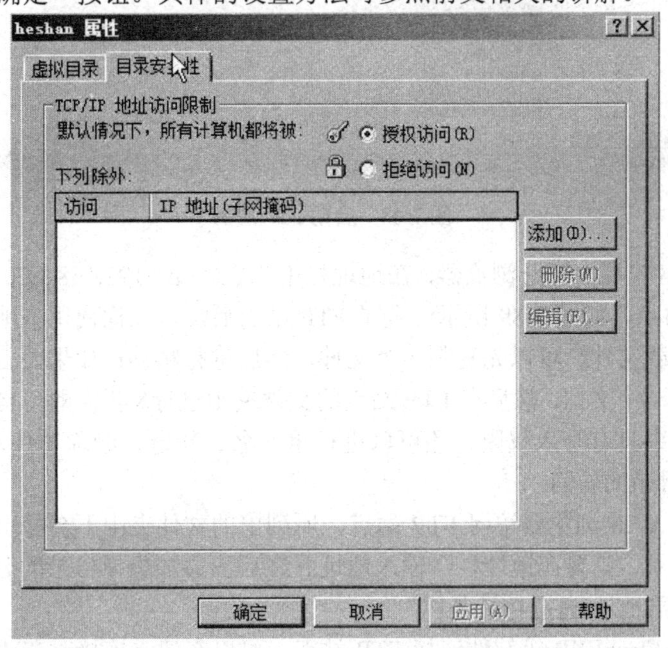

图 7-87　“目录安全性”选项卡

5．测试 FTP 站点

在客户端计算机上，用户可以使用 IE 浏览器和 FTP 客户端命令连接到 FTP 站点进行访问。

（1）FTP 站点的访问

使用 Web 浏览器访问：如在浏览器上使用匿名访问，可采用“ftp://FTP 服务器地址”的格式；如是用户访问 FTP 服务器，可采用“ftp://用户名：密码·FTP 服务器地址”的格式。

使用 FTP 软件访问：比较常用的 FTP 软件有 CuteFTP、FlashFXP、LeapFTP 等。

使用 Web 浏览器访问 FTP 站点的步骤如下。

步骤 1：在 Windows Server 中，默认情况下 FTP 服务是停止的，需要启动 FTP 服务，即在 FTP 服务器上打开“Internet 信息服务（IIS）6.0 管理器”窗口，用鼠标右键单击 FTP 站点名称，在弹出的快捷菜单中选择“启动”命令，如图 7-88 所示。

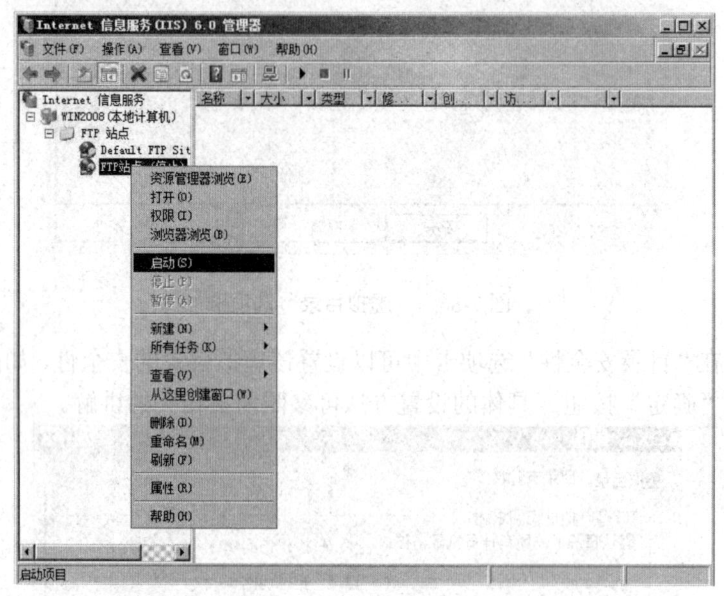

图 7-88 启动 FTP 服务

步骤 2：在客户端上打开浏览器，在地址栏中输入“ftp://192.168.4.20”，按 Enter 键，即可访问 FTP 站点，如图 7-89 所示。登录 FTP 站点后，可以像使用本地文件夹一样进行操作。如果要下载文件，可以先复制一个文件，然后进行粘贴；如果要上传文件，先从本地文件夹中复制一个文件，然后在 FTP 站点的文件夹中进行粘贴，即可自动将文件上传到 FTP 服务器；如果具有写入权限，还可以进行重命名、新建、删除文件及文件夹等操作。

（2）虚拟目录的访问

如果是使用 Web 浏览器访问 FTP 站点，所列出的文件夹中不会显示虚拟目录。如果需要显示虚拟目录，则要在地址栏中输入地址并在后面添加虚拟目录的名称，具体格式为“ftp://FTP 服务器地址/虚拟目录名称”。

如果是使用 FlashFXP 等软件连接 FTP 站点，可以在建立连接时在“远程路径”文本框中输入虚拟目录和名称。

如果已经连接到 FTP 站点，要切换到虚拟目录，可以在文件夹列表框中用鼠标右键单击并在弹出的快捷菜单中选择“更改文件夹”命令，然后在“文件夹名称”文本框中输入要切换的虚拟目录。

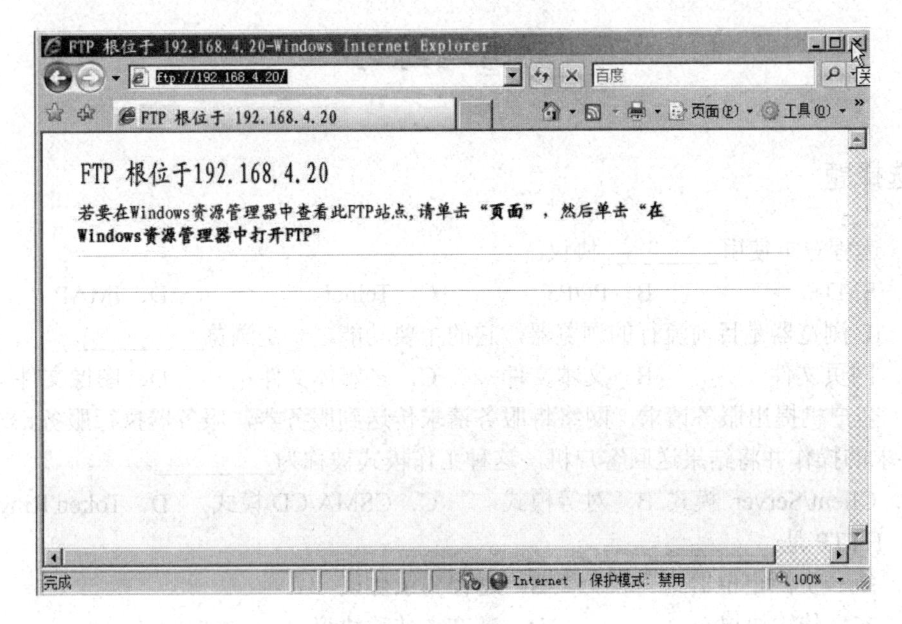

图 7-89　Web 访问 FTP 站点

7.6　远程登录 Telnet

Telnet 是因特网远程登录服务的一个协议，该协议定义了远程登录用户与服务器交互的方式。Telnet 允许用户在一台联网的计算机中登录到一个远程分时系统，然后像使用自己的计算机一样使用该远程分时系统。

要使用远程登录服务，必须在本地计算机中启动一个客户应用程序，指定远程计算机的名字，并通过因特网与之建立连接。一旦连接成功，本地计算机就像普通的终端一样，直接访问远程计算机的系统资源。远程登录软件允许用户直接与远程计算机交互，通过键盘或鼠标操作，客户应用程序将有关信息发送给远程计算机，再由服务器将输出结果返回给用户。用户退出远程登录后，用户的键盘、显示控制权又回到本地计算机。用户一般可以通过 Windows 的 Telnet 客户应用程序进行远程登录。

本章小结

应用层是网络协议的最高层。应用层是计算机网络和用户的接口，网络用户是通过应用层的一些服务来使用网络的。本章只涉及了一些目前在因特网上最基本的应用。

本章主要讲述了五个基本协议或服务，即域名系统（DNS）、动态主机配置协议（DHCP）、超文本传输协议（HTTP）、文件传输协议（FTP）和远程登录（Telnet），并介绍了应用层的 C/S 架构。

思考与练习

一、选择题

1．远程登录使用________协议。

A．SMTP B．POP3 C．Telnet D．IMAP

2．IE 浏览器是目前流行的浏览器，它的主要功能之一是浏览________。

A．网页文件 B．文本文件 C．多媒体文件 D．图像文件

3．客户机提出服务请求，网络将服务请求传送到服务器，服务器执行服务请求，完成所要求的操作并将结果送回客户机，这种工作模式被称为________。

A．Client/Server 模式 B．对等模式 C．CSMA/CD 模式 D．Token Ring 模式

4．HTTP 是________。

A．统一资源定位器 B．远程登录协议

C．文件传输协议 D．超文本传输协议

5．使用匿名 FTP 服务，用户登录时常常使用________作为用户名。

A．anonymous B．主机的 IP 地址

C．自己的 E-mail 地址 D．节点的 IP 地址

二、填空题

1．FTP 能识别的两种基本的文件格式是________文件和________文件。

2．在因特网中，URL 的中文名称是________，我国的顶级域名是________。

3．因特网中的用户远程登录，________是指用户使用命令使自己的计算机暂时成为远程计算机的一个仿真终端。

4．域名是通过________转换成 IP 地址的。

5．地址 ftp://218.0.0.123 中的“ftp”是指________。

三、简答题

1．什么是客户 / 服务器模型？以该模型为基础的各项服务各有何特点？

2．目前有哪些国际通用顶级域名？

3．什么是域名服务？

4．简述 HTML、HTTP 和 URL 的含义及其作用。

5．因特网的域名结构是怎样的？

6．说明域名解析过程。

7．说明文件传输协议的原理。

8．访问一个 FTP 服务器，下载软件或文件。

9．DHCP 可以自动完成哪些内容设置？

10．DHCP 的客户机如何获得配置信息？

第 8 章　无线局域网

【本章导读】

无线通信技术产生于计算机发明之前，它改变了人们的通信方式，也改变了人们的生活。其实，早期的计算机网络就是首先建立在无线通信技术的基础之上的。在 20 世纪 60 年代末，夏威夷大学研制的 ALOHA 就是一个通过无线通信建立的计算机网络。

本章将主要介绍无线网络的协议、无线设备及无线网络的搭建等方面的知识。

【本章学习目标】

- 了解无线局域网的协议标准。
- 熟悉无线设备的种类。
- 掌握小型无线网的组建。

8.1　无线局域网的基本知识

无线局域网（Wireless Local Area Network，WLAN）的应用范围非常广泛，可以将无线局域网的应用划分为室内和室外两种类型。室内应用包括大型办公室、车间、智能仓库、临时办公室、会议室、证券市场、一家公司或一栋建筑物内的网络；室外应用包括城市建筑群间通信，学校校园网络，工矿企业厂区自动化控制与管理网络，银行金融证券城区网，矿山水利、油田、港口、码头、机场、江河湖泊等一个公共区域内的网络，或用于野外勘测实验的网络、军事流动网、公安流动网等。WLAN 可被用于禁止铺设大量电缆线的临时办公地点或其他场合，也可被作为有线网络的补充，以方便那些在不同时间内要在同一建筑物中不同地点办公的用户。

WLAN 协议包括 802.11a、802.11b、802.11g 标准，以及 Intel HomeRF2 协议等。

8.1.1　IEEE 802.11 系列

IEEE 802.11 系列标准针对无线局域网的各方面技术已经有 20 多个标准，在此只介绍最基本的如下五个标准。

- **802.11：** 1997 年发布，工作在 2.4～2.5GHz 频段，最大数据传输速率为 2Mbit/s。
- **802.11a:** 1999 年发布，工作在 5.15～5.875GHz 频段，最大数据传输速率为 54Mbit/s。
- **802.11b:** 1999 年发布，工作在 2.4～2.5GHz 频段，最大数据传输速率为 11Mbit/s。
- **802.11g:** 2003 年发布，工作在 2.4～2.5GHz 频段，最大数据传输速率为 54Mbit/s。

➢ **802.11n:** 2009年发布，工作在2.4GHz或5GHz频段，最大传输速率可达600Mbit/s。

1．IEEE 802.11 系列

IEEE 802.11是早期无线局域网的标准之一，主要用于解决办公室局域网和校园网中用户与用户终端的无线接入问题，业务主要限于数据存取，数据传输速率最高只能达到2Mbit/s。

IEEE 802.11在物理层定义了数据传输的信号特征和调制方法，定义了两个射频传输技术和一个红外线传输规范共三种不同的物理层实现方式。

IEEE 802.11的MAC和IEEE 802.3协议的MAC非常相似，都是在一个共享介质上支持多个用户共享资源，发送方在发送数据前先进行网络的可用性检测。802.3 协议采用CSMA/CD介质访问控制方法。然而，在无线系统中设备不能够一边接收数据信号一边传送数据信号，无线局域网中采用了一种与 CSMA/CD 相类似的载波监听多路访问/冲突防止协议（CSMA/Collision Avoidance，CSMA/CA）以实现介质资源共享。CSMA/CA利用确认信号来避免冲突的发生，也就是说，只有当客户端收到网络上返回的确认信号后才确认送出的数据已经正确到达接收端。这种方式在处理无线问题时非常有效。

因传输介质不同，CSMA/CD与CSMA/CA的检测方式也不同。CSMA/CD通过电缆中电压的变化来检测，当数据发生碰撞时，电缆中的电压会随之发生变化；而CSMA/CA采用能量检测（ED）、载波检测（CS）和能量/载波混合检测三种信道空闲检测方式。

2．IEEE 802.11a

由于标准的IEEE 802.11在速率和传输距离上都不能满足人们的需要，因此，IEEE于1999年8月又相继推出了802.11b和802.11a两个新标准。

IEEE 802.11a 在整个覆盖范围内提供了更快的速度，规定的频段为5GHz。目前，该频段用得不多，干扰和信号争用情况较少。802.11a 同样采用 CSMA/CA 协议。通过对标准物理层进行扩充，802.11a支持的数据传输速率最高可达54Mbit/s。

但是，由于802.11a工作在5GHz频段，产品中的组件研制得太慢，产品于2001年才开始销售，比802.11b的产品还要晚。此时802.11b已经被广泛采用了，再加上802.11a的一些弱点和一些地方的规定限制，使其没有得到广泛使用。

3．IEEE 802.11b

IEEE 802.11b工作于开放的2.4GHz频段，不需要申请就可使用。IEEE 802.11b既可作为对有线网络的补充，也可独立组网，从而使网络用户摆脱了网线的束缚，实现了真正意义上的移动应用。IEEE 802.11b是目前所有无线局域网标准中最著名、普及最广的标准之一。

IEEE 802.11b的关键技术之一是采用补偿码键控（Complementary Code Keying，CCK）调制技术，以实现动态速率的转换。当工作站之间的距离过长或干扰过大，信噪比低于某个限值时，其数据传输速率可从11Mbit/s自动降至5.5Mbit/s，或者再降至2Mbit/s及1Mbit/s。802.11b标准的数据传输速率的上限为20Mbit/s，它保持对802.11的向后兼容。

802.11b 支持的范围在室外为300m，在室内环境中最长为100m。当用户在楼房或公司部门之间移动时，允许在访问接入点之间进行无缝连接。802.11b 还具有良好的可伸缩性，最多可以有三个访问接入点同时定位于有效使用范围中，以支持上百个用户。

目前，802.11b 无线局域网技术在世界上得到了广泛应用，已经进入写字间、饭店、咖啡厅和候机室等场所。没有集成无线网卡的笔记本电脑用户只需插进一张个人计算机存储卡接口适配器（Personal Computer Memory Card Interface Adapter，PCMCIA）或 USB 卡，便可通过无线局域网连接到因特网。

4．IEEE 802.11g

IEEE 802.11a 与 802.11b 的产品因为频段与调制方式不同而无法互通，使得已经拥有 802.11b 产品的消费者可能不会立即购买 802.11a 产品，这阻碍了 802.11a 的应用步伐。2003 年 7 月，IEEE 通过了 802.11g 标准，其使命就是兼顾 802.11a 和 802.11b，为 802.11b 过渡到 802.11a 铺路。

802.11g 既适应传统的 802.11b 标准，在 2.4GHz 的频率下提供 11Mbit/s 的数据传输速率，也符合 802.11a 标准，在 5GHz 的频率下提供 54Mbit/s 的数据传输速率。802.11g 中规定的调制方式包括 802.11a 中采用的 OFDM（正交频分复用）与 802.11b 中采用的 CCK。通过规定两种调制方式，既达到了用 2.4GHz 频段实现 IEEE 802.11a 的 54Mbit/s 的数据传输速率，也确保了与 IEEE 802.11b 产品的兼容。从 802.11b 到 802.11g，可以发现 WLAN 标准不断发展的轨迹，802.11b 是所有 WLAN 标准演进的基石，未来的许多系统大都需要与 802.11b 向后兼容。

5．IEEE 802.11n

为了进一步提升无线局域网的数据传输速率，实现有线与无线局域网的无缝连接，IEEE 成立了 IEEE 802.11n 工作小组，以制定一项新的高速无线局域网标准。IEEE 802.11n 将 WLAN 的数据传输速率从 802.11a 和 802.11g 的 54Mbit/s 增加至 108Mbit/s 以上，最高数据传输速率可达 600Mbit/s，成为 801.11a/b/g 之后的另一重要标准。和以往的 802.11 标准不同，802.11n 协议为双频工作模式（包含 2.4GHz 和 5GHz 两个工作频段），保证了与以往的 802.11a/b/g 标准兼容。802.11n 还增加了对于 MIMO（多输入多输出）的标准。

IEEE 802.11 系列是一个相当负责的标准系列。它是无线以太网的标准，使用星形拓扑，其中心被称为“接入点”（Access Point，AP），在 MAC 层使用 CSMA/CA 协议。凡使用 IEEE 802.11 系列标准的局域网又被称为“Wi-Fi”（Wireless-Fidelity），意思是“无线高保真”。因此，Wi-Fi 几乎成为“无线局域网”的同义词。

8.1.2　无线个人区域网协议

无线个人区域网协议主要包括蓝牙技术与 IEEE 802.15。

1．蓝牙技术

“蓝牙”来源于 10 世纪丹麦国王哈洛德（Harold）的称呼。据说，这位丹麦国王靠出色的沟通和说服能力统一了当时的丹麦和挪威。因为他非常爱吃蓝莓，牙齿经常被染蓝，所以得到了“蓝牙”（Bluetooth）这个称呼。

1994 年，挪威的爱立信（Ericsson）公司开发了一项技术，将手机和一组无线耳机连接，使用户不必再被电线所限制。1998 年，IBM、Intel、诺基亚、东芝、三星等世界著名厂商共同组成了“蓝牙友好协会”，目的是指定短距离无线数据传输标准，这项标准就是

“蓝牙”。目前已有通信、信息、电子、汽车等领域1 400多家厂商参与。

蓝牙技术以无线局域网的IEEE 802.11标准为基础，是一种替代便携或固定电子设备上使用的电缆或连线的短距离无线连接技术。设备使用无须许可申请的2.45GHz频段，可实时进行数据和语音传输，数据传输速率可达10Mbit/s，在支持三个语音频道的同时还支持高达723.2Kbit/s的数据传输速率。这种连接无需复杂的软件支持。蓝牙收发器的一般有效通信范围为10m，最多可以达到100m左右。

蓝牙技术能够提供数字设备之间的无线传输功能，不仅可以使计算机、鼠标、键盘、打印机告别电缆连线，而且可以将家庭中的各种电器设备如空调、电视、冰箱、微波炉、安全设备及移动电话等无线联网，从而通过手机实现遥控。此外，蓝牙技术还可以使智能移动电话与笔记本电脑、掌上电脑及各种数字化的信息设备通过一种小型的、低成本的无线通信技术连接起来，进而形成无线个人网（Wireless Personal Area Network，WPAN），以实现资源无缝共享。

2．IEEE 802.15

WPAN为近距离范围内的设备建立无线连接，使它们可以相互通信，甚至接入LAN或因特网。1998年3月，IEEE成立了802.15工作组。该工作组致力于WPAN网络的物理层和MAC层的标准化工作，目的是为在个人操作空间（POS）内相互通信的无线通信设备提供通信标准。POS是指用户附近10m左右的空间范围，在这个范围内用户可以是固定的，也可以是移动的。

在IEEE 802.15工作组内有四个任务组，分别制定适合不同应用的标准。这些标准在数据传输速率、功耗和支持的服务等方面存在一定的差异。下面是四个任务组各自的主要任务。

- **任务组1**：指定IEEE 802.15.1标准，该标准又被称为“蓝牙无线个人区域网络标准”。这是一个中等数据传输速率、近距离的WPAN网络标准，通常被用于手机、个人数字助理（PDA）等设备的短距离通信。
- **任务组2**：指定IEEE 802.15.2标准，该标准研究的是IEEE 802.15.1与IEEE 802.11间的共存问题。
- **任务组3**：指定IEEE 802.15.3标准，该标准研究的是高数据传输速率无线个人区域网络标准，主要考虑无线个人区域网络在多媒体方面的应用，以追求更高的数据传输速率与服务品质。
- **任务组4**：指定IEEE 802.15.4标准，针对低速无线个人区域网络（Low-Rate WPAN，LR-WPAN）制定标准。该标准把低能量消耗、低速率数据传输、低成本作为重点目标，旨在为个人或者家庭范围内不同设备之间的低速互联提供统一标准。

IEEE 802.15.4标准定义的LR-WPAN具有如下特点。

（1）在不同的载波频率下实现20Kbit/s、40 Kbit/s和250 Kbit/s三种不同的数据传输速率。

（2）支持星形和点对点两种网络拓扑结构。

（3）有16位和64位两种地址格式，其中64位地址是全球唯一的扩展地址。

（4）支持CSMA/CA技术。

（5）支持确认机制，保证传输可靠性。

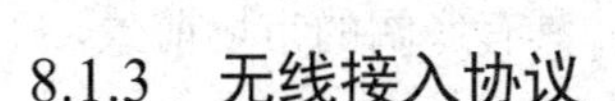

8.1.3　无线接入协议

无线接入协议包括 IEEE 802.16 和 IEEE 802.20。

1．IEEE 802.16

IEEE 802.16 是宽带无线协议。IEEE 802.16 工作组成立于 1999 年，其主要使命是推动固定宽带无线接入系统的发展与应用。IEEE 802.16 工作组负责对无线本地环路的无线接口及其相关功能制定标准。IEEE 802.16 工作组包括三个任务组。

- **802.16.1**：负责制定频率为 10～60GHz 的无线接口标准。
- **802.16.2**：负责制定宽带无线接入系统共存方面的标准。
- **802.16.3**：负责制定频率范围在 2～10GHz 之间并获得频率使用许可的无线接口标准。

2001 年 12 月，IEEE 通过了 802.16 标准。IEEE 802.16 标准是按照物理层、数据链路层和汇聚层三层体系结构组织的。

（1）物理层。物理层协议主要是关于频率带宽、调制模式、纠错技术、发射机与接收机之间的同步、数据传输速率和时分复用结构等方面的。对于从用户到基站的通信，该标准使用的是“按需分配多路寻址-时分多址”（DAMA-TDMA）技术。按需分配多路寻址（Demand Assigned Multiple Access，DAMA）技术是一种根据多个站点之间容量需要的不同而动态地分配信道容量的技术；时分多址（Time Division Multiple Access, TDMA）技术可以根据每个站点的需要，为其在每个帧中分配一定数量的时隙，以组成每个站点的逻辑信道。通过 DAMA-TDMA 技术，每个信道的时隙分配可以动态地改变。

（2）数据链路层。IEEE 802.16 规定了在该层为用户提供服务所需的各种功能。这些功能都包括在 MAC 层中，主要负责将数据组成帧格式进行传输和对用户如何接入到共享的无线介质中进行控制。MAC 协议规定基站或用户在什么时候采用何种方式来初始化信道，并分配无线信道容量。位于多个 TDMA 帧中的一系列时隙为用户组成一个逻辑上的信道，而 MAC 帧则通过这个逻辑信道来传输。IEEE 802.16.1 规定每个单独信道的数据传输速率的范围是 2～155Mbit/s。

（3）汇聚层。在 MAC 层之上是汇聚层，该层根据提供的不同服务而提供不同的功能。对于 IEEE 802.16.1 来说，能提供的服务包括数字音频/视频广播、数字电话、异步传输模式（ATM）、因特网接入、电话网中的无线中继和帧中继。

2．IEEE 802.20

IEEE 802.20 工作组早在 2002 年就已成立，但工作进展较慢，现需求文件已经基本完成。在需求文件中，达成一致的内容包括工作频段、移动速率、上下行传输速率等指标。

IEEE 802.20 在保持较高数据传输速率的同时，能够满足用户更高的移动性要求。

IEEE 802.20 提供一个基于 IP 的全移动网络，并提供高速移动数据接入，其目标是在高速列车行驶环境下（时速达 250km/h）向每个用户提供高达 1Mbit/s 的接入数据传输速率，并具有永远在线的特点。IEEE 802.20 向用户提供的服务包括浏览网页、E-mail、流媒体、即时消息等。IEEE 802.20 还利用基于网际协议的语音传输（Voice over IP，VoIP）技术向用户提供语音服务。

IEEE 802.20 的出现顺应了整个网络向全 IP 网络过渡的趋势，具有广阔的市场前景。

8.2　无线网络的连接

使用无线设备组网，显然比有线网络的组建更简便。根据联网方式的不同，需要不同的无线网络连接设备。无线网络的连接，包括无线设备之间的互连以及无线网络和有线网络的连接两种情况。无线网络的连接是通过无线网络连接设备实现的。

8.2.1　无线网络连接设备

与 WLAN 有关的产品很多，如无线网桥、无线集线系统和无线网卡，还有无线打印共享装置、无线数据链装置、无线 Modem、无线网络收发器、无线手持通信机、无线数据终端、无线串口和无线并口等。

802.11 定义了两种类型的设备，一种是无线站，通常是通过一台个人计算机加上一块无线网卡（Wireless Adapter Card，WAC）构成的；另一种被称为“无线接入点”，它的作用是提供无线和有线网络之间的桥接。

1．无线网卡

将无线网卡插入计算机即可构建一个无线站。无论笔记本电脑或台式计算机处在什么位置，都可以即时、安全地与任何经 Wi-Fi 验证的设备或网络连接。

无线网卡有多种接口供不同的设备连接选择。例如，有适用于台式计算机 PCI 接口的 WMP11 PCI 无线网卡；有适用于笔记本电脑 PCMCIA 接口的 WN-1011P PCMCIA 无线网卡、WPC11 PCMCIA 无线网卡等；有适合于笔记本电脑和台式计算机使用的 USB 接口的 WN-1011U USB 无线网卡、WL1200 USB 无线网卡等。

2．无线路由器

无线路由器可以集成有线路由器和无线网桥的功能，将其合二为一（有线路由器＋AP），既能实现宽带接入共享，又能轻松拥有无线局域网的功能。无线路由器产品有 WA-2204 无线路由器等。

3．天线

无线网络天线（Antenna）的频率与一般电视、手机所用天线的频率不同。WLAN 使用的为较高的 2.4GHz 频段，其天线的功能是将信号源（Source）的信号传送至远处。按功能分，无线网的天线有定向型和全向型两种。

（1）定向型（Uni-directional）：较适合长距离使用。

（2）全向型（Ommi-directional）：较适合区域性使用。

无线网络天线的形状有平板型、半球型等多种类型。

如图 8-1 所示为无线网桥、USB 无线网卡和天线。很多无线设备从外表看除了增加了天线外，和有线设备没有太大的区别。

无线网桥

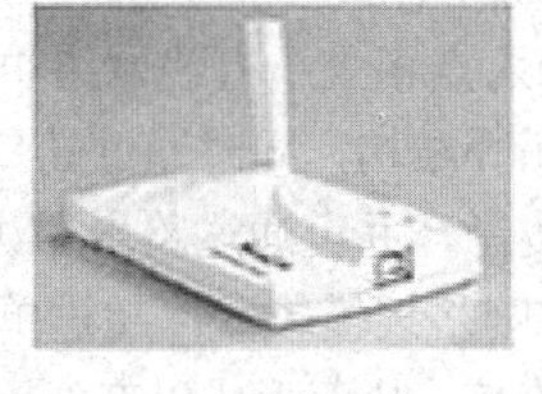

USB 无线网卡

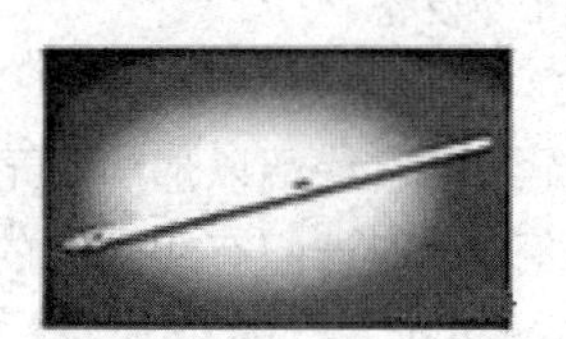

天线

图 8-1　无线设备

8.2.2　无线局域网的拓扑结构

1．无线局域网拓扑结构的分类

无线局域网分为两种拓扑结构，即点对点（Ad-hoc）无线网络和结构化无线网络。两种无线网络的拓扑结构如图 8-2 所示。

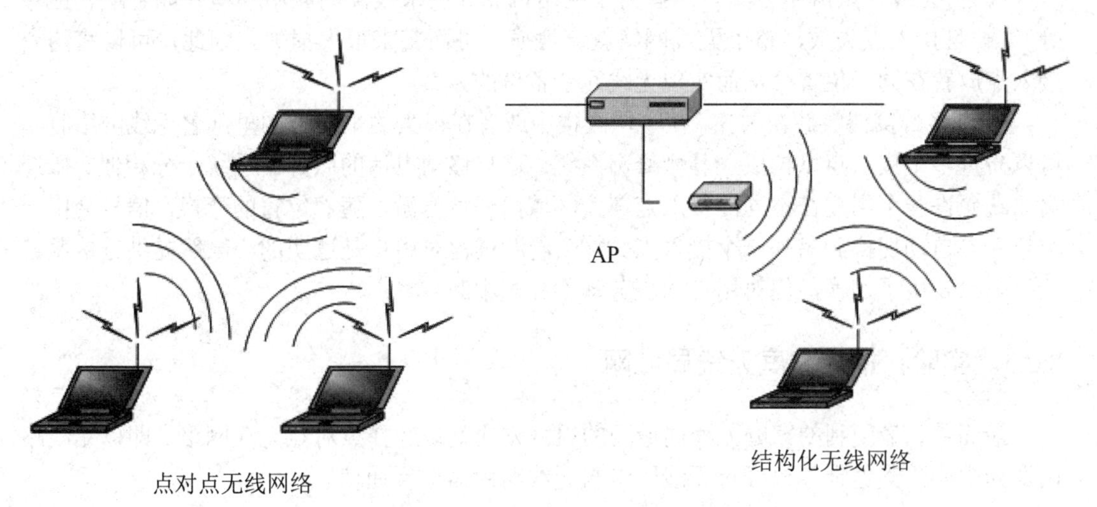

图 8-2　无线网络的拓扑结构

在大多数情况下，无线通信是作为有线通信的一种补充和扩展。多个 AP 通过线缆连接在有线网络上，以使无线用户能够访问网络的各个部分。在实际应用中，无线网络往往与有线主干网络结合起来使用。这时，中心站点充当无线网络与有线主干网络的转换器。

2．网络设备的接入方案

无线局域网由于其便利性和可伸缩性，特别适用于小型办公环境和家庭网络。在室内环境中，无线联网设备针对不同的实际情况可以有不同的接入方案。

（1）点对点解决方案。对等解决方案是一种点对点解决方案，网络中的计算机只能一对一互相传递信息，而不能同时进行多点访问。如果要实现像有线局域网那样的互通功能，则必须借助接入点。对等解决方案是一种最简单的应用方案，只要给每台计算机安装一块无线网卡，即可相互访问。如果需要与有线网络相连接，可以为其中一台计算机再安装一块有线网卡，无线网络中其余计算机即利用这台计算机作为网关，访问有线网络或共享打印机等设备。

（2）单接入点解决方案。接入点相当于有线网络中的集线器。无线接入点可以连接周边的无线网络终端以形成星形拓扑结构，同时通过端口与有线网络相连接，使整个无线网络的终端都能访问有线网络的资源，并可通过路由器访问因特网。

（3）多接入点解决方案。当网络规模较大，超过单个接入点的覆盖半径时，可以采用多个接入点分别与有线网络相连接，从而形成以有线网络为主干的多接入点的无线网络。所有无线终端都可以通过就近的接入点接入网络以访问整个网络的资源，从而突破无线网络覆盖半径的限制。

（4）无线中继解决方案。无线接入器可以充当有线网络的延伸。例如，在工厂车间中有一个网络接口连接有线网络，而车间中的许多信息点由于距离很远，使得网络布线的成本很高，还有一些信息点由于周边环境比较恶劣，无法进行布线。由于这些信息点的分布范围超出了单个接入点的覆盖半径，可以采用两个接入点实现无线中继，以扩大无线网络的覆盖范围。

（5）无线冗余解决方案。一些对于网络可靠性要求较高的应用环境（如金融、证券等），一旦接入点失效，整个无线网络就会瘫痪，进而带来很大损失。因此，可以将两个接入点放置在同一位置，从而实现无线冗余备份的方案。

（6）多蜂窝漫游解决方案。在一栋大楼中或者在很大的平面范围里部署无线网络时，可以布置多个接入点以构成一套微蜂窝系统，这与移动电话的微蜂窝系统十分相似。微蜂窝系统允许一个用户在不同的接入点覆盖区域内任意漫游，随着位置的变换，信号会由一个接入点自动切换到另外一个接入点。整个漫游过程对用户是透明的，虽然提供链接服务的接入点发生了切换，但对用户的服务却不会被中断。

8.2.3 实验：搭建家庭无线局域网

最简单、最便利的家庭无线局域网的组网方式就是选择点对点无线网络，即以无线路由器为中心，其他计算机经过无线网卡与无线路由器进行通信。

1．调制解调器和无线路由器的选择

根据宽带的接入方式：当用户通过电话线接入宽带时，必须同时购置调制解调器和无线路由器；而当用户采用光纤接入宽带时，则只需购置无线路由器就能完成共享上网。在选择调制解调器时，只需与宽带的数据传输速率相匹配，即可完成数模转化并实现宽带上网。对于无线路由器，不仅要考虑其数据传输速率，还要考虑信号强度的覆盖范围，以保证家庭范围内没有死角。

2．网卡的选择

对于台式计算机来说，要接入无线网络需要装备一块无线网卡。无线网卡分为内置 PCI 无线网卡和外置 USB 无线网卡。PCI 无线网卡的优点是直接与计算机内存交流数据，减轻了 CPU 的负担，但是信号承受位置不可调，易遭到计算机主机的干扰，易掉线；而 USB 无线网卡具有即插即用、散热性能强、传输速度快的优点，而且价格廉价，是台式计算机的首选。

3．无线接入点的位置选择

无线路由器将有线网络的信号转换为无线信号。在家庭无线局域网中，应首先考虑无线路由器的安放位置，无线信号可以穿透墙壁，但该信号会随着障碍物数量、厚度的增加和位置的变远而急速衰减。要使无线信号可以覆盖整个家庭区域，必须尽量使信号直接穿透墙壁或构成开放的直接信号传输。在实际的设备布线中，还要依据家庭的房屋构造及有无其他信号干扰源，微调无线路由器的位置。

本实验以光纤宽带接入为例，选用 MERCURY Wireless N Router MW310R 为无线路由器进行设置。

步骤 1：首先，将光纤的接口插到已连接电源的无线路由器的 WAN 口上，完成硬件的连接；其次，搜索无线信号，在“控制面板”中双击 “网络连接”，在“网络连接”窗口中双击 “无线网络连接”，在弹出的对话框中的“常规”选项卡中执行“查看可用网络连接”→“刷新网络列表”→“连接”操作，完成计算机与无线路由器的连接，在此过程中要确保无线网络 TCP/IP 中的 IP 地址选择“自动获取”；最后，登录无线路由器提供的 Web 管理界面，在地址栏中输入地址“192.168.1.1”，默认的用户名和密码均为“admin”，如图 8-3 所示。

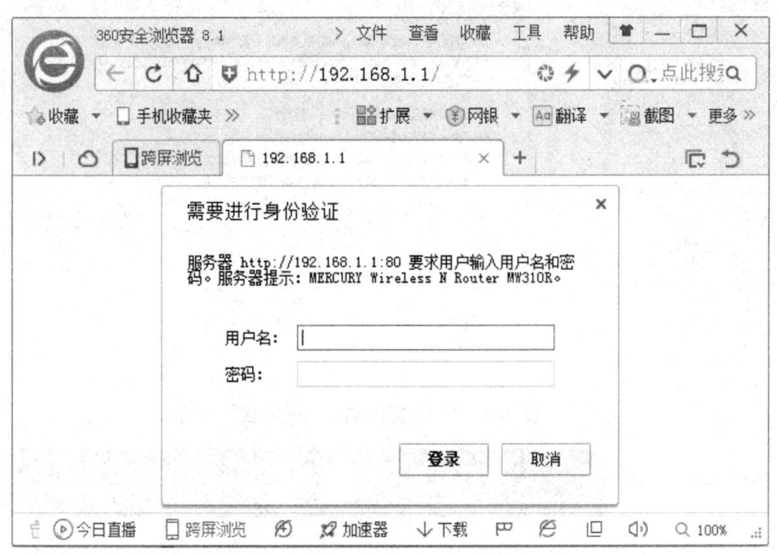

图 8-3　无线路由器登录界面

步骤 2：进入无线路由器 Web 管理界面，单击“设置向导”进入“设置向导”界面，设置向导有助于方便地进行无线路由器的设置，在“设置向导”界面中单击“下一步”按钮，如图 8-4 所示。

步骤 3：选择网络连接方式。在“设置向导-上网方式”界面中，提供了几种常见的上网方式，包括 PPPoE（ADSL 虚拟拨号）、动态 IP 和静态 IP，如图 8-5 所示。PPPoE 是其中最常见的上网方式，电信、铁通、网通等均采用此方式，单击该单选按钮，然后单击“下一步”按钮。

步骤 4：进入下一个界面，如图 8-6 所示，输入网络供应商提供的 ADSL 账号和密码，单击“下一步”按钮。

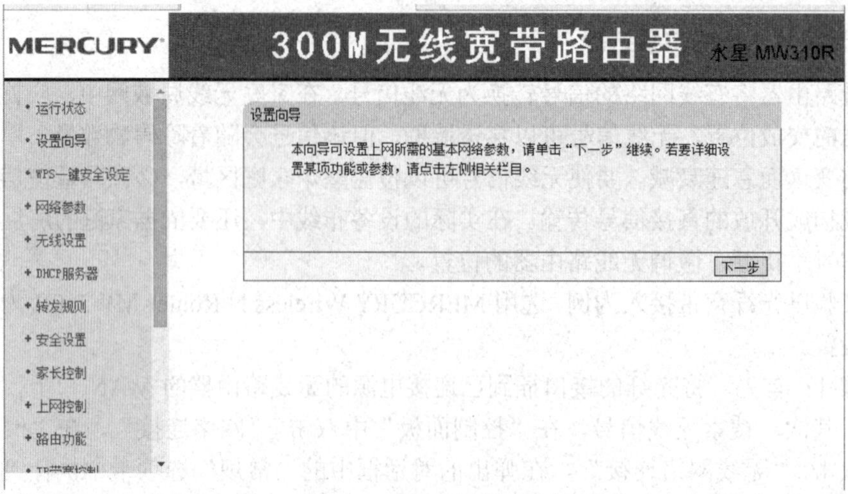

MERCURY

300M无线宽带路由器 水星 MW310R

运行状态
设置向导
WPS一键安全设定
网络参数
无线设置
DHCP服务器
转发规则
安全设置
家长控制
上网控制
路由功能
IP带宽控制

设置向导

本向导可设置上网所需的基本网络参数，请单击“下一步”继续。若要详细设置某项功能或参数，请点击左侧相关栏目。

下一步

图 8-4 “设置向导”界面

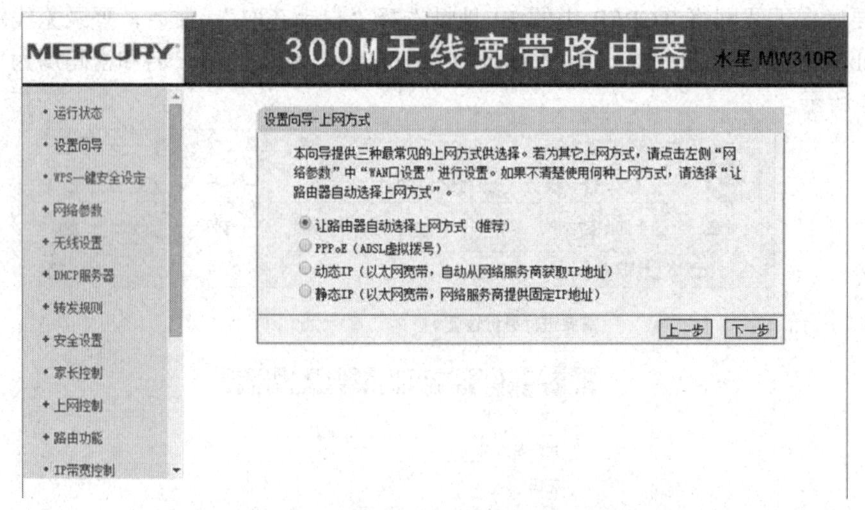

图 8-5 “设置向导-上网方式”界面

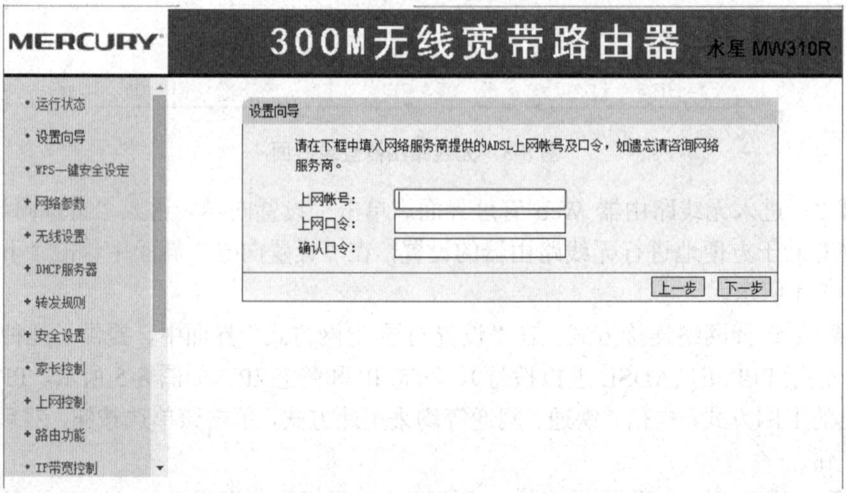

MERCURY

300M无线宽带路由器 水星 MW310R

运行状态
设置向导
WPS一键安全设定
网络参数
无线设置
DHCP服务器
转发规则
安全设置
家长控制
上网控制
路由功能
IP带宽控制

设置向导

请在下框中填入网络服务商提供的ADSL上网帐号及口令，如遗忘请咨询网络服务商。

上网帐号：
上网口令：
确认口令：

上一步 下一步

图 8-6 “设置向导”界面

步骤 5：在无线网络参数设置中包括两项内容：基本设置和安全设置。基本设置包括 SSID 号、信道、模式和频段带宽等，如图 8-7 所示，单击“下一步”按钮。

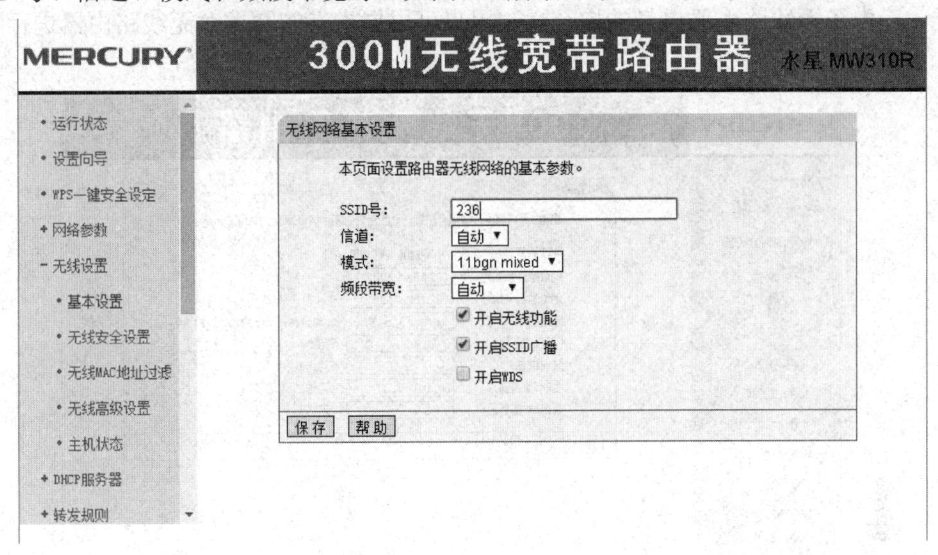

图 8-7　“无线网络基本设置”界面

步骤 6：无线网络安全设置的加密方式为 WEP、WPA/WPA2、WPA-PSK/WPA2-PSK，如图 8-8 所示。单击“WPA-PSK/WPA2-PSK”单选按钮，只需要设置其中的 PSK 密码，其他参数均可采用默认设置。单击“下一步”按钮，完成无线局域网的建立。

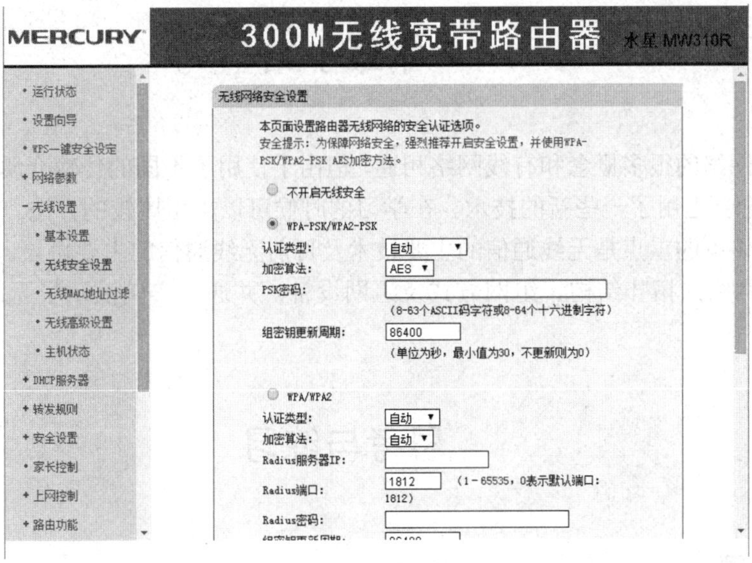

图 8-8　“无线网络安全设置”界面

步骤 7：其他功能设置。在无线路由器的 Web 管理界面中，除了“设置向导”功能外，还有很多功能可以进行设置，如“DHCP 服务器”和“安全设置”等。DHCP 服务是对等网络设置的基本，能够为任何连接无线路由器的无线设备分配 IP 地址。路由器软件提供 DHCP 服务器的“不启用”和“启用”两个状态，默认设置为“启用”，则在用户使用时无线路由器自动分配 IP 地址进行网络连接，而不需要用户进行任何连接设置，这也是无线路由器的一大优势。安全设置提供了网络防火墙，能够过滤用户设置的特定域名，可以防攻击，确保了无线路由器自身的安全性。用户可根据本人的需求对无线路由器进行各项设置，如图 8-9 所示。

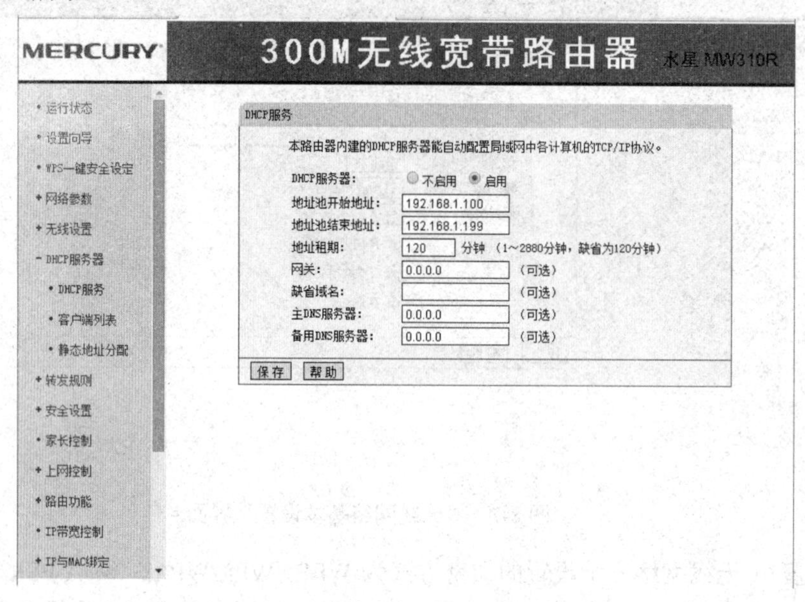

图 8-9 “DHCP 服务”设置界面

本章小结

无线网络的很多概念和有线网络相通，但由于使用了不同的传输介质，也就产生了一些新的概念并运用了一些新的技术。在学习的时候可以采用比较的方法。

本章讲解的重点是无线通信的主要技术及目前无线通信的主要协议。在此基础上，介绍了无线网络的拓扑结构、组网方式及组网设备，并通过实例演示了无线网络的设计和实施。

思考与练习

一、选择题

1．在无线局域网的标准中，遵循________标准的设备是当前移动公司在各地的项目中所采用的，它的数据传输速率最高为 11Mbit/s。

A．IEEE 802.11　　B．IEEE 802.11a

C．IEEE 802.11b　　D．IEEE 802.11g

2．无线局域网的传输介质是_______。

A．无线电波　　B．红外线　　C．载波电流　　D．卫星通信

3．无线局域网的最初标准是_______。

A．IEEE 802.11　　B．IEEE 802.5　　C．IEEE 802.3　　D．IEEE 802.1

4．IEEE 802.11 标准定义了无线的_______。

A．物理层和数据链路层　　B．网络层和 MAC 层

C．物理层和 MAC 层　　D．网络层和数据链路层

5．IEEE 802.11g 标准使用的是_______ RF 频谱。

A．5.2GHz　　B．5.4GHz　　C．2.4 GHz　　D．800 MHz

二、填空题

1．IEEE 802.11a 标准定义的传输介质是在_______频段的射频，最高可达的数据传输速率为_______。

2．在无线网络中，用于标识无线网络的标识符为_______ 。

3．WLAN 协议的演进历程是：802.11b、802.11a、_______、_______。

4．无线个人区域网协议主要包括_______与_______。

5．WLAN 系统架设中天线的选择：狭长地带的覆盖，可以选择_______；开阔地带的覆盖，可以选择_______。

三、简答题

1．无线局域网有什么优点？

2．无线局域网的主要设备有哪些？

3．无线网络有哪三种？

4．无线网卡遵循的常见标准有哪些？

5．如果某公司的办公场地分别位于一条宽阔道路两边的两栋商务楼中，两栋楼中的办公室都连接成小型局域网。现在两个局域网要进行连接，道路上空不允许架空飞线，采用何种互联方式比较合适，需要什么样的连接设备？

第 9 章　计算机网络安全

【本章导读】

计算机网络的应用越来越广泛，人们的日常生活、工作、学习等各个方面几乎都会涉及计算机网络，尤其是在电子商务、电子政务及企事业单位的管理等领域。在这种大环境下，对计算机网络的安全要求越来越高，一些恶意者也利用各种手段对计算机网络的安全造成各种威胁。因此，计算机网络的安全越来越受到人们的关注，并成为一个研究的新课题。

本章主要从计算机网络面临的安全威胁、加密技术和措施等方面进行介绍。

【本章学习目标】

- 了解通信安全存在的问题。
- 了解密码学的基本概念。
- 了解传统的加密技术及使用。
- 了解对称密钥和公钥体系的基本原理。
- 了解数字签名、摘要的作用及原理，了解网络安全的防范措施。

9.1　计算机网络安全的基本知识

9.1.1　计算机网络的安全威胁

计算机网络面临多种安全威胁，国际标准化组织（ISO）对开放系统互连环境定义了以下几种威胁。

（1）伪装。威胁源成功地假扮成另一个实体，然后滥用这个实体的权利。

（2）非法连接。威胁源以非法的手段形成合法的身份，在网络实体与网络资源之间建立非法连接。

（3）非授权访问。威胁源成功地破坏访问控制服务，如修改访问控制文件的内容，实现了越权访问。

（4）拒绝服务。威胁源阻止合法的网络用户或其他合法权限的执行者使用某项服务。

（5）抵赖。网络用户虚假地否认递交过信息或接收到信息。

（6）信息泄露。未经授权的实体获取到传输中或存放着的信息，造成泄密。

（7）通信量分析。威胁源观察通信协议中的控制信息，或对传输过程中信息的长度、

频率、源及目的进行分析。

（8）无效的信息流。威胁源对正确的通信信息序列进行非法修改、删除或重复，使之变成无效信息。

（9）篡改或破坏数据。威胁源对传输中或存放着的数据进行有意非法修改或删除。

（10）推断或演绎信息。由于统计数据中包含原始的信息踪迹，非法用户利用公布的统计数据推导出信息的来源。

（11）非法篡改程序。威胁源破坏操作系统、通信软件或应用程序。

以上所描述的种种威胁大多由人为造成，威胁源可以是用户，也可以是程序。除此之外，还有其他一些潜在的威胁，如电磁辐射引起的信息失密、无效的网络管理等。

9.1.2　计算机网络面临的安全攻击

1．安全攻击的形式

计算机网络的主要功能之一是通信，信息在网络中的流动过程有可能受到中断、截取、修改或捏造等形式的安全攻击。

（1）“中断”是指破坏者采取物理或逻辑方法中断通信双方的正常通信，如切断通信线路、禁用文件管理系统等。

（2）“截取”是指未授权者非法获得访问权，截获通信双方的通信内容。

（3）“修改”是指未授权者非法截获通信双方的通信内容后进行恶意篡改。

（4）“捏造”是指未授权者向系统中插入伪造的对象，并传输欺骗性消息。

信息在网络中正常流动和受到安全攻击的示意如图 9-1 所示。

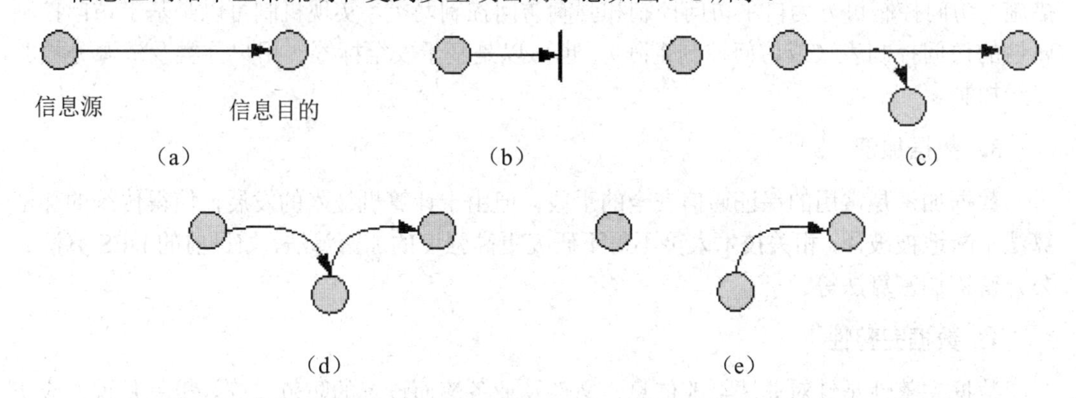

图 9-1　信息在网络中流动的示意图

（a）正常流动；（b）中断；（c）截取；（d）修改；（e）捏造

2．主动攻击与被动攻击

上述四种对网络的安全威胁可被划分为被动攻击和主动攻击两大类。

（1）被动攻击的特点是偷听或监视传输，目的是获得正在传输的信息。被动攻击因为不改变数据很难被检测到，处理被动攻击的重点是预防。截取属于被动攻击。

（2）主动攻击涉及对数据的修改或创建。主动攻击比被动攻击容易检测，但很难完全预防，处理主动攻击的重点应该是检测。主动攻击包括中断、修改和捏造。

9.2 计算机网络安全体系

1989年，为实现开放系统互连环境下的信息安全，国际标准化组织ISO/TC97技术委员会制定了ISO 7498-2国际标准。ISO 7498-2从体系结构观点的角度描述了实现OSI参考模型之间的安全通信所必须提供的安全服务和安全机制，建立了开放系统互连标准的安全体系结构框架，为网络安全的研究奠定了基础。

9.2.1 安全服务

ISO 7498-2提供了以下五种可供选择的安全服务。

1．身份认证

身份认证是访问控制的基础，是针对主动攻击的重要防御措施。身份认证必须做到准确无误地将对方辨别出来，同时还应该提供双向认证，即互相证明自己的身份。网络环境下的身份认证更加复杂：身份验证一般通过网络进行而非直接交互进行，身份验证的常规方式（如指纹）在网络中已不适用；此外，大量黑客随时随地都可能尝试向网络渗透，截获合法用户密码，并冒名顶替以合法身份入网。因此，需要采用高强度的密码技术来进行身份认证。

2．访问控制

访问控制的目的是控制不同用户对信息资源的访问权限，是针对越权使用资源的防御措施。访问控制可分为自主访问控制和强制访问控制两类。实现机制可以是基于访问控制属性的访问控制表（或访问控制矩阵），也可以是基于安全标签、用户分类及资源分档的多级控制。

3．数据加密

数据加密是常用的保证通信安全的手段，但由于计算机技术的发展，使得传统的加密算法不断地被破译，相关技术人员不得不研究更高强度的加密算法，如目前的DES算法、公开密钥加密算法等。

4．数据完整性

数据完整性是针对非法篡改信息、文件及业务流而设置的防范措施。也就是说，应防止网上所传输的数据被修改、删除、插入、替换或重发，从而保护合法用户接收和使用数据的真实性。

5．防止否认

接收方要求发送方保证不能否认接收方收到的信息是发送方发出的信息，而非他人冒名发出、篡改过的信息；发送方也要求接收方不能否认已经收到的信息。防止否认是针对对方进行否认的防范措施，用来证实已经发生过的操作。

9.2.2　安全机制

ISO 7498-2 除了为网络提供安全服务外，也为网络提供相应的安全机制。安全机制可被分为两大类，一类与安全服务有关，一类与管理有关。

1．与安全服务有关的安全机制

与安全服务有关的安全机制包括以下内容。

（1）加密机制。加密机制用来加密存放着的数据或数据流，可单独使用，也可和其他机制结合起来使用。

（2）数字签名机制。数字签名机制包含对信息进行数字签名的过程和对已签名信息进行证实的过程。

（3）访问控制机制。访问控制机制根据实体的身份及其有关信息来决定该实体的访问权限，即按照事先规定好的规则，决定主体对客体的合法性访问，如验证主体的身份标识、口令、安全标记、访问次数、访问路线等。

（4）数据完整性机制。数据完整性机制是验证信息在通信过程中是否被改变过的机制。

（5）认证交换机制。认证交换机制通过信息交换的方式来确认身份，进而实现同级之间的认证。如发送方发出一个口令，接收方检验是否合法。

（6）路由控制机制。为保证网络安全，信息的发送方可以选择一条特殊的路由来发送信息，此路由可以预先安排，也可以动态选择。

（7）业务流填充机制。业务流填充机制通过填充冗余的业务流来隐藏真实的流量，从而防止攻击者通过业务流量进行分析，截取或破坏信息。

（8）公证机制。为防止通信双方在通信过程中出现争端，需要一个第三方——公证机构来提供相应的公证服务和仲裁。公证机制基于通信双方对第三方的绝对信任，既可以防止接收方伪造签字，或否认收到过发给它的信息，又可揭露发送方对所签字信息的抵赖。

2．与管理有关的安全机制

与管理有关的安全机制包括以下三个方面。

（1）安全标记机制。安全标记机制通常为传输中的数据做一个合适的标记，以标明其在安全方面的敏感程度或保护级别。

（2）安全审核机制。安全审核机制探测并查明与安全有关的事件，同时向上报告。

（3）安全恢复机制。安全恢复机制是安全性受到破坏后所采取的恢复措施。安全恢复机制按照一定的规则（临时的、立即的、长期的）完成恢复工作，建立起具有一定模式的正常安全状态。

9.2.3　安全体系结构模型

OSI 安全体系结构是按层次来实现安全服务的，需要为 OSI 参考模型的七个不同层次提供不同的安全机制和安全服务。对应的网络安全服务层次模型中每层提供的安全服务是可以选择的，并且每层提供的安全服务的重要性也不完全相同。

例如，物理层要保证通信线路的可靠；数据链路层通过加密技术保证通信链路的安全；网络层通过增加防火墙等措施保护内部的局域网不被非法访问；传输层保证端到端传输的可靠性；高层可通过权限、密码等设置，保证数据传输的完整性、一致性及可靠性。网络安全服务层次模型的具体内容如表 9-1 所示。

表 9-1　网络安全服务层次模型的具体内容

OSI 参考模型中的层	对应的网络安全服务层次模型的内容
应用层	身份认证、访问控制、数据保密、数据完整
表示层	
会话层	
传输层	端到端的数据加密
网络层	防火墙、IP 安全
数据链路层	相邻节点的数据加密
物理层	安全物理信道

9.3　数据加密技术

数据加密技术由来已久，随着数字技术、信息技术、网络技术的发展，数据加密技术也在不断发展。本节主要讲解几种数据加密技术。

9.3.1　传统加密技术

一个密码体制是满足以下条件的五元组（p，e，K，ε，D）。

（1）p 表示所有可能的明文组成的有限集。

（2）e 表示所有可能的密文组成的有限集。

（3）K 表示密钥空间，是由所有可能的密钥组成的有限集。

对任意的 $k \in K$，都存在一个加密法则 $e_k \in \varepsilon$ 和相应的解密法则 $d_k \in D$，并且对每一 $e_k : p \to e$ 和 $d_k : e \to p$，对任意的明文 $x \in p$，均有 $d_k\left[e_k(x)\right] = x$。

1．移位密码

移位密码（Shift Cipher）的基础是数论中的模运算，其密码体制如下。

令 $p = e = k = Z_{26}$。对 0≤k≤25，任意 x，y∈Z_{26}，定义

$$e_k(x) = (x + k) \bmod 2 \text{ 及 } d_k(y) = (y - k) \bmod 26$$

【注意】若取 K=3，则此密码体制通常被称为“恺撒密码”（Caesar Cipher），因为它首先为盖乌斯·尤利乌斯·恺撒所使用。

a	b	c	d	e	f	g	h	i	j	k	l	m

0	1	2	3	4	5	6	7	8	9	10	11	12
n	o	p	q	r	s	t	u	v	w	x	y	z
13	14	15	16	17	18	19	20	21	22	23	24	25

【例】假设移位密码的密钥 $k=11$，明文为：

wewillmeetatmidnight

首先，将明文中的字母对应于其相应的整数，得到如下数字串：

w	e	w	i	l	l	m	e	e	t
22	4	22	8	11	11	12	4	4	19
a	t	m	i	d	n	i	g	h	t
0	19	12	8	3	13	8	6	7	19

然后，将每一个数都与 11 相加，再对其和取模 26 运算，可得：

7	15	7	19	22	22	23	15	15	4
11	4	23	19	14	24	19	17	18	4

最后，再将其转换为相应的字母：

H	P	H	T	W	W	X	P	P	E
7	15	7	19	22	22	23	15	15	4
L	E	X	T	O	Y	T	R	S	E
11	4	23	19	14	24	19	17	18	4

即得密文如下：

HPHTWWXPPELEXTOYTRSE

要对密文进行解密，只需执行相应的逆过程即可。首先将密文转换为数字，再用每个数字减去 11 后取模 26 运算，最后将相应的数字再转换为字母，即可得明文。

【注意】以上例子中，使用小写字母来表示明文，而使用大写字母来表示密文。后面仍然使用这种规则。

一个实用的加密体制应该满足某些特性，显然以下两点必须满足。

（1）加密函数e_k和解密函数d_k都应该易于计算。

（2）对任何对手来说，即使获得了密文y，也不可能由此确定出密钥K或明文x。

第二点关于“安全”的要求有些模糊不清。在已知密文y的情形下，试图得到密钥K的过程，被称为“密码分析”。要注意，如果能获得密钥K，则解密密文y即可得到明文x。因此，通过密文y计算密钥K，至少要和通过密文y计算明文一样困难。

移位密码（模 26）是不安全的，可用穷尽密钥搜索方法来破译。因为密钥空间太小，只有 26 个可能的情况，所以可以穷举所有可能的密钥，得到所希望的有意义的明文。

2．代换密码

另一个比较有名的古典密码体制是代换密码（Substitution Cipher），这种密码体制已经使用了数百年。报纸上的数字猜谜游戏就是代换密码的一个典型例子，其密码体制如下。

令$p=e=Z_{26}$。K由 26 个数字$0,1,\cdots,25$的所有可能置换组成。对任意的置换$\pi\in K$，定义$e_\pi(x)=\pi(x)$。

再定义$d_\pi(y)=\pi^{-1}(y)$，这里π^{-1}表示置换π的逆置换。

事实上，在代换密码中也可以认为p和e是 26 个英文字母。在移位密码中使用Z_{26}，是因为加密和解密都是代数运算。但是在代换密码中，可更简单地将加密和解密过程直接看作是一个字母表上的置换。

任取一置换π，便可得到一加密函数，如下（同前，小写字母表示明文，大写字母表示密文）。

a	b	c	d	e	f	g	h	i	j	k	l	m
X	N	Y	A	H	P	O	G	Z	Q	W	B	T
n	o	p	q	r	s	t	u	v	w	x	y	z
S	F	L	R	C	V	M	U	E	K	J	D	I

按照以上列示应有$e_\pi(a)=X$、$e_\pi(b)=N$等。解密函数是相应的逆置换，如下给出。

A	B	C	D	E	F	G	H	I	J	K	L	M
d	l	r	y	v	o	h	e	z	x	w	p	t
N	O	P	Q	R	S	T	U	V	W	X	Y	Z
b	g	f	j	q	n	m	u	s	k	a	c	i

因此，得出$d_\pi(A)=d$、$d_\pi(B)=l$等。

【例】 使用解密函数解密下面的密文。

MGZVYZLGHCMHJMYXSSFMNHAHYCDLMHA

代换密码的一个密钥刚好对应于 26 个英文字母的一种置换。所有可能的置换有 26!

种，这个数值超过了 4.0×10^{26}，是一个很大的数字。因此，采用穷尽密钥搜索方法，即使使用计算机，在计算上也是不可行的。但是采用别的密码分析方法，代换密码可以很容易地被攻击。

3．维吉尼亚密码

在前面介绍的移位密码和代换密码中，一旦密钥被选定，则每个字母对应的数字都被加密变换成对应的唯一数字。这种密码体制一般被称为“单表代换密码”。维吉尼亚密码（Vigenere Cipher）是一种多表代换密码，其密码体制如下。

设 m 是一个正整数，定义 $p=e=k=(Z_{26})^m$。对任意的密钥 $K=(k_1, k_2,\cdots, k_m)$，定义 $e_k(x_1, x_2, \cdots, x_m)=(x_1+k_1, x_2+k_2, \cdots, x_m+k_m)$ 和 $d_k(y_1, y_2, \cdots, y_m)=(y_1-k_1, y_2-k_2, \cdots, y_m-k_m)$

以上所有的运算都是在 Z_{26} 上进行的。

使用前面所述的方法，对应 $A\leftrightarrow 0, B\leftrightarrow 1, \cdots, Z\leftrightarrow 25$，则每个密钥 K 相当于一个长度为 m 的字母串（被称为“密钥字”）。维吉尼亚密码一次加密 m 个明文字母。

【例】假设 $m=6$，密钥字为“CIPHER”，其对应于如下的数字串 $K=(2,8,15,7,4,17)$。要加密的明文为：

thiscryptosystemisnotsecure

将明文串转换为对应的数字，每 6 个为一组，使用密钥字进行模 26 下的加密运算，如下所示。

明文	19	7	8	18	2	17	24	15	19	14	18	24	18	19
密钥字	2	8	15	7	4	17	2	8	15	7	4	17	2	8
密文	21	15	23	25	6	8	0	23	8	21	22	15	20	1
明文	4	12	8	18	13	14	19	18	4	2	20	17	4	
密钥字	15	7	4	17	2	8	15	7	4	17	2	8	15	
密文	19	19	12	9	15	22	8	25	8	19	22	25	19	

则相应的密文应该为：

VPXZGIAXIVWPUBTTMJPWIZITWZT

解密时，使用相同的密钥字进行逆运算即可。

可以看出，维吉尼亚密码的密钥空间大小为 26^m，因此，即使 m 的值很小，使用穷尽密钥搜索方法也需要很长的时间。例如，当 $m=5$ 时，密钥空间的大小超过 1.1×10^7，这样的密钥量已经超出了使用手算进行穷尽搜索的能力范围。

在一个具有密钥字长度为 m 的维吉尼亚密码中，一个字母可以被映射为 m 个字母中的某一个（假定密钥字包含 m 个不同的字母）。这样的一个密码体制被称为“多表代换密码体制”。一般来说，多表代换密码比单表代换密码更为安全一些。

9.3.2 数据加密标准 DES 算法

数据加密标准（Data Encryption Standard，DES）是由 IBM 公司于 20 世纪 70 年代初开发的，于 1997 年被美国政府采用，后作为商业和非保密信息的加密标准被广泛地采用。

尽管该算法比较复杂，但易于实现。它只对小的分组进行简单逻辑运算，用硬件和软件实现起来比较容易，尤其是用硬件实现该算法的速度比较快。

1．DES 算法的描述

DES 算法将信息分成 64bits 的分组，并使用 56bits 长度的密钥。它对每一个分组使用一种复杂的变位组合、替换，再进行异或运算和其他一些过程，最后生成 64bits 的加密数据。DES 算法对每一个分组进行 19 步处理，每一步的输出是下一步的输入。如图 9-2 所示为 DES 算法的主要步骤。

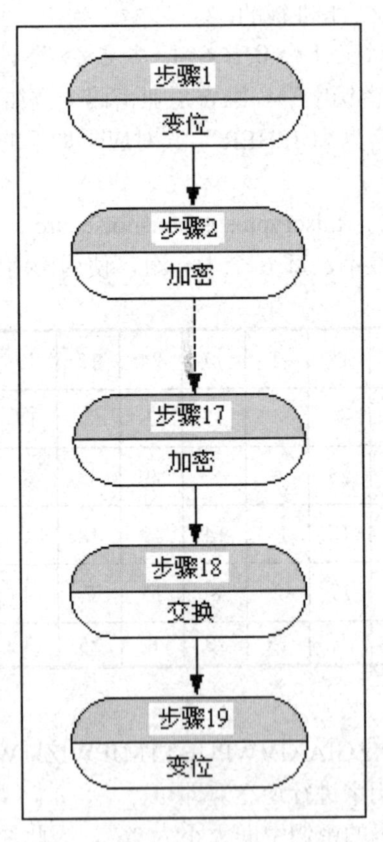

图 9-2　DES 算法的主要步骤

步骤 1：对 64bits 数据和 56bits 密钥进行变位。

步骤 2～17：（共 16 步，如图 9-3 所示）除使用源于原密钥的不同密钥外，每一步的运算过程都相同，包括很多操作。

步骤 18：将前 32bits 与后 32bits 进行交换。

步骤 19：是第 1 步的逆过程，进行另一个变位。

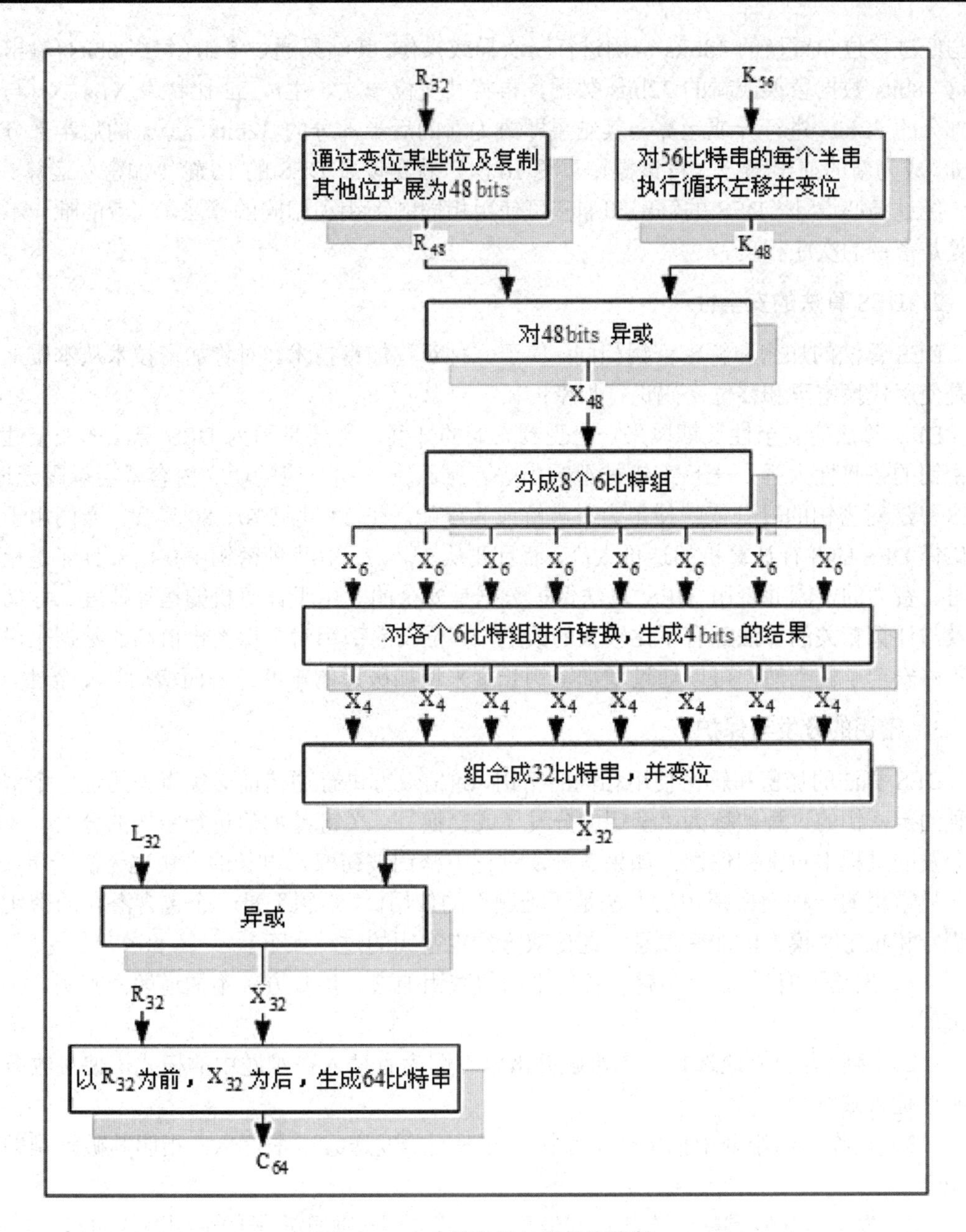

图 9-3 DES 算法的加密操作流程

图 9-3 中的符号说明如下。

C_{64}：64bits 的待加密的信息。

K_{56}：56bits 的密钥。

L_{32}：C_{64} 的前 32bits。

R_{32}: C_{64} 的后 32bits。

其他带下标的字母中的下标都表示比特数，如 X_{48} 表示处理过程中 48bits 的中间比特串。

在每一步中，密钥先移位，再从 56bits 的密钥中选出 48bits。数据后 32bits 扩展为 48bits，并与经过移位和置换的48bits密钥进行一次异或操作，其结果通过8组（每组6bits）输出，将这48bits数据替换成新的32bits数据，再将其变位一次，生成32比特串X_{32}。X_{32}与前半部分的32bits进行异或运算，其结果即成为新的后半部分的32bits，原来的后半部分的32bits成为新的前半部分。将该操作重复16次，就实现了DES的16轮“加密”运算。

经过精心设计，DES的解密和加密可使用相同的密钥和相同的算法，二者的唯一不同之处是密钥的次序相反。

2．DES算法的安全性

DES算法的加密和解密密钥相同，属于一种对称加密技术。对称加密技术从本质上说都是使用代换密码和移位密码进行加密的。

DES算法的安全性长期以来一直受到人们的怀疑，主要是因为DES算法的安全性对于密钥的依赖性太强，一旦密钥被泄露出去，则跟密文相对应的明文内容就会暴露无遗。DES算法对密钥的过分依赖使得穷举破解成为可能。在20世纪70、80年代，专门用于穷举破译DES的并行计算机的造价太高，而且要从$2^{56}\approx 7\times 10^{16}$种密钥中找出一种还是相当费时、费力的，因此，用DES算法保护数据是安全的。由于计算机的运算速度、存储容量及与计算相关的算法都有了比较大的改进，56位长的密钥对于保密价值高的数据来说已经不够安全了。当然，可以通过增加密钥长度来增加破译的难度，进而增加其安全性。

3．密钥的分发与保护

DES算法的加密和解密使用相同的密钥，通信双方进行通信前必须事先约定一个密钥，这种约定密钥的过程被称为“密钥的分发（或交换）”。关键是如何进行密钥的分发，才能在分发的过程中对密钥保密。如果在分发过程中密钥被窃取，再长的密钥也无济于事。

最常用的一种交换密钥的方法是“难题”的使用。“难题”是一个包含潜在的密钥、标识号和预定义模式的加密信息。通信双方约定密钥的过程如下。

（1）发送方发送n个难题，各用不同的密钥加密；接收方并不知道解密密钥，必须去破解。

（2）接收方随机地选择一个难题并破解。因为有插入在难题中的模式，使接收方能判断出是否破解。

（3）接收方从难题中抽出加密密钥，并返回给发送方一个信息，指明其破解难题的标识号。

（4）发送方接收到接收方的返回信息后，双方即按照此难题的密钥进行加密。

当然，其他人也可能截获这些难题，也可以去破解。但是他们不知道接收方选择的难题的标识号，即便他们又截获了接收方返回给发送方的信息，得到难题的标识号，但等到他们破解以后，通信双方的通信过程可能已经结束了。

还有其他的密钥分发和保护的方法，在此不再赘述。

4．三重数据加密算法

三重数据加密算法（Three Data Encryption Algorithm，TDEA）在1985年第一次为金融应用进行了标准化，在1999年被合并到数据加密标准中。

TDEA使用三个密钥，按照加密→解密→加密的次序执行三次DES算法。加密、解密的过程分别如图 9-4（a）、图 9-4（b）所示。

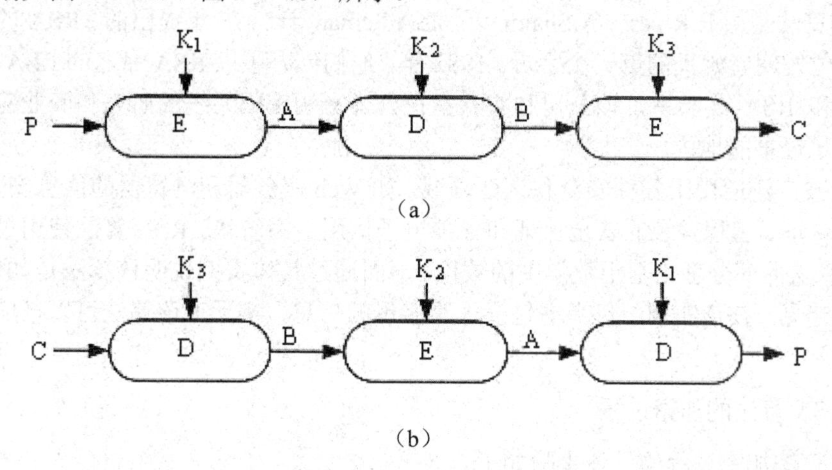

图 9-4　TDEA 加密、解密过程

（a）加密过程；（b）解密过程

P—明文 C—密文 E—使用密钥 K_n—加密、解密 D—使用密钥

TDEA 三个不同密钥的总有效长度为 168bits，加强了算法的安全性。

5．国际数据加密算法

TDEA 算法增加了密钥长度，加强了安全性，但同时也带来了在软件中的实现速度变慢的问题。另外，TDEA 算法是基于 DES 算法的，因此，仍然是以 64 比特块为基准，安全性存在一定的局限性。

美国国家标准与技术协会(National Institute of Standards and Technology，NIST)于 1997 年发出号召，寻求新的高级加密算法标准（Advanced Encryption Standard，AES），要求其安全性等同于或高于 TDEA，但效率应大大提高，并要求是块长度为 128bits 的加密算法，支持 128、192 和 256bits 长度的密钥。

由瑞士联邦理工学院研制的国际数据加密算法(International Data Encryption Algorithm，IDEA）是用来替代 DES 的许多算法中的较成功的一种。

IDEA 使用 128bits 密钥，以 64bits 分组为单位进行加密。IDEA 的设计考虑到通过硬件或软件都能方便地实现：通过使用超大规模集成电路的硬件实现加密具有速度快的特点，而如果通过软件实现则具有灵活及价格便宜的特点。

IDEA 算法通过 8 次循环和 1 次变换函数共九部分组成，每一部分都将 64bits 分成 4 个 16bits 的组。每个循环使用 6 个 16bits 的子密钥，最后的变换也使用 4 个子密钥，因此，共使用 52 个子密钥，这些子密钥都是从 128bits 的密钥中产生的。

9.3.3　公开密钥加密算法 RSA

公开密钥加密算法 RSA 展现了密码应用中的一种崭新的思想。RSA 采用非对称加密算法，即加密密钥和解密密钥不同。因此，在采用加密技术进行通信的过程中，不仅加密算法本身可以公开，甚至加密用的密钥也可以公开（为此，加密密钥也被称为“公钥”），而解密密钥由接收方自己保管（为此，解密密钥也被称为“私钥”），这大大增加了保密性。

RSA 算法是由 R.Rivest、A.Shamir 和 L.Adleman 于 1977 年提出的。RSA 的命名就来自于这三位发明者姓氏的第一个字母。1982 年，他们创办了以 RSA 命名的 RSA 数据安全有限公司和 RSA 实验室，该公司和实验室在公开密钥密码系统的研究和商业应用推广方面具有举足轻重的地位。

RSA 被广泛应用于各种安全和认证领域，如 Web 服务器和浏览器的信息安全、E-mail 的安全和认证、远程登录的安全保证和各种电子信用卡系统等。RSA 算法使用模运算和大数分解，算法的部分理论基于数学中的数论。下面通过具体实例说明该算法是如何工作的。为了简化起见，在该实例中仅考虑包含大写字母的信息，实际上该算法可以推广到更大的字符集。

1．RSA 算法的加密过程

RSA 算法加密过程的具体步骤如下。

步骤 1：为字母制定一个简单的编码，如 A～Z 分别对应 1～26。选择一个足够大的数 n，使 n 为两个大的素数（只能被 1 和自身整除的数）p 和 q 的乘积。为便于说明，在此使用 $n=p\times q=3\times 11=33$。

步骤 2：找出一个数 k，k 与（$p-1$）×（$q-1$）互为素数。在此例中，选择 $k=3$，与 $2\times 10=20$ 互为素数，数字 k 就是加密密码。根据数论中的理论，这样的数一定存在。

步骤 3：将要发送的信息分成多个部分，一般可以将多个字母分为一部分。在此例中将每一个字母作为一部分。若信息是“SUZAN”，则分为 S、U、Z、A 和 N。

步骤 4：将每个部分所有字母的二进制编码串接起来，并转换成整数。在此例中各部分的整数分别为 19、21、26、1 和 14。

步骤 5：将每个部分扩大到它的 k 次方，并使用模 n 运算，得到密文。在此例中分别为 193 mod 33＝28，213 mod 33＝21，263 mod 33＝20，13 mod 33＝1 和 143 mod 33＝5。接收方收到的加密信息是 28、21、20、1 和 5。

2．RSA 算法的解密过程

RSA 算法解密过程的具体步骤如下。

步骤 1：找出一个数 k'，使得 $k\times k'-1$ 能被（$p-1$）×（$q-1$）整除。k' 的值就是解密密钥。在此例中选择 $k'=7$，$3\times 7-1=20$，（$p-1$）×（$q-1$）$=20$，能整除。

步骤 2：将每个密文扩大到它的 k' 次方，并使用模 n 运算，可得到明文。在此例中分别为 287 mod 33＝19，217 mod 33＝21，207 mod 33＝26，17 mod 33＝1 和 57 mod 33＝14。接收方解密后得到的明文的数字是 19、21、26、1 和 14，对应的字母是 S、U、Z、A 和 N。

为了清楚起见，将上述加密和解密过程用表 9-2 表示。

表 9-2 RSA 加密和解密过程

发送方计算机				接收方计算机		
明文		P^3	密文	E^7	解密	
符号	数值		P^3 mod 33		E^7 mod 33	符号
S	19	6 859	28	13 492 928 512	19	S
U	21	9 261	21	1 801 088 541	21	U
Z	26	17 576	20	1 280 000 000	26	Z
A	1	1	1	1	1	A
N	14	2 744	5	78 125	14	N

3. RSA 算法的安全性

RSA 算法的加密过程要求 n 和 k，解密过程要求 n 和 k'。n 和 k 以及算法都是公开的。在已知 n 和 k 的情况下，能否很容易或很快求出 k'，是衡量 RSA 算法安全性的关键因素。

在已知 n 和 k 的情况下，求 k' 的关键是对 n 的因式分解，找出 n 的两个素数 p 和 q。如果 n 的位数足够多，如 200 位，则上述操作是很困难的或者是相当费时的。因此，要保证 RSA 算法的安全性，就必须选择大的 n，也就意味着密钥的长度要足够长。

密钥的长度越长，安全性也就越高，但相应的计算速度也就越慢。由于高速计算机的出现，以前认为已经很具安全性的 512 位密钥长度已经不再满足人们的需要。密钥长度的标准是个人使用 768 位密钥，公司使用 1 024 位密钥，而一些非常重要的机构使用 2 048 位密钥。

9.3.4 对称和非对称数据加密技术的比较

对称数据加密技术和非对称数据加密技术的比较如表 9-3 所示。

表 9-3 对称数据加密技术和非对称数据加密技术的比较

比较项目	技术	
	对称数据加密技术	非对称数据加密技术
密码个数	1 个	2 个
算法速度	较快	较慢
算法对称性	对称，解密密钥可以从加密密钥中推算出来	不对称，解密密钥不能从加密密钥中推算出来
主要应用领域	数据的加密和解密	对数据进行数字签名、确认、鉴定、密钥管理和数字封装等
典型算法实例	DES 等	RSA 等

9.4 数据加密技术的应用

数据加密技术产生了数字签名、数字摘要、数字时间戳、数字信封和数字证书等多种应用。下面仅对数字签名、数字摘要和数字时间戳进行简单介绍。

9.4.1 数字签名

数字签名与传统方式的签名具有同样的功效，可以进行身份及当事人不可抵赖性的认证。数字签名（Digital Signature）采用公开密钥加密技术，是公开密钥加密技术应用的一个实例。数字签名使用两对公开密钥的加密/解密的密钥，将它们分别表示为（k, k'）和（j, j'）。其中，k 和 j 是公开的加密密钥，k' 和 j' 是只有一方知道的解密密钥，k' 是发送方的私钥，j' 是接收方的私钥。密钥对具有以下的性质。

$$\mathrm{E}_k\mathrm{D}_{k'}(\mathrm{P}) = \mathrm{D}_{k'}\mathrm{E}_k(\mathrm{P}) = \mathrm{P}$$

以及

$$\mathrm{E}_j\mathrm{D}_{j'}(\mathrm{P}) = \mathrm{D}_{j'}\mathrm{E}_j(\mathrm{P}) = \mathrm{P}$$

式中的 P 为明文。

从上述公式可以看出，对明文先加密再解密，仍然得到明文；同样对明文先解密再加密，也得到明文。如图 9-5 所示为利用两对加密/解密密钥进行数字签名的过程。

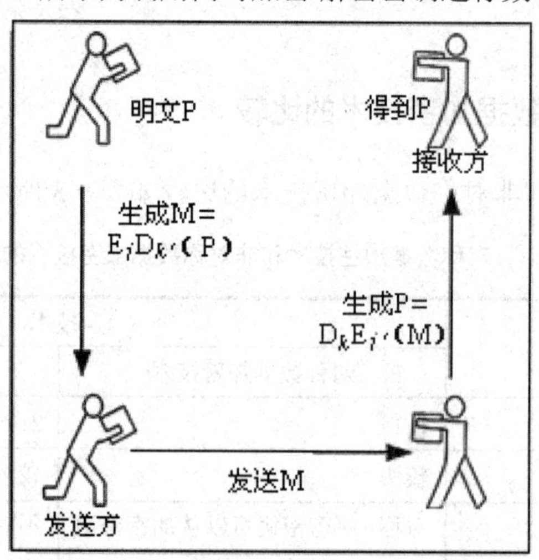

图 9-5 用两对密钥数字签名的过程

数据签名的具体步骤如下。

步骤 1：发送方将明文 P 先用发送方的私钥解密，再用与接收方私钥相对应的公钥加密，生成 M，将 M 发送给接收方。

步骤 2：接收方接收到 M 后，先用接收方的私钥对 M 解密，得到 $\mathrm{D}_{k'}(\mathrm{P})$，再用与发

送方的私钥相对应的公钥解密，得到明文 P。

步骤 3：接收方将 $D_{k'}$(P)与 P 同时保存。

步骤 4：如果发送方对曾经发送过 P 抵赖或者认为接收方保存的 P′（为了与发送方原始发送的 P 区别，暂时标为 P′）被修改过，可以请第三方公证。

步骤 5：可将 $D_{k'}$(P)用与其相对应的公钥加密得到原始的 P，与接收方保存的 P′ 对照，如果相同则说明没被修改。同时，因为 $D_{k'}$(P)是用只有发送方知道的私钥进行的解密，因此，发送方不可抵赖。

9.4.2　数字摘要

在实际应用中，有些信息并不需要加密，但需要数字签名。上述介绍的数字签名的方法需要对传输的整个信息文档进行两次加密/解密，这就需要占用较多的时间，并且混淆了提供安全保护和鉴别之间的区别。可以使用数字摘要（Digital Digest）的方法，将整个信息文档与唯一的、固定长度（28 位）的值（数字摘要）相对应，然后只要对数字摘要进行加密就可以达到身份认证和不可抵赖的效果。数字摘要一般通过使用散列函数（Hash 函数）获得。

1．散列函数满足的条件

散列函数应具备下列条件。

（1）若 P 是任意长度的信息或文档，H 就是将文档与唯一的固定长度的值相对应的函数，写成数学形式为：H（P）＝V（数字摘要）。

（2）由 V 不能发现或得出 P。

（3）对于不同的 P，不能得出相同的 V；对于同一个 P，只能得出唯一的 V，就如同人的指纹。

2．采用散列函数的数字签名的过程

采用散列函数的数字签名的过程如下。

步骤 1：发送方将发送文档 P，通过散列函数求出数字摘要，V＝H（P）。

步骤 2：发送方用自己的私钥对数字摘要加密，产生数字签名 $E_{k'}$(V)。

步骤 3：发送方将明文 P 和数字签名 $E_{k'}$(V)同时发送给接收方。

步骤 4：接收方用公钥对数字签名解密，同时对接收到的明文 P 用散列函数 H 产生另一个数字摘要。

步骤 5：将解密后的数字摘要与用散列函数产生的另一个数字摘要相比较，若一致则说明 P 在传输过程中未被修改。

步骤 6：接收方保存明文 P 和数字签名。

步骤 7：如果发送方否认所发送的 P 或怀疑 P 被修改过，可以用与数字签名相同的方法达到身份认证及不可抵赖的效果。

如图 9-6 所示为采用散列函数的数字签名的过程。

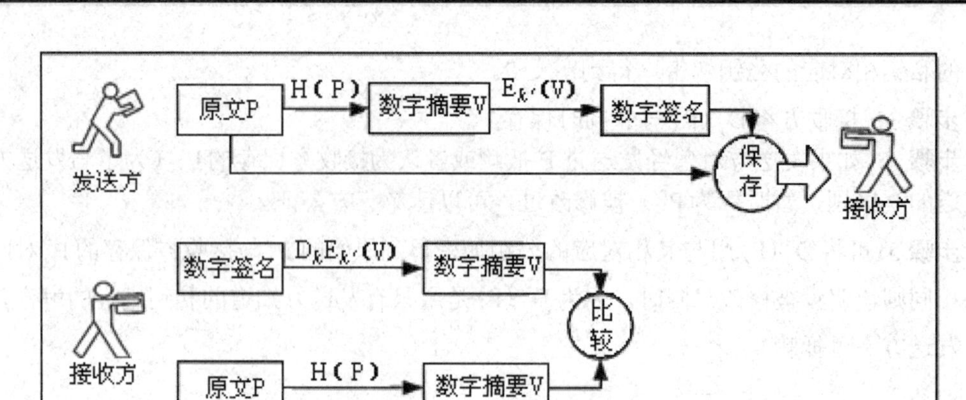

图 9-6 采用散列函数的数字签名的过程

9.4.3 数字时间戳

在实际应用中，某些情况下时间同样是十分重要的信息。数字时间戳能提供电子文件发表时间的安全保护。数字时间戳（Digital Time-Stamp，DTS）是一种网络安全服务项目，由专门的机构提供。实际上，数字时间戳是一个经加密后形成的凭证文档，它包括以下三个部分。

（1）需要数字时间戳的文件的摘要。

（2）数字时间戳收到文件的时间和日期。

（3）数字时间戳的数字签名。

数字时间戳产生的过程为：用户首先将需要加数字时间戳的文件用散列函数加密的形式求出数字摘要；然后将数字摘要发送到数字时间戳认证单位；该认证单位在收到的数字摘要文档中加入收到数字摘要的日期和时间信息，再对该文档加密（产生数字签名）；最后送回用户。

【注意】书面签署文件的时间是由签署人自己写上的，而数字时间戳则不同，它是由数字时间戳认证单位加入的，以该认证单位收到文件的时间为依据。

9.5 保证网络安全的几种具体措施

网络中的任何一部分都存在安全问题，针对每一种安全隐患，需要采取相应的具体措施加以防范。在因特网上，目前最常用的安全技术包括包过滤（Package Filtering）技术、防火墙（Firewall）技术、安全套接层（Secure Socket Layer，SSL）技术等。这些技术从不同的层面对网络进行安全防护。

9.5.1 包过滤

在网络系统中，包过滤技术可以阻止某些主机随意访问另外一些主机。包过滤功能通

常可以在路由器上实现，具有包过滤功能的路由器被称为“包过滤路由器”。网络管理员可以配置包过滤路由器，以控制哪些包可以通过，哪些包不可以通过。

包过滤的主要工作是检查每个包头部中的有关字段（如数据包的源地址、目的地址、源端口、目的端口等），并根据网络管理员指定的过滤策略允许或阻止带有这些字段的数据包通过。例如，不希望 IP 地址为 202.113.28.66 的主机访问 202.113.27.00 网络，可让包过滤路由器检测并抛弃源 IP 地址为 202.113.28.66 的 IP 数据报；如果 IP 地址为 202.113.27.56 的主机不希望接受 IP 地址为 202.113.28.89 主机的访问，可让包过滤路由器检测并抛弃源 IP 地址为 202.113.28.89 且目的 IP 地址为 202.113.27.56 的 IP 数据报。如图 9-7 所示。

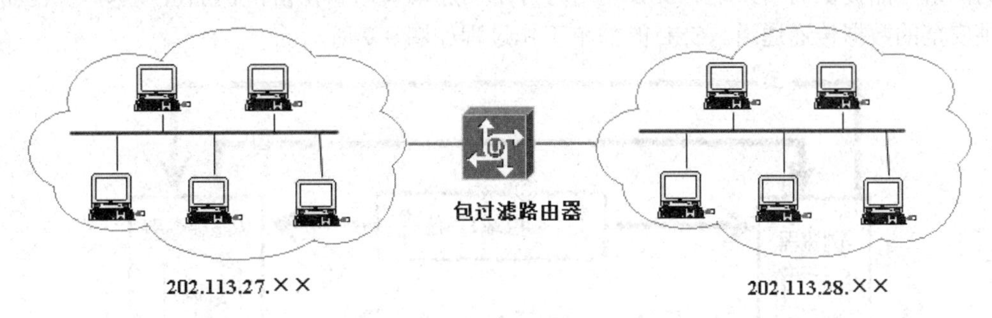

图 9-7　包过滤路由器

除了对源地址和目的地址进行过滤外，包过滤路由器还能检测出数据包所传递的是哪一种服务，这样网络管理员就可以指定包含哪些服务的数据包可以通过，包含哪些服务的数据包不可以通过。例如，包过滤路由器可以过滤掉所有包含 Web 服务的数据包，而仅仅使包含电子邮件服务的数据包通过。

9.5.2　防火墙

防火墙的概念起源于中世纪的城堡防卫系统。那时，人们在城堡的周围挖一条护城河，每一个想进入城堡的人都要经过一座吊桥，并接受城门守卫的检查。后来，人们借鉴了这种思想，设计了一种网络安全防护系统，即防火墙系统。

防火墙将网络分成内部网络和外部网络两部分（如图 9-8 所示），并认为内部网络是安全和可信赖的，而外部网络则是不太安全和不太可信赖的。防火墙检测所有进出内部网络的信息流，以防止未经授权的通信进出被保护的内部网络。

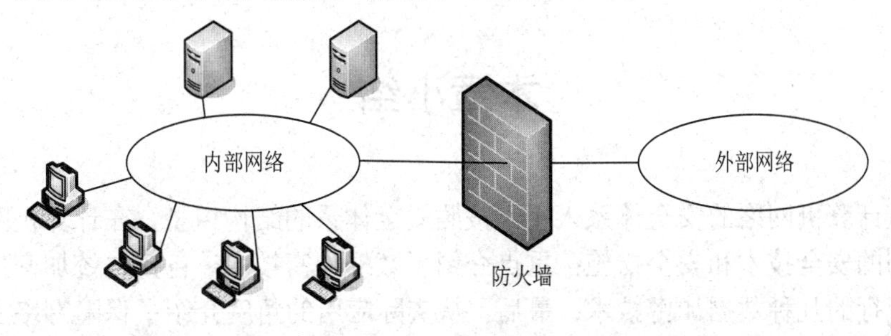

图 9-8　防火墙

除了具有包过滤功能之外，防火墙还具有认证、日志、计费等各种功能，可以对应用层数据进行安全控制和信息过滤。防火墙的实现技术非常复杂，由于所有进出内部网络的信息流都需要经过防火墙的处理，因此，对它的可靠性和处理效率有很高的要求。

9.5.3 安全套接层协议

安全套接层（SSL）协议是目前应用最广泛的安全传输协议之一。它作为 Web 安全性的解决方案，由 Netscape 公司于 1995 年提出。现在，SSL 已经作为事实上的标准，被众多的网络产品提供商所采纳。SSL 利用公开密钥加密技术和秘密密钥加密技术，在传输层提供安全的数据传递通道。SSL 的简单工作过程如图 9-9 所示。

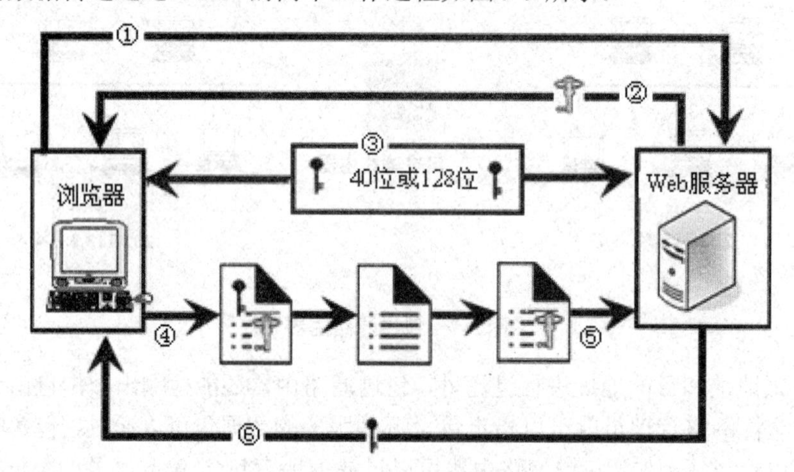

图 9-9　SSL 的工作过程

其中，各个步骤解释如下。

步骤 1：浏览器请求与 Web 服务器建立安全会话。

步骤 2：Web 服务器将自己的公钥发送给浏览器。

步骤 3：Web 服务器与浏览器协商密钥位数（40 位或 128 位）。

步骤 4：浏览器产生会话使用的秘密密钥，并用 Web 服务器的公钥加密传给 Web 服务器。

步骤 5：Web 服务器用自己的私钥解密。

步骤 6：Web 服务器和浏览器用会话密钥加密和解密，实现加密传输。

本章小结

本章从计算机网络的安全体系入手，按照安全体系的结构模型，在计算机网络的不同层考虑不同的安全技术和安全措施；重点介绍了数据加密技术，包括传统加密技术及现有网络比较流行的几种数据加密技术；最后，从实际应用的角度介绍了保障网络安全的几种常用措施。

思考与练习

一、选择题

1．如果 m 表示明文，c 表示密文，E 表示加密变换，D 表示解密变换，则下列表达式中描述加密过程的是_______。

A．$c=E(m)$　　B．$c=D(m)$　　C．$m=E(c)$　　D．$m=D(c)$

2．RSA 属于_______。

A．传统密码体制　　B．非对称密码体制

C．现代密码体制　　D．对称密码体制

3．DES 中子密钥的位数是_______。

A．32　　B．48　　C．56　　D．64

4．防止发送方否认的方法是_______。

A．消息认证　　B．保密　　C．日志　　D．数字签名

5．用公钥密码体制签名时，应该用_______加密消息。

A．会话钥　　B．公钥　　C．私钥　　D．共享钥

二、填空题

1．信息在网络中流动的过程有可能受到_______、_______、修改或捏造等形式的安全攻击。

2．_______的加密和解密密钥相同，属于一种对称加密技术。

3．RSA 是一种基于_______原理的公钥加密算法。

4．数字签名采用_______加密技术，_______是加密技术应用的一个实例。

5．_______是目前应用最广泛的安全传输协议之一。

三、简答题

1．网络安全面临的威胁主要有哪些？

2．说明防火墙技术的优、缺点。

3．移位密码的密钥 $k=3$，明文是“meet me after the party”，求密文是什么？

4．密文是“XPPE XP LQEPC ESP ALCEJ”，移位密码的密钥 $k=11$，求明文是什么？

5．维吉尼亚密码，假设 $m=4$，密钥字“love”，密文为“XSZXXSVJESMXSSKECHT”，求明文。

6．请列出你熟悉的几种常用的网络安全防护措施。

参考文献

[1] 包海山，吴宏波．计算机网络应用基础[M]．2 版．北京：机械工业出版社，2016．

[2] 安淑芝，黄彦，杨虹．计算机网络[M]．4 版．北京：中国铁道出版社，2015．

[3] 段红．计算机网络技术[M]．北京：高等教育出版社，2015．

[4] 王宝军．网络服务器配置与管理项目化教程:Windows Server 2008+Linux[M]．北京：清华大学出版社，2015．

[5] 谢希仁．计算机网络[M]．6 版．北京：电子工业出版社，2013．

[6] 谢希仁，谢钧．计算机网络教程[M]．3 版．北京：人民邮电出版社，2012．

[7] 莫有权，李庆荣．Windows Server 2008 服务器架设与网络配置[M]．北京：清华大学出版社，2011．

[8] 杨明福．计算机网络原理[M]．2007 年版．北京：经济科学出版社，2011．

[9] 徐晓峰．Microsoft Windows 2000 Server 网络高级应用[M]．北京：人民邮电出版社，2002．

[10] 沈辉．计算机网络与实训[M]．北京：清华大学出版社，2001．

[11] 何山，邹劲松，杨旭东．Windows Server 2008 项目教程[M]．北京：兵器工业出版社，2015．